Methods in
Molecular Biology 1349

Springer Protocols

兽医病毒病疫苗研究方法
与操作指南

Vaccine Technologies for
Veterinary Viral Diseases

Methods and Protocols

【西】亚历杭德罗·布伦 编著

赵志荀 译

中国农业科学技术出版社　　Humana Press

版权合同登记号 01-2019-1871

图书在版编目（CIP）数据

兽医病毒病疫苗研究方法与操作指南 /（西）亚历杭德罗·布伦
（Alejandro Brun）编著；赵志荀译 . —北京：中国农业科学技术出版社，2019.11
书名原文：Vaccine Technologies for Veterinary Viral Diseases; Methods and Protocols
ISBN 978-7-5116-4414-5

Ⅰ . ①兽… Ⅱ . ①亚… ②赵… Ⅲ . ①兽医学—疫苗—研究方法
Ⅳ . ① S859.79

中国版本图书馆 CIP 数据核字（2019）第 208848 号

版权声明

责任编辑　姚　欢
责任校对　马广洋

出 版 者　中国农业科学技术出版社
　　　　　北京市中关村南大街 12 号　邮编：100081
电　　话　（010）82106636（编辑室）（010）82109704（发行部）
　　　　　（010）82109702（读者服务部）
传　　真　（010）82106631
网　　址　http://www.castp.cn
经 销 者　各地新华书店
印 刷 者　北京建宏印刷有限公司
开　　本　787 毫米 ×1 092 毫米 1 /16
印　　张　16
字　　数　450 千字
版　　次　2019 年 11 月第 1 版　2020 年 12 月第 2 次印刷
定　　价　120.00 元

本书由

中国农业科学院兰州兽医研究所

家畜疫病病原分子生物学国家重点实验室

中国农业科学院草食动物病毒病创新团队

国家现代绒毛用羊、肉羊产业技术体系

国家自然科学基金项目（31872449，31972687）

国家重点研发计划课题（2016YFD0500907）

国家重点研发计划课题（2017YFD0502306）

资助出版

序　言

　　疫苗的发现可谓是人类发展史上一件具有里程碑意义的事件。在防控传染性疫病的各种手段中，免疫预防是一种极其重要的经济有效的措施，尤其对病毒性疫病的防控做出了巨大贡献。1980 年 5 月迎来了人类利用疫苗迎战病毒的第一个胜利，威胁人类几千年的天花病毒在牛痘疫苗出现后便被彻底消灭了。脊髓灰质炎病毒是引发小儿麻痹症的元凶，1961 年，Albert Sabin 发明了减毒口服脊髓灰质炎疫苗，到 1994 年 4 月小儿麻痹症在全球基本绝迹。疫苗在动物疫病的根除和防控方面也卓有成效。牛瘟疫苗的使用，使对牛危害极为严重的牛瘟于 2010 年 10 月在全球得到了彻底根除。口蹄疫和典型猪瘟疫苗应用，也使得相关疫病得到了有效的控制，因此，疫苗在控制和消灭传染性疫病中发挥着不可替代积极作用。

　　兽疫病毒种类繁多，宿主广泛。有可致人畜共患且能引起死亡的狂犬病、禽流感等，有给畜牧业造成极大危害的口蹄疫病毒、非洲猪瘟病毒、小反刍兽疫病毒和羊痘病毒等。随着对病原结构和功能以及与宿主作用机制等领域的不断深入了解，动物疫苗的种类也日趋多元化，从最初的发现、筛选、利用自然抗原到应用生物工程技术定向设计构建疫苗，人类已经能够按照自己的意愿研制新型疫苗。*Vaccine Technologies for Veterinary Viral Diseases Methods and Protocols* (2016) 是由 Alejandro Brun 组织众多在各自领域知名的专家编写的专著，全书分 16 个专题，深入细致地介绍了兽医病毒疫苗研究中一些现代和经典的实验技术。内容涵盖病毒载体和亚单位疫苗以及大规模抗原生产和纯化的技术策略；植物源疫苗抗原的生产方法；不同活载体疫苗的构建策略及相关问题，以及目前兽用疫苗使用的新型佐剂和免疫调节剂等。该书的一个重要特点是所介绍的研究方法内容新，实用性强且具可操作性，不仅注重原理的阐述，还详细介绍了方法的技术操作，是从事兽疫病毒疫苗研究工作者不可多得的一本参考性、指南性、手册性资料。

张志东

2019 年 11 月

原著前言

    近年来，有关兽医疫苗技术领域的信息大量涌现。目前已有多种不同的抗原制备系统用于疫苗研究中，特别是在病毒性疫病疫苗研究方面。本书对兽医行业中已有的抗原生产和制备策略进行了综述。本书的各章节涵盖了病毒载体、基因工程疫苗、蛋白质亚单位疫苗、大规模蛋白质生产系统的内容。目的是为这个充满乐趣而又艰苦领域的初学者提供切实可行的、完善的操作指南，给他们提供帮助，本书还提供了有助于新型疫苗设计策略或平台的基础知识。此外，本书还将阐述可用于大多数疫苗开发的最新方法。用于疫苗设计的方法数量众多，但只有很少的研究方法能够真正进入市场和商业化，尽管如此，通过实验获得的数据对探索和理解不同动物物种相关的免疫保护机制也是有益的。因此，本书也适用于对基础免疫学和应用免疫学感兴趣的人群，本书中的技术内容是阐明诱导或调节不同宿主免疫机制的有益工具。

Alejandro Brun
写于西班牙马德里奥尔莫斯

原著撰稿人

FRANCESC ACCENSI • *Centre de Recerca en Sanitat Animal (CReSA)，Bellaterra，Barcelona，Spain; Departament de Sanitat i d'Anatomia Animals，Universitat Aut"noma de Barcelona (UAB)，Bellaterra，Barcelona，Spain*

MATHIAS ACKERMANN • *Vetsuisse Faculty，Institute of Virology，University of Zurich，Zurich，Switzerland*

RALF AMANN • *Institute of Immunology，Friedrich-Loeffler-Institute，Greifswald，Island of Riems，Germany; Department of Immunology，Interfaculty Institute of Cell Biology，Eberhard Karls Universität，Tübingen，Germany*

JAMIE J. ARNOLD • *Department of Biochemistry and Molecular Biology，The Pennsylvania State University，University Park，PA，USA*

AVERY AUGUST • *Department of Microbiology and Immunology，College of Veterinary Medicine，Cornell University，Ithaca，NY，USA*

ELIAS AWINO • *Vaccine Biosciences，International Livestock Research Institute，Nairobi，Kenya*

SHAWN BABIUK • *Canadian Food Inspection Agency，Winnipeg，MB，Canada*

NATALIA BARREIRO-PIÑEIRO • *Department of Biochemistry and Molecular Biology，Centro Singular de Investigación en Química Biológica y Materiales Moleculares (CIQUS)，University of Santiago de Compostela，Santiago de Compostela，Spain*

MARTIN BEER • *Institute of Diagnostic Virology，Friedrich-Loeffler-Institut，Greifswald，Insel Riems，Germany*

JAVIER BENAVENTE • *Department of Biochemistry and Molecular Biology，Centro Singular de Investigación en Química Biológica y Materiales Moleculares (CIQUS)，University of Santiago de Compostela，Santiago de Compostela，Spain*

SANDRA BLOME • *Institute of Diagnostic Virology，Friedrich-Loeffler-Institut，Greifswald，Insel Riems，Germany*

HANI BOSHRA • *Canadian Food Inspection Agency，Winnipeg，MB，Canada*

ALBERTO BRANDARIZ-NÚÑEZ • *Department of Biochemistry and Molecular Biology，Centro Singular de Investigación en Química Biológica y Materiales Moleculares (CIQUS)，University of Santiago de Compostela, Santiago de Compostela, Spain; Department of Biochemistry, Center for Biophysics and Computational Biology, University of Illinois at Urbana-Champaign, Urbana, IL, USA*

ALEJANDRO BRUN • *Centro de Investigación en Sanidad Animal (CISA), Instituto Nacional de Investigación y Tecnología Agraria y Almentaria (INIA), Valdeolmos, Madrid, Spain*

CRAIG E. CAMERON • *Department of Biochemistry and Molecular Biology, The Pennsylvania State University, University Park, PA, USA*

JINXING CAO • *Public Health Agency of Canada, Winnipeg, MB, Canada*

UDO CONRAD • *Department of Molecular Genetics, Leibniz Institute of Plant Genetics and Crop Plant Research (IPK), Gatersleben, Germany*

HONG-JIE FAN • *College of Veterinary Medicine, Nanjing Agricultural University, Nanjing, China*

YONGXIANG FANG • *Section for Immunology and Vaccinology, National Veterinary Institute, Technical University of Denmark, Frederiksberg C, Denmark; State Key Laboratory of Veterinary Etiological Biology, Key Laboratory of Veterinary Public Health of Ministry of Agriculture, Lanzhou Veterinary Research Institute, CAAS, Lanzhou, China*

KATRIN GIESOW • *Institut für Molekulare Virologie und Zellbiologie und Institut für Virusdiagnostik, Friedrich-Loeffler-Institut, Greifswald, Insel Riems, Germany; Institut für VirusdiagnostikFriedrich-Loeffler-Institut, Greifswald, Insel Riems, Germany*

NICOLA GREEN • *The Clinical Biomanufacturing Facility, University of Oxford, Oxford, UK*

PETER M.H. HEEGAARD • *Section for Immunology and Vaccinology, National Veterinary Institute, Technical University of Denmark, Frederiksberg C, Denmark*

GREGERS JUNGERSEN • *Section for Immunology and Vaccinology, National Veterinary Institute, Technical University of Denmark, Frederiksberg C, Denmark*

GÜNTHER M. KEIL • *Institut für Molekulare Virologie und Zellbiologie, Friedrich-Loeffler-Institut, Greifswald, Insel Riems, Germany; Institut für Virusdiagnostik Friedrich-Loeffler-Institut, Greifswald, Insel Riems, Germany*

ANDREA SARA LAIMBACHER • *Vetsuisse Faculty, Institute of Virology, University of Zurich, Zurich, Switzerland*

CHERI A. LEE • *Department of Biochemistry and Molecular Biology, The Pennsylvania State University, University Park, PA, USA*

HUI-XING LIN • *College of Veterinary Medicine, Nanjing Agricultural University, Nanjing, China*

IRENE LOSTALÉ-SEIJO • *Department of Biochemistry and Molecular Biology, Centro Singular de Investigación en Química Biológica y Materiales Moleculares (CIQUS)* , *University of Santiago de Compostela*, *Santiago de Compostela*, *Spain*

ALEJANDRO MARÍN-LÓPEZ • *Centro de Investigación en Sanidad Animal (CISA)* , *Instituto Nacional de Investigación y Tecnología Agraria y Almentaria (INIA)*, *Madrid*, *Spain*

JOSÉ M. MARTÍNEZ-COSTAS • *Department of Biochemistry and Molecular Biology*, *Centro Singular de Investigación en Química Biológica y Materiales Moleculares (CIQUS)* , *University of Santiago de Compostela*, *Santiago de Compostela*, *Spain*

ANITA FELICITAS MEIER • *Vetsuisse Faculty*, *Institute of Virology* , *University of Zurich*, *Zurich*, *Switzerland*

REBECA MENAYA-VARGAS • *Department of Biochemistry and Molecular Biology*, *Centro Singular de Investigación en Química Biológica y Materiales Moleculares (CIQUS)* , *University of Santiago de Compostela*, *Santiago de Compostela*, *Spain*

PAULA L. MONTEAGUDO • *Centre de Recerca en Sanitat Animal (CReSA)* , *Bellaterra*, *Barcelona*, *Spain*

SUSAN J. MORRIS • *The Jenner Institute*, *University of Oxford*, *Oxford*, *UK*

CLAUDIA MÜLLER • *Institut für Molekulare Virologie und Zellbiologie* , *Greifswald*, *Insel Riems*, *Germany; Institut für Virusdiagnostik Friedrich-Loeffler-Institut*, *Greifswald*, *Insel Riems*, *Germany*

VISHVANATH NENE • *Vaccine Biosciences*, *International Livestock Research Institute*, *Nairobi*, *Kenya*

JAVIER ORTEGO • *Centro de Investigación en Sanidad Animal (CISA)* , *Instituto Nacional de Investigación y Tecnología Agraria y Almentaria (INIA)*, *Madrid*, *Spain*

IRIA OTERO-ROMERO • *Department of Biochemistry and Molecular Biology*, *Centro Singular de Investigación en Química Biológica y Materiales Moleculares (CIQUS)* , *University of Santiago de Compostela*, *Santiago de Compostela*, *Spain*

HOANG TRONG PHAN • *Department of Molecular Genetics*, *Leibniz Institute of Plant Genetics and Crop Plant Research (IPK)* , *Gatersleben*, *Germany; Department of Plant Cell Biotechnology*, *Institute of Biotechnology (IBT)*, *Vietnam Academy of Science and Technology (VAST)*, *Hanoi*, *Vietnam*

REIKO POLLIN • *Institut für Molekulare Virologie und Zellbiologie* , *Friedrich-Loeffler-Institut*, *Greifswald*, *Insel Riems*, *Germany; Institut für Virusdiagnostik*, *Friedrich-Loeffler-Institut*, *Greifswald*, *Insel Riems*, *Germany*

ILONA REIMANN • *Institute of Diagnostic Virology*, *Friedrich-Loeffler-Institut*, *Greifswald*, *Insel Riems*, *Germany*

FERNANDO RODRÍGUEZ • *Centre de Recerca en Sanitat Animal (CReSA)*, *Bellaterra*, *Barcelona*, *Spain*

JÖRG ROHDE • *Institute of Immunology*, *Friedrich-Loeffler-Institute*, *Greifswald*, *Island of Riems*, *Germany*

HANNS-JOACHIM RZIHA • *Institute of Immunology*, *Friedrich-Loeffler-Institute*, *Island of Riems*, *Greifswald*, *Germany; Department of Immunology*, *Interfaculty Institute of Cell Biology*, *Eberhard Karls Universität*, *Tübingen*, *Germany*

ROSEMARY SAYA • *Animal Biosciences*, *International Livestock Research Institute*, *Nairobi*, *Kenya*

HORST SCHIRRMEIER • *Institut für Molekulare Virologie und Zellbiologie*, *Greifswald*, *Insel Riems*, *Germany; Institut für Virusdiagnostik Friedrich-Loeffler-Institut*, *Greifswald*, *Insel Riems*, *Germany*

PAUL J. WICHGERS SCHREUR • *Department of Virology*, *Central Veterinary Institute*, *Wageningen University and Research Centre*, *Lelystad*, *The Netherlands*

LUCILLA STEINAA • *Vaccine Biosciences*, *International Livestock Research Institute*, *Nairobi*, *Kenya*

NICHOLAS SVITEK • *Vaccine Biosciences*, *International Livestock Research Institute*, *Nairobi*, *Kenya*

EVANS L.N. TARACHA • *Vaccine Biosciences*, *International Livestock Research Institute*, *Nairobi*, *Kenya*

ALISON V. TURNER • *The Jenner Institute*, *University of Oxford*, *Oxford*, *UK*

GEORGE M. WARIMWE • *The Jenner Institute*, *University of Oxford*, *Oxford*, *UK*

目　录

第一章　兽医病毒病疫苗及免疫接种概论

Alejandro Brun[*]

摘　要：由病毒性病原体引起的大量传染病，对家畜和伴侣动物健康产生了重要影响。要确保动物生产质量和福利达到最高标准，就需要开发有效的工具来阻止和防止传染病在畜牧业中传播。迄今为止，最好的策略之一是尽可能实施疫苗接种政策。然而，目前生产的许多疫苗依赖经典疫苗技术（灭活或减毒活疫苗），在某些情况之下，这些技术在安全性方面可能还存在一定的问题。由于存在引入疾病的风险，这些疫苗也不能够在无疫国家广泛推广应用。因此，需要向前迈出一步，改进和调整疫苗生产策略，使用已经在实验环境中测试过的新一代疫苗技术。本章针对兽医领域的动物病毒性疫病，笔者对一些现有可用于病毒性病原体疫苗的技术以及其引起的免疫类型进行了概述。

关键词：病毒疫苗；减毒活疫苗；病毒载体；DNA 疫苗；亚单位疫苗；先天免疫；适应性免疫；疫苗技术

1　动物病毒性疾病及疫苗接种需要

人类从以狩猎为生的原始社会到以农耕为生的农业社会的转变，是人类在历史上最大的转变时刻之一。在数千年期间，牲畜和伴生物种（反刍动物、猪、家禽、猫和狗）首先被驯养和饲养以维持人类的生存（在这个意义上，"牲畜"这个词是有意义的），然后才是为了盈利而被商业化。从那时起，畜牧业的发展成为了文明发展的重要活动之一。畜牧业的重要性是显而易见的，因为对发展中国家或那些集约化农业是生存关键的国家而言，始终需要对土地利用和动物资源进行妥善的管理，以避免人类的营养缺乏以及饥荒。世界人口的爆炸性增长使这一情况变得更加复杂（特别是发展中国家更为明显），因此，在不久的将来，人类对其他饮食消费来源，如养殖鱼类的需求将会增加。而动物的集约养殖必然会导致那些由主要传染性病原体传播的疾病发生，从而影响动物福利，降低生产力，在最

---

* Alejandro Brun（ed.），兽医病毒疾病疫苗技术：方法和方案，分子生物学方法，第 1349 卷，doi 10.1007/978-1-4939-3008-1_1，Springer Science+Business Media New York 2016

坏的情况下，还会严重破坏国家经济。在某些情况下，家畜或动物病原体也会导致人类染病，因此我们必须采取措施控制和消灭它们。

在动物传染性疾病的众多病例中，病毒病原学的病例比例很高，而从兽医的角度来看，病毒与疾病的相关性也是最高的。事实上，根据国际动物卫生组织对陆生和水生应报告动物疾病的分类（表1-1），约1/2最重要的动物疾病是由病毒引起的。该报告所列病毒性疾病，包括来自22个不同病毒科，其中4个病毒科（疱疹病毒、横纹病毒、痘病毒和副黏病毒）的病毒导致了大量的疾病（图1-1）。一些列出的动物病毒疾病也可以通过人类直接接触受感染的动物、受感染的动物组织和体液或通过节肢动物媒介传播给人类（即人畜共患病），从而影响公共卫生和食品安全。因此，防止传染病在动物—人类层面的传播对于保护世界人口免受流行病的影响非常重要，这是"同一个健康"概念的基础[1, 2]。预防接种仍是预防传染病最具成效的干预策略之一。对于列出的大多数疾病，都有"获得生产许可"或可用的疫苗，最终通过"经典"生产方法获得。不过，由逆转录病毒引起的疾病例外，其传统的疫苗技术还尚未成功；另外，水生动物疫病的疫苗迄今为止也只有鱼类疫苗得到使用。在某些情况下，对动物病毒性疾病进行疫苗接种的效果非常成功，通过使用致病病毒的减活/灭活毒根除了牛瘟（牛瘟可能是最致命的牛和反刍动物疾病，由病毒引起）就可以说明这一点[3]。新的研究表明，努力控制新出现的主要病毒病原体，可以避免致命病毒的不受控传播[4]。从这个角度来看，根据之前对宿主产生免疫反应的知识，一些用于疫苗设计的技术将可构成强大的平台，用于快速产生新的实验性疫苗。

表1-1　国际兽疫向（OIE）法定必须报告的陆生和水生动物病毒性疫病

影响多种物种的疫病	病毒首字母缩写	病毒科	病毒属	获许可的疫苗类型
蓝舌病 Bluetongue	BTV[a]	呼肠孤病毒科 Reoviridae	环状病毒属 *Orbivirus*	减毒活疫苗
克里米亚-刚果出血热[b] Crimean Congo hemorrhagic fever[b]	CCHFV[a]	布尼亚病毒科 Bunyaviridae	奈罗病毒属 *Nairovirus*	无可用疫苗
马脑脊髓炎（东方型）[b] Equine encephalomyelitis(Eastern)[b]	EEEV[a]	披膜病毒科 Togaviridae	甲病毒属 *Alphavirus*	灭活疫苗
口蹄疫[b] Foot and mouth disease[b]	FMDV	小RNA病毒科 Picornaviridae	口疮病毒属 *Aphtovirus*	灭活疫苗 （BEI）
Aujeszky氏病毒感染（伪狂犬） Infection with Aujeszky's diseasevirus (Pseudorabies)	SHV-1	疱疹病毒科 （α-疱疹病毒） Herpesviridae （α-herpesvirinae）	猪疱疹病毒属 *Suid Herpesvirus*	弱毒疫苗 （缺失糖蛋白gE、gC、gG）

（续表）

影响多种物种的疫病	病毒首字母缩写	病毒科	病毒属	获许可的疫苗类型
狂犬病病毒感染[b] Infection with rabies virus[b]	RABV	弹状病毒科 Rhabdoviridae	狂犬病病毒属 *Lyssavirus*	灭活疫苗 / 弱毒疫苗 / 痘病毒重组疫苗 / 腺病毒重组疫苗
牛瘟病毒感染 Infection with rinderpest virus	RPV	副黏病毒科 Paramyxoviridae	麻疹病毒属 *Morbillivirus*	弱毒疫苗
日本脑炎 Japanese encephalitis[b]	JEV[b]	黄病毒科 Flavviridae	黄病毒属 *Flavivirus*	灭活疫苗 / 弱毒疫苗
裂谷热[b] Rift Valley fever[b]	RVFV[b]	布尼亚病毒科 Bunyaviridae	白蛉热病毒属 *Phlebovirus*	弱毒疫苗
水泡性口炎[b] Vesicular stomatitis[b]	VSV[b]	弹状病毒科 Rhabdoviridae	水疱病毒属 *Vesiculovirus*	灭活疫苗 / 弱毒疫苗
西尼罗河热[b] West Nile fever[b]	WNV[b]	黄病毒科 Flaviviridae	黄病毒属 *Flavivirus*	灭活疫苗 / 弱毒疫苗 / 鸡痘病毒重组苗 /DNA 疫苗（美国）
家畜流行性出血病 Epizootic hemorrhagic disease	EHDV[b]	呼肠孤病毒科 Reoviridae	环状病毒属 *Orbivirus*	灭活疫苗 / 弱毒疫苗（美国和日本许可）
牛病 Cattle diseases				
牛病毒性腹泻 Bovine viral diarrhea	BVDV	黄病毒科 Flaviviridae	瘟病毒属 *Pestivirus*	灭活疫苗 / 弱毒疫苗
牛白血病 Enzootic bovine leukosis	BLV	逆转录病毒科 Retroviridae	慢病毒属 *Lentivirus*	无可用的疫苗
牛传染性鼻气管炎 / 传染性脓疱外阴阴道炎 Infectious bovine rhinotracheitis/Infectious pustularvulvovaginitis	BoHV-1	疱疹病毒科 （α - 疱疹病毒） Herpesviridae （α -herpesvirinae）	水痘病毒属 *Varicellovirus*	缺失糖蛋白 gE 的灭活疫苗或者弱毒疫苗
牛结节性皮肤病 Lumpy skin disease	LSDV	痘病毒科 Poxviridae	正痘病毒属 * *Orthopoxvirus*	弱毒疫苗
绵羊和山羊疫病 Sheep and goat diseases				
山羊关节炎 / 脑炎 Caprine arthritis/encephalitis	CAEV	逆转录病毒科 Retroviridae	慢病毒属 *Lentivirus*	无可用疫苗
小反刍兽疫病毒感染 Infection with peste des petitsruminants virus	PPRV	副黏病毒科 Paramyxoviridae	麻疹病毒 *Morbillivirus*	弱毒疫苗 / 山羊痘病毒重组疫苗

---

* 译者注：应为山羊痘病毒属（*Capripoxvirus* ）。

（续表）

影响多种物种的疫病	病毒首字母缩写	病毒科	病毒属	获许可的疫苗类型
梅迪—维斯纳病 Maedi-visna	MVV	逆转录病毒科 Retroviridae	慢病毒属 *Lentivirus*	无可用疫苗
绵羊痘和山羊痘 Sheep pox and goat pox	SPV	痘病毒科 Poxviridae	正痘病毒属 * *Orthopoxvirus*	灭活疫苗 / 弱毒疫苗
马病 Equine diseases				
马脑脊髓炎（西方型） Equine encephalomyelitis (Western)	WEEV[a]	披膜病毒科 Togaviridae	甲病毒属 *Alphavirus*	灭活疫苗
马传染性贫血 Equine infectious anemia	EIAV	逆转录病毒科 Retroviridae	慢病毒属 *Lentivirus*	无可用疫苗
马流感[b] Equine influenza[b]	EIV	正黏病毒科 Orthomyxoviridae	流感病毒属 *Influenzavirus*	灭活疫苗 / 鸡痘病毒重组疫苗
马疱疹病毒 –1 感染 Infection with equine herpesvirus-1	EHV-1	疱疹病毒科 Herpesviridae		灭活疫苗 / 弱毒疫苗
马动脉炎病毒感染 Infection with equine arteritisvirus	EAV	动脉炎病毒科 Arteriviridae	动脉炎病毒属 *Arterivirus*	灭活疫苗 / 弱毒疫苗
非洲马瘟[a] Infection with African horsesickness virus	AHSV[a]	呼肠孤病毒科 Reoviridae	环状病毒属 *Orbivirus*	减毒活疫苗
猪病 Swine diseases				
非洲猪瘟[a] African swine fever	ASFV[a]	非洲猪瘟病毒科 Asfiviridae	非洲猪瘟病毒属 *Asfivirus*	无可用疫苗
猪瘟病毒感染 Infection with classical swine fevervirus	CSFV	黄病毒科 Flaviviridae	瘟病毒属 *Pestivirus*	弱毒疫苗 / 亚单位疫苗（E2）
猪繁殖与呼吸综合征 Porcine reproductive andrespiratorysyndrome	PRRSV	动脉炎病毒科 Arteriviridae	动脉炎病毒属 *Arterivirus*	减毒活疫苗
猪水泡病 Swine vesicular disease	SVDV	小 RNA 病毒科 Picornaviridae	肠道病毒属 *Enterovirus*	无可用疫苗
传染性胃肠炎 Transmissible gastroenteritis	TGEV	冠状病毒科 Coronaviridae	α - 冠状病毒属 *Alphacoronavirus*	无可用疫苗
禽病 Avian diseases				
禽传染性支气管炎 Avian infectious bronchitis	IBV	冠状病毒科 Coronaviridae	γ - 冠状病毒属 *Gammacoronaviridae*	灭活疫苗 / 弱毒疫苗 / 灭活多价疫苗
鸡传染性喉气管炎 Avian infectious laryngotracheitis	ILTV	疱疹病毒科 （α - 疱疹病毒亚科） Herpesviridae （α -herpesvirinae）	禽疱疹病毒 1 型 *Gallid* *herpesvirus*-1	弱毒疫苗 / 疱疹病毒重组疫苗 / 鸡痘重组疫苗
鸭病毒性肝炎 Duck virus hepatitis	DHV-1	小 RNA 病毒科 Picornaviridae	禽肝炎病毒 *Avihepatovirus*	灭活疫苗 / 弱毒疫苗

---

* 译者注：应为山羊痘病毒属（*Capripoxvirus*）。

（续表）

影响多种物种的疫病	病毒首字母缩写	病毒科	病毒属	获许可的疫苗类型
鸭病毒性肠炎 Duck virus enteritis	DEV-1	疱疹病毒科 （α-疱疹病毒亚科） Herpesviridae （α-herpesvirinae）	腮腺疱疹病毒-1 *Anatid herpesvirus*-1	弱毒疫苗
禽流感 Infection with avian influenza 除家禽以外的鸟类（包括野鸟）中的病毒和高致病性甲型流感病毒的感染[b] viruses and infection withinfluenza A viruses of highpathogenicity in birds otherthan poultry including wild birds[b]	AIV	正黏病毒科 Orthomyxoviridae	甲型流感病毒属 *Influenzavirus A*	LPAI 灭活疫苗/重组疫苗 禽痘（禁止或不鼓励接种 HPAI 疫苗）
禽痘 Fowl pox	FPV	痘病毒科 Poxviridae	禽痘病毒属 *Avipoxvirus*	修饰减毒活疫苗
传染性法氏囊病 Infectious bursal disease(Gumboro disease)	IBDV	双 RNA 病毒科 Birnaviridae	禽双 RNA 病毒属 *Avibirnavirus*	灭活疫苗/弱毒疫苗/禽疱疹病毒 VP2 重组疫苗
新城疫[b] Newcastle disease[b]	NDV	副黏病毒科 Paramyxoviridae	腮腺炎病毒属 *Avulavirus*	灭活疫苗/弱毒疫苗/重组禽疱疹病毒和禽痘病毒
马立克氏病 Marek's disease	MDV (GaHV-2)	疱疹病毒科（α-疱疹病毒） herpesviridae （α-herpesvirinae）	疱疹病毒-1 *Gallid herpevirus*-1	减毒活疫苗
火鸡鼻气管炎 Turkey rhinotracheitis	aMPV	副黏病毒科 Paramyxoviridae	变性肺病毒属 *Metapneumovirus*	减毒活疫苗/灭活疫苗
兔病 Lagomorph diseases				
黏液瘤病 Myxomatosis	MV	痘病毒科 Poxviridae		减毒活疫苗
兔病毒性出血性症 Rabbit hemorrhagic disease	RHDV	杯状病毒科 Caliciviridae		痘病毒重组疫苗
其他感染性疫病 Other infections				
骆驼痘 Camelpox		痘病毒科 Poxviridae		灭活疫苗/弱毒疫苗
布尼亚病毒感染（阿卡班、卡什谷、施马伦堡和内罗毕绵羊病）Bunyaviral infections (*Akabane*, *Cache Valley*, *Schmallenberg*, *and Nairobi sheep disease*)	AKAV[b]	布尼亚病毒科 Bunyaviridae	布尼亚病毒属 *Orthobunyavirus*	灭活疫苗
	CVV[b]		布尼亚病毒属 *Orthobunyavirus*	
	SBV[b]		布尼亚病毒属 *Orthobunyavirus*	
	NSDV[b]		奈罗病毒属 *Nairovirus*	

（续表）

影响多种物种的疫病	病毒首字母缩写	病毒科	病毒属	获许可的疫苗类型
亨德拉病毒病和尼帕病毒病 [b] Hendra and Nipah virus diseases[b]	HeV NiV	副黏病毒科 Paramyxoviridae	亨尼帕病毒属 *Henipaviruses*	无可用疫苗
鱼病 *Fish diseases*				
HPR- 缺失或 HPR0 型鲑传染性贫血病毒感染 Infection with HPR-deleted or HPR0 infectious salmon anemiavirus	ISAV	正黏病毒科 Orhtomyxoviridae	传染性鲑鱼贫血症病毒 *Isavirus*	灭活疫苗
鲑鱼甲病毒感染 Infection with salmonid alphavirus	SAV	披膜病毒科 Togaviridae	甲病毒属 *Alphavirus*	灭活疫苗
流行性造血坏死 Epizootic hematopoietic necrosis	EHNV	虹彩病毒科 Iridoviridae	蛙病毒属 *Ranavirus*	无可用疫苗
传染性造血疫病 Infectious hematopoietic disease	IHNV	弹状病毒科 Rhabdoviridae	弹状病毒属 *Novirhabdovirus*	灭活疫苗 / DNA 疫苗
锦鲤疱疹病毒病 Koi herpesvirus disease	KHV	疱疹病毒科 Alloherpesviridae	鲤鱼病毒属 *Cyprinivirus*	减毒活疫苗
红海鲷虹彩病毒病 Red sea bream iridoviral disease	RSIDV	虹彩病毒科 Iridoviridae		甲醛灭活疫苗
鲤鱼春季病毒血症 Spring viraemia of carp	SVCV	弹状病毒科 Rhabdoviridae	水疱病毒属 *Vesiculovirus*	无可用疫苗
病毒性出血性败血症 Viral hemorrhagic septicemia	VHSV	弹状病毒科 Rhabdoviridae	弹状病毒属 *Novirhabdovirus*	无可用疫苗
软体动物疫病 *Mollusc diseases*				
牡蛎疱疹病毒 Infection with Ostreid	OsHV-1	疱疹病毒科 Herpesviridae		无可用疫苗
鲍鱼疱疹病毒感染 Infection with abalone herpesvirus	AbHV	疱疹病毒科 （马拉柯氏病毒科） Herpesviridae （Malacoherpesviridae）		无可用疫苗
甲壳类疫病 *Crustacean diseases*				
感染性皮下和造血坏死 Infectious hypodermal andhematopoietic necrosis	IHHNV	细小病毒科 Parvoviridae	短浓核病毒属 *Brevidensovirus*	未开发
感染性肌坏死 Infectious myonecrosis	IMNV	全病毒科 Totiviridae	蟾蜍病毒属 *Totivirus*	未开发
桃拉综合征 Taura syndrome	TSV	双顺反子病毒科 Dicistroviridae	阿帕拉病毒属 *Aparavirus in the Family*	未开发
白斑病 White spot disease	WSSV	尼玛病毒科 Nimaviridae	白斑病毒属 *Whispovirus*	未开发

（续表）

影响多种物种的疫病	病毒首字母缩写	病毒科	病毒属	获许可的疫苗类型
白尾病（罗氏沼虾瘤病毒感染）White tail disease(Infection byMacrobrachium rosenbergiinodavirus)	MrNV、XSV 及相关病毒	诺达病毒科 Nodaviridae	诺达病毒属 *Nodavirus*	未开发
黄头病 Yellowhead disease	YHV	罗尼病毒科 Roniviridae(O. Nidovirales)	头甲病毒属 *Okavirus*	未开发
两栖动物疫病 *Amphibian diseases*				
蛙病毒感染 Infection with ranavirus	FV3	虹彩病毒科 Iridoviridae	蛙病毒属 *Ranavirus*	无可用疫苗

备注：[a] 节肢动物传播病毒；[b] 人畜共患病

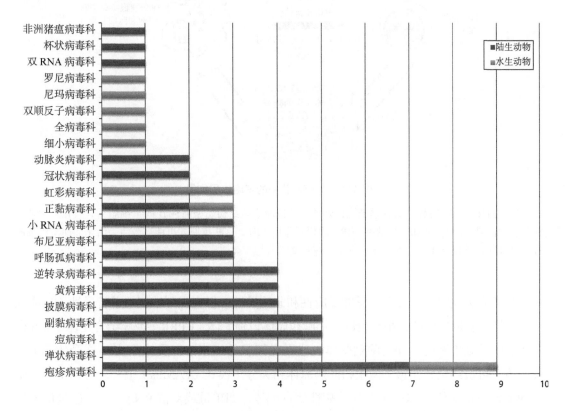

图 1-1 引起法定必须报告的动物疫病病毒科所包括的成员

图中描述了引起陆生和水生动物重要疫病的每个病毒科致病成员的数量。

2 免疫学问题

疫苗接种的目的是实现对免疫系统的特定刺激，使宿主能够建立一种有效且长期存在的记忆免疫反应，这种记忆免疫反应能够识别病原体，并最终在感染时将其清除。这可以通过用适当的抗原（疫苗）刺激来激活参与非自身识别的细胞机制来实现。因此，有效的疫苗作为一种非自身的物质，理想情况下，能够刺激先天免疫反应，进一步"指导"随后的适应性和免疫记忆反应。第一步是通过感染的或专门的吞噬细胞（抗原递呈细胞或APC，包括巨噬细胞和树突状细胞）来实现，这些吞噬细胞能够向 N 淋巴细胞（B 和 T）递呈抗原决定簇（图 1-2）。

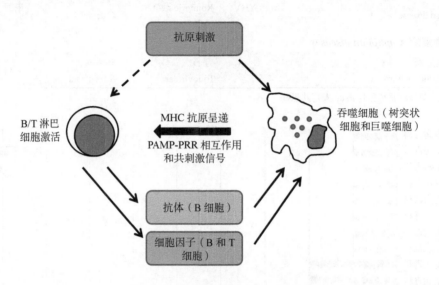

图 1-2　免疫应答中的细胞协同作用

在疫苗接种后，特异性的吞噬细胞将处理后的抗原递呈给初始型活性 B 或 T 细胞，只有在产生适当的共刺激信号（源自 PAMPs 与细胞 PRRS 的相互作用）时，这些抗原才可能被激活。活化促使淋巴细胞分泌可溶性介质和抗体，引发炎症反应（改编自文献[33]）。

虽然先天免疫反应具有广泛的反应性和非特异性，但它强烈地制约着特异性（适应性或获得性）免疫反应的大小和组成。细胞病原体识别受体（CPRR）或膜结合受体（Toll 样受体、C 型凝集素受体和清除剂受体）或吞噬细胞的细胞溶解受体（NOD 样受体和 RIG 样受体）可最终结合在感染微生物的病原体相关分子模式（PAMPs）上[5]。特别是当细胞内的模式识别受体（PRRs）遇到致病性病毒配体（如单链或双链 RNA）时，通过诱导许多 NF-κB 介导的共刺激分子、促炎症细胞因子、趋化因子的基因转录，以及 IRF 介导的 I 型干扰素（IFN）和其他细胞因子，如 IL-1β 和 TNF-α 的转录，激活正常静止状态的吞噬细胞[6]。其他免疫细胞类型，如自然杀伤细胞（NK）表达功能性 TLR，专门用于检测病毒 PAMP，也可被 I 型干扰素激活[7]。NK 细胞可以清除病毒感染后 MHC 分子表达减少的细胞。NK 细胞分泌 IFN-γ，进而通过成熟的树突状细胞（DCs）增强巨噬细胞的吞噬活性和抗原的表达，树突状细胞是先天性免疫和获得性免疫的桥梁。树突状细胞向淋巴细胞发出信号，将决定这些细胞是否最终参与对抗病毒的感染。减毒病毒疫苗或可复制的活病毒载体疫苗就是基于这一事实开发的。与基于惰性抗原（灭活病毒或亚单位疫苗）的疫苗相比，先天免疫应答的启动大大提高了获得性应答的质量和速度。最近，树突状细胞或抗原递呈细胞（APCs）在调节免疫应答中的核心作用使针对这些细胞的抗原靶向成为特异性免疫刺激的主要对象，目的是增强疫苗的效果以及其他形式的免疫疗效[8, 9]。

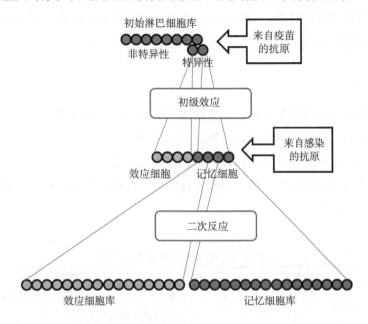

图1-3　疫苗接种利用特异性和免疫记忆的诱导

在特异性疫苗抗原/刺激的吞噬细胞激活T细胞后，可产生淋巴细胞的初级克隆扩增。效应细胞库和记忆细胞库在遇到病原体（感染）时都会发生大规模的二次扩增（改编自[33]）。

当通过与树突状细胞的相互作用激活初始型淋巴细胞时，赋予了免疫应答的特异性，B细胞和T细胞能够识别特定抗原的克隆性扩增。作为对疫苗刺激的主要反应，包含记忆和效应细胞的特异性淋巴细胞库也会扩大。一旦感染并与病毒抗原相遇，二次反应将大大增强，可能导致特异性效应细胞和记忆细胞的保护和长期免疫（图1-3）。因此，疫苗开发的两个主要原则必然是特异性和记忆性。在设计疫苗时，特异性问题对疫苗的成功至关重要，可以通过选择适当的抗原组分、整个抗原或多个抗原来解决，从而能够唤起疫苗接种后最初反应中产生的记忆性淋巴细胞库。

以往疫苗设计的逻辑方法之一是鉴定感染后保护性免疫相关分子，例如鉴定包括诱导感染后产生中和抗体的相关表位和/或负责辅助或细胞毒性功能的关键T细胞表位[10]。理论上，这一知识应来源于疫苗保护的目标物种体内病毒的发病机制，但不幸的是，与实验室动物相比，这些类型的研究通常更难按形式进行。这主要是由于远缘种的遗传多样性，缺乏细胞表型特征的试剂和标记以及实验动物数量的限制。尽管如此，在某些情况下，其他动物疾病模型（主要是啮齿动物）的发病机制与目标物种的发病机制有足够的相关性，就可以获得有关免疫保护机制的有价值信息。在过去几十年的病毒研究中已积累了大量的知识，很明显，在一般意义上，对于发病机制不太复杂的病毒，通过产生对病毒和/或病毒感染细胞表面抗原的免疫应答，就可以获得成功的免疫预防。对于其他已发展出更复杂发病机制（即诱导持久性、在免疫特异性组织中复制、使用免疫逃避策略、诱导有害的宿主免疫反应）的病毒，如痘病毒、疱疹病毒、禽流感病毒、呼吸道病毒和慢病毒等，有效的疫苗除了诱导中和抗体外，还应引起特异性 T 细胞反应[11]。

3 疫苗技术

根据引起的免疫原性水平不同，上文概述了疫苗的第一种分类，即分为灭活疫苗、灭活非传染性疫苗与减毒活疫苗。因此，根据所使用病毒（活的或死的）或相关抗原（整体或部分）的性质，可分为两大类抗病毒疫苗。事实上，迄今为止，包括用于人医和兽医用途的所有获得许可的抗病毒疫苗都可以归入这两类。这种分类方法有助于将疫苗分为 4 种一般类型（表 1-2）。

表 1-2　对当前疫苗技术提出的分类

病毒	全抗原	组分/成分
死	Ⅰ型（灭活，死亡）	Ⅲ型（亚单位，VLPS，遗传 DNA 或 RNA，杀死的重组载体疫苗）
活	Ⅱ型（修饰后的减毒活疫苗，反向遗传技术进行基因改良）	Ⅳ型（表达抗原的重组病毒载体疫苗）

在这一分类中，Ⅰ型疫苗包括通过灭活方法生产的疫苗，而Ⅱ型疫苗包括所有用作疫苗的减毒病毒，包括由反向遗传产生的疫苗。Ⅲ型和Ⅳ型疫苗包括仅将病原体的成分或一部分用作疫苗抗原的疫苗。因此，Ⅲ型疫苗包括亚单位疫苗，即包括原核细胞和真核细胞重组技术生产的载体微颗粒和病毒样颗粒（VLPS）疫苗，以及表达异源疫苗抗原的灭活重组载体。在这一类别中，也可将核酸疫苗和肽基疫苗包括在内。最后，Ⅳ型疫苗是由编码和表达特定（选定）异源疫苗抗原的活病毒载体递送的疫苗。显然，根据疫苗的配方（例如，灭活疫苗可细分为由全部灭活感染培养物或纯化病毒部分组成的疫苗），以及用于增强免疫反应的佐剂类型，可以从所有这些类别中进一步分类。减毒活疫苗可包括那些毒性降低的天然病毒分离株，或由连续传代产生的减毒病毒，或通过反向遗传学方法拯救的病毒。核酸疫苗可以基于 DNA 质粒或由编码病毒复制子的 DNA 质粒启动的自复制 RNA 分子。对于每种技术，可以使用几种生产方法或抗原表达方法，并应用进一步的修饰和配方，因此可以通过实验测试的潜在组合很多。一种或另一种选择可能取决于在感染模型中获得的实验及临床前实验可用数据。还可根据所提供的主要免疫类型（黏膜、全身、体液或细胞）、首选的给药方法（口服、非肠道）或启动—增强组合对疫苗技术进行进一步分

类（表 1–3）。

表 1–3　实验室（实验）疫苗技术的一般特征

疫苗类型	修饰类型	生产平台	给药方式	佐剂	剂量	提供的免疫	安全性
Ⅰ.灭活疫苗	物理，化学	真核细胞培养	肠外的	化学的	重复的	体液和 Th 反应	+++
Ⅱ.弱毒活疫苗	物理化学诱变剂、逆向遗传学、组织繁殖（体外体内）	细胞培养	肠外的	无	1 次重复	体液和细胞免疫，包括 CTL 反应	+
Ⅲ^a.亚单位和载体技术、多糖疫苗和多肽疫苗、微颗粒和纳米颗粒制剂、病毒样颗粒		原核细胞培养、真核细胞培养、基于植物，化学合成	肠外／黏膜	化学／分子	重复的	体液和 Th 反应	++++
Ⅲ^b.核酸疫苗	VpG，递送，脂质体	原核细胞培养	肠外的	分子的	重复的	体液和细胞免疫	+++
Ⅳ.病毒载体疫苗		哺乳动物、昆虫、植物细胞培养	肠外的	无／分子	1 次重复	体液和细胞免疫	+++

4 ┃型疫苗技术

抗病毒灭活（死）疫苗已经使用了很长时间，其原理是通过一般的化学或物理方法破坏病毒的复制能力。在使用的化学方法中，甲醛和有机化合物如环酯（β-丙内酯）或二元乙胺（BEI）被广泛使用。其他交联剂如戊二醛也可以作为灭活剂，但其应用范围还不如甲醛广泛。使用交联剂制备疫苗有两个主要注意事项：第一个是抗原表位的聚集可能导致抗原表位的破坏或修改，这可能是导致这些疫苗免疫原性降低的原因，通常需要 2~3 倍增强剂量来维持足够和持久的保护性免疫水平。第二个是如果部分（或次优）诱导免疫通过抗体依赖性感染增强（ADE）等机制与感染性协同作用，则存在不完全失活而导致疫病的恶化的风险。在这种情况下，正如登革热病毒感染[12] 中描述的过程一样，单核细胞或巨噬细胞（含 Fc 受体的细胞）可被病毒与非中和抗体复合感染。第三个是灭活疫苗的另一个问题是克服受感染动物和接种了疫苗的动物之间的差异，以免干扰监测诊断。甲醛主要与蛋白质反应，而 β-丙内酯（BPI）和二乙烯亚胺（BEI）主要修饰 DNA 或RNA，因此 BPL 在病毒灭活过程中有望保持较高的免疫原性。但据报道，BPL 还可能与半胱氨酸、蛋氨酸和组氨酸等氨基酸发生反应，因此蛋白质的某些修饰也可能影响 BPL 疫苗的免疫原性。类似地，BEI 也被证明可与蛋白质发生反应[13]。该化合物已被广泛用于口蹄疫病毒（FMDV）灭活疫苗的制备。尽管如此，灭活疫苗仍然是疫苗生产（供人和兽医使用）的主要方法，部分原因是疫苗配方中佐剂（主要是铝盐）有效地克服了免疫力有限的主要问题。事实上，该技术可以受益于其他灭活方法，例如使用过氧化氢或质子化化合物，如二乙基焦碳酸酯（DEPC）。过氧化氢可以灭活 DNA 和 RNA 病毒（痘苗病毒、LCMV、WNV 和 YFV），对抗原结构几乎没有损伤，从而最大限度地降低对免疫原性的影响。更有趣的是，这种灭活方法使疫苗能够诱导体液（中和抗体）和细胞免疫应答，包括 WNV 和 LCMV 特异性 CD8+ 细胞毒性 T 细胞[14, 15]。有文章报道了采用 DEPC 等组氨酸 - 质子化剂消除小鼠水泡性口炎病毒（VSV）的感染性和致病性。这些动物在进一步的致死性攻毒保护中存活下来，这种保护作用与产生的中和抗体有关[16]，不过自该文章第一次报道该结果以来再没有进一步的报道。尽管在刺激免疫反应方面的不同技术都取得了进展，但经典的灭活方法仍被广泛用于制造许多兽医用疫苗。可能是因为制造商需要谨慎地平衡调整其传统制造工艺以适应新技术和预期盈利能力所需的投资。其他经典的物理灭活技术包括通过暴露在热辐射、电磁辐射或电离辐射中进行灭活。其中，紫外线辐射已成为人类疫苗生产中最常用的方法之一。

5　Ⅱ型疫苗技术

减毒活疫苗是目前比较成功的疫苗形式之一，优点是该疫苗能够保留最大限度的免疫原性。具有复制的能力使减毒活疫苗能够更强地诱导先天性免疫反应，这一特征可能如前文所讨论的那样严重影响获得性免疫反应的结果。许多兽用疫苗和伴侣动物疫苗都使用减毒病毒，当然减毒活疫苗也被用于人类接种。减毒活疫苗的共同特征是在毒力因子丢失的同时，保持其免疫原性。特别是兽医用疫苗的传统开发方法，是将病毒在异源细胞连续传代培养或在啮齿动物、哺乳期小鼠、兔子或山羊的脑组织中连续传播。在不同组织中的繁殖通常可以最终改变病毒的组织嗜性。例如，通过脑组织传代的肝营养性病毒虽然获得了神经毒力，但该病毒已经不能再在肝脏中复制。还有一种方法是用类似核苷的突变化合物诱导突变。在较低温度下可生长的温度敏感突变株，不能再在宿主体内的正常温度下复制。弱毒疫苗相对于灭活疫苗、死苗或亚单位疫苗的主要优势可能与表位的更广泛呈现有关。因为在受感染的宿主细胞中病毒将表达更多的蛋白，而这些蛋白质片段，将会通过 MHC-I 得到递呈；此外，弱毒疫苗还有可能通过类似或自然感染途径（如流感疫苗的鼻 / 黏膜途径）进行接种。弱毒疫苗诱发的免疫反应也与感染的免疫反应相似，包括触发先天免疫反应以及体液免疫和 / 或细胞免疫反应。更重要的是，对于兽医疫苗市场而言，弱毒疫苗的制备和生产成本通常较低。

不过，减毒活疫苗存在的缺点是由于其遗传不稳定，可能会使其恢复毒性或失去复制表型，也存在与免疫抑制个体相关的问题，还有某些减毒活疫苗可能会对孕期动物产生有害的作用。这一般指那些通过灭活过程不完全可控或无法用其他原因解释的方法（即组织培养中的连续繁殖）获得的疫苗。表1-4总结了灭活疫苗和减毒活疫苗的优缺点。对于影响几个物种的疾病，对特定反刍动物宿主安全的疫苗可能对猪并不安全。一般来说，大家公认灭活疫苗比减毒活疫苗更安全。病原生物学、免疫学和分子生物学知识的进步使得疫苗设计更为合理，因此，已经有减毒活疫苗的新替代品得到了开发。特别是对于RNA病毒而言，反向遗传系统的产生（即从克隆病毒基因组和转录本中拯救完全传染性病毒的能力）[17]使开发出具有增强安全特性的新型减毒活疫苗成为可能。对于携带毒力和/或免疫调节基因的DNA病毒，也可通过同源重组技术删除病毒上特定的基因得以实现[18]。

在大多数情况下，这些病毒基因组的修改使其疫苗具备了兽医用疫苗的一个重要特征，即可能区分感染的动物与疫苗接种动物[19]。在实施监测诊断时，例如为保持无疫病国家状况的情况下，这一点尤为重要。

表1-4 灭活和减毒活疫苗最明显的优缺点

灭活疫苗		减毒活疫苗	
优点	缺点	优点	缺点
无感染风险	可能引起疾病（副黏病毒、慢病毒、冠状病毒疫苗）	全身和局部免疫激活体液和细胞免疫反应	不确定因素的存在
无不确定因素的残留	肠外给药（无黏膜免疫性）	持久免疫	可能导致发病
	低CTL反应率	免疫效力强	可能变得更弱
	免疫力低下	生产成本低	接触传播
	需要增加剂量	容易管理	可能失去传染性
	生产成本高	牛群免疫（如果疫苗传播，大多数情况下）	对孕期动物可能存在风险
		单剂量免疫	干扰之前免疫的活病毒，存在有缺陷的干扰粒子
			对接种疫苗的动物和受感染的动物的区分更为困难
			免疫抑制

6 Ⅲ型疫苗技术

一旦鉴定出了保护性抗原，便可以通过将其克隆并在异源系统（细菌、酵母、植物、真核细胞）中表达，从而分离和/或产生来自整个病原体的保护性抗原部分或成分。这里将亚单位颗粒疫苗和核酸疫苗都纳入这一类别。通过这种方法，可使产生的免疫应答的特异性最大化，不过免疫应答的强度往往会低于弱毒疫苗。因此，应当考虑使用免疫佐剂、靶向策略或主要异源性初免—增强方案来增强免疫反应。

亚单位疫苗在安全性和生产性方面都比传统的弱毒疫苗具有优势。大多数用于生产亚单位疫苗的系统都是基于细菌、酵母、昆虫或哺乳动物细胞。最近，基于非发酵方法的其他系统，如活生物体，已经开发出来，特别是植物或昆虫。在植物中，已经开发出 2 种主要的替代品，即由植物病毒或细菌载体经过遗传修饰瞬时表达编码抗原的基因。在活昆虫（鳞翅目）中，重组杆状病毒可用于感染昆虫幼虫，也可产生转基因家蚕（参见[20]中的综述）。亚单位疫苗的一个特殊特征是通过共表达病毒粒子中的衣壳蛋白而产生病毒样颗粒（VLP），但不含核糖核蛋白。与病毒衣壳一样，VLP 由几何排列的蛋白质阵列组成，形成可与可溶性抗体和/或 B 细胞受体相互作用并具有高亲和力的重复结构。因此，这些结构是 T 细胞独立反应的良好感受体。此外，VLP 也可以被 APC 内化和加工，从而诱导 Th 和 CTL 反应。因此，VLP 可能比单体形式的蛋白质亚单位疫苗能够刺激更广泛的免疫反应。VLP 的另一个优点是它们可以在多种表达系统（杆状病毒、痘病毒、甲病毒复制子、植物、沙门氏菌、大肠杆菌、酵母菌等）中表达产生，甚至还可以被设计成以嵌合 VLP 的形式表达外来表位或免疫刺激分子，或者与免疫调节剂线性或环肽、半抗原、聚糖）通过共价连接到一起。可以通过从表达 VLP 成分的细胞中获得包膜病毒（如流感病毒）的 VLP。一种更专业的技术是在单层脂质体中重建病毒包膜，称为病毒体。这些合成结构还可以与免疫刺激偶联物互补，甚至还可与 DNA、siRNA、抗体片段等异种分子互补（详见综述文献[20]）。也许从兽医疫苗的角度来看，由于 VLP 亚单位疫苗及其衍生物的生产成本太高，目前无法更广泛地作为疫苗生产技术使用。

除了使用全蛋白作为抗原外，已成功鉴定的免疫原性多肽也可以作为合成肽疫苗直接获得更特异的免疫反应。已知的 B 细胞和 T 细胞表位肽及其组合可以用来设计多肽疫苗[21]。与亚单位蛋白疫苗相比，多肽疫苗的优势是生产、储存和分配简单，而且对于那些高度变化的病毒而言，引入修饰或突变更为灵活。尽管有这些优点，但多肽疫苗仍然没有被普遍接种，因为还需要对宿主物种的保护性免疫反应有更深入了解，也需要解决多肽对全蛋白质的低免疫原性低的问题。不过，可通过多聚策略[22]或者利用共价连接肽的微/纳米微粒传递的增强免疫原性，使多肽上含有或不含有靶向免疫细胞的信号，从而促进与免疫细胞受体的相互作用。

沃尔夫和费尔格纳在基因治疗实验中发现了基因疫苗，当时他们打算用含有 DNA 的阳离子脂质体将 DNA 输送到肌肉细胞中[23]。事实上，即使在没有脂类的情况下也能产生 DNA 摄取，并表达编码的蛋白质。在 1993 年有科学家首次描述了抗流感的 DNA 疫苗，他们将编码 HA 抗原的转录单元置于病毒启动子（CMV）的控制之下，从而形成了表达 HA 的首个 DNA 疫苗[24]。通常，DNA 疫苗通过肌内注射或皮内注射来给药。在肌内注射给药的情况下，可以直接转染肌肉细胞从而表达蛋白质。间质中存在的树突状细胞可以吸收可溶性抗原，或者吸收被疫苗杀死的细胞，甚至树突状细胞可能会直接被转染疫苗 DNA。另外，胞质中表达的蛋白可使其 MHC-I 就在肌肉或树突状细胞中进行加工。天然免疫刺激的结果之一是非甲基化的 CPG 基序与 TLR-9 受体结合可使 MHC 上调。DNA疫苗的主要优点：易于设计和生产；可用于区分疫苗接种动物和自然感染动物（DIVA）；抗原只经过自然表达，可模仿病毒复制诱导的免疫反应，从而刺激细胞和体液免疫反应的发展；与其他疫苗策略一样，DNA 疫苗允许结合多种抗原、靶向信号或免疫刺激分子（细胞因子和趋化因子）来改善其所引起的免疫反应。目前，DNA 疫苗的接种已经在小鼠疾病模型中取得了成功。但迄今为止，获得许可的 DNA 疫苗仅有用于马抗西尼罗河病毒的疫苗和用于鲑鱼抗 VHS 的疫苗[20]。由于免疫所需的质粒数量不足可能是一个严重的缺陷，因此，为了获得更强的免疫应答，大型动物的实验性 DNA 疫苗接种对家畜病毒性疾病仍然需要进一步优化。这一缺陷可以通过使用更强的启动子，或者使用基于复制子的质粒（如甲病毒），或者提高质粒的吸收效率以及共同投递免疫刺激分子等方式来解决。尽管存在诸多缺陷，结合其生产的简单性以及在不同方式（如组合疫苗方法、异源性初免—增强方案）中的潜在用途，DNA 疫苗仍然是疫苗基本原理设计中一种非常有吸引力的方式。

7　Ⅳ型疫苗技术

重组病毒载体是疫苗设计和实验性疫苗接种方法的重要平台。事实上，只要能够开发出其重组融合表达系统，几乎所有感染性的、非致病性的病毒都可以用来表达外源基因。这一点已经在不同的 RNA 病毒中得到了实现，这些病毒以前可通过使用反向遗传系统被减弱或通过同源重组技术在 DNA 病毒中获得表达。在用于表达疫苗抗原的 DNA 病毒中，痘病毒（正痘病毒、副痘病毒属）、疱疹病毒、腺病毒和杆状病毒是实验疫苗试验中使用最广泛的病毒。与 RNA 病毒相比，DNA 病毒的主要优势在于 DNA 基因组的稳定性更高，插入位点更大，可以获得 BAC-DNA 克隆，从而使重组病毒的构建和拯救成为常规的实验室任务。重组病毒载体疫苗的其他特征包括病毒在细胞质中复制（除疱疹病毒外）并诱导长效的体液和细胞免疫反应，值得强调的是由减弱的痘病毒和腺病毒感染还可介导很强 CD8+T 细胞激活。对于 RNA 病毒，来自不同家族的几种病毒被用作外源基因载体，包括甲病毒、布尼亚病毒、冠状病毒、黄病毒、副黏病毒、逆转录病毒和杆状病毒[25]。通过建立反向遗传技术，使从 RNA 病毒基因组的拷贝中拯救感染性病毒已经成为可能。副黏病毒是体液和细胞免疫应答中非常有效的诱导物，用作减毒活疫苗时，可提供完全的长效保护。副黏病毒允许在相关家族成员交换核蛋白或包膜糖蛋白，这样就可以产生嵌合病毒，用作二价标记减毒活疫苗。此外，副黏病毒还可以容纳额外的遗传信息来表达维持细胞培养过程中稳定的外源抗原，因此，它们还可以用于免疫致病性副黏病毒和其他感染因子的载体[25]。通过操纵病毒糖蛋白和磷蛋白和 / 或基因组序列重排产生的减毒杆状病毒，具有副黏病毒类似的特性，可作为外源基因的载体，能够诱导包括先天性免疫反应和获得性免疫反应。这类载体的另一个优点是在人类和动物群体中都不存在血清阳性[25]。被修饰的复制缺陷型甲病毒也来表达外来抗原，作为疫苗用于癌症和基因治疗研究。甲病毒的一个有趣特征是可诱导黏膜保护性免疫反应[26, 27]。对于一些布尼亚病毒来说，可以在体外将鉴定出来的复制非必需的毒力基因替换成报告基因或其他病毒抗原基因[28, 29]。作为减毒病毒，它们能够在宿主体内维持有限的复制，从而启动宿主对插入的外源基因的先天性免疫反应。所有这些例子概述了在设计减毒活载体疫苗时，可以选择的大量策略，还可能用于设计多价标记疫苗，使其可同时对几种病毒病原体提供保护。

8 疫苗设计的新方法

对高度可变病原体或者当 T 细胞免疫对保护至关重要时，传统疫苗设计的方法往往不足以提供的足够的免疫保护。使用分子生物学整合系统生物学（基因组学、蛋白质组学、结构生物学）方法等工具，可使研究人员能够确定提高疫苗质量的方法或确定潜的在全部保护性抗原。例如，可以通过高通量测序检测商用疫苗中是否存在不确定的病毒病原体，或用于确定疫苗生产的细胞培养系中存在的缺陷基因组。中和抗体和 / 或抗体片段与抗原相互作用的结构建模可以揭示明确的保护性表位（隐性表位或涉及的四级结构）的分子特征，这是疫苗抗原（或抗病毒化合物）设计的另一种方法。此外，新的流式细胞仪和大规模细胞仪技术[30] 有助于深入了解每种病毒性疾病的保护性免疫反应中所涉及的特定细胞类型。最后，整合疫苗试验数据，包括疫苗抗原、佐剂使用或硅片表位预测算法，可以为试验疫苗抗原候选提供开发平台[31]。虽然这些方法还远未被广泛应用，但它们仍给未来某些相关病毒性疾病的疫苗合理设计带来希望[32]。

9 结　语

成功的实验室疫苗商业化过程可能成为疫苗学的瓶颈，因为兽医疫苗需要满足几个重要的条件，如环境和安全问题、生产成本和市场前景。考虑到大多数新的疫苗技术（除灭活或减毒活疫苗外）需要适应当前的生产工艺，许多疫苗将永远无法进一步发展到市场。然而，动物疫苗研究是一个非常有吸引力的研究领域，与人类疫苗领域相比具有许多优势和复杂性。首先，目标动物种类（反刍动物活牲畜、家禽、猪、马、伴侣动物、水产养殖动物和其他动物的疫苗）较多；其次，缺乏对免疫机制的深入了解和缺乏相应的试剂，因此，如果需要对免疫反应特征进行描述，则会增加更多的困难。检测动物疫苗原型在目标物种中的有效性以及研究诱发免疫反应的可能性，可以加快疫苗的研制进程，且与人类疫苗存在很大差异。最后，还有一个重要的优势是可以在动物疫苗研制中测试更多的创新方法，而这些方法将可以进一步用于人类疫苗研发的测试。

下面的章节阐述了开发病毒疫苗和提供抗原递呈的许多不同技术。尽管有一些并不详尽，但所展示的技术都是目前动物健康领域的实验室研究人员最常用的技术。读者可以找到一些有用的例子，以应用于特定的病毒性疾病，因为大多数技术实际上可以应用于任何病毒病原体。在这些技术中，详述了上面讨论到的各大类别疫苗技术的代表性技术方案。更多讨论性章节讨论了关于免疫反应分析的不同技术和方案，还有佐剂作为非活生物体疫苗必要组成部分的使用，以及在大型动物中使用 DNA 疫苗的经验。

参考文献

[1]　Gutierrez AH, Spero DM, Gay C, Zimic M, De Groot AS. 2012. New vaccines needed for pathogens infecting animals and humans：one Health. Hum Vaccin Immunother, 8(7)：971–978. doi：10.4161/hv.20202, 20202 [pii].

[2]　Monath TP. 2013. Vaccines against diseases transmitted from animals to humans：a one health paradigm. Vaccine, 31(46)：5321–5338. doi：10.1016/j.vaccine.2013.09.029, S0264-410X(13)01270-X [pii].

[3]　Njeumi F, Taylor W, Diallo A, Miyagishima K, Pastoret PP, Vallat B, Traore M. 2012. The long journey：a brief review of the eradication of rinderpest. Rev Sci Tech, 31(3)：729–746.

[4]　Heymann DL. 2014. Ebola：learn from the past. Nature, 514：299–300.

[5]　Olive C. 2012. Pattern recognition receptors：sentinels in innate immunity and targets of new vaccine adjuvants. Expert Rev Vaccines, 11(2)：237–256. doi：10.1586/erv.11.189.

[6]　Thompson MR, Kaminski JJ, Kurt-Jones EA, Fitzgerald KA. 2011. Pattern recognition receptors and the innate immune response to viral infection. Viruses, 3(6)：920–940. doi：10.3390/v3060920, viruses-03-00920 [pii].

[7]　Adib-Conquy M, Scott-Algara D, Cavaillon JM, Souza-Fonseca-Guimaraes F . 2014. TLR-mediated activation of NK cells and their role in bacterial/viral immune responses in mammals. Immunol Cell Biol, 92(3)：256–262. doi：10.1038/icb.2013.99, icb201399 [pii].

[8]　Alvarez B, Poderoso T, Alonso F, Ezquerra A, Dominguez J, Revilla C. 2013. Antigen tar-geting to APC：from mice to veterinary species. Dev Comp Immunol, 41(2)：153–163. doi：10.1016/j.dci.2013.04.021, S0145-305X(13)00125-0 [pii].

[9]　Apostolopoulos V, Thalhammer T, Tzakos AG, Stojanovska L.2013. Targeting antigens to dendritic cell receptors for vaccine development. J Drug Deliv, 2013：869718. doi：10.1155/2013/869718.

[10]　Plotkin SA .2010. Correlates of protection induced by vaccination. Clin Vaccine Immunol, 17(7)：1055–1065. doi：10.1128/ CVI.00131-10, CVI.00131-10 [pii].

[11] Graham BS, Crowe JE Jr, Ledgerwood JE .2013. Immunization against viral diseases. In：Knipe DM, Howley PM (eds) Fields Virology, 6th edn, vol 1.

[12] Slifka MK .2014. Vaccine-mediated immunity against dengue and the potential for long-term protection against disease. Front Immunol, 5：195. doi：10.3389/fimmu.2014.00195.

[13] Uittenbogaard JP, Zomer B, Hoogerhout P, Metz B .2011. Reactions of beta-propiolactone with nucleobase analogues, nucleosides, and peptides：implications for the inactivation of viruses. J Biol Chem, 286(42)：36198−36214. doi：10. 1074/jbc. M111. 279232, M111.279232 [pii].

[14] Amanna IJ, Raue HP, Slifka MK .2012. Development of a new hydrogen peroxide-based vaccine platform. Nat Med, 18(6)：974− 979. doi：10.1038/nm.2763, nm.2763 [pii].

[15] Pinto AK, Richner JM, Poore EA, Patil PP, Amanna IJ, Slifka MK, Diamond MS .2013. A hydrogen peroxide-inactivated virus vaccine elicits humoral and cellular immunity and protects against lethal West Nile virus infection in aged mice. J Virol, 87(4)：1926−1936. doi：10.1128/JVI.02903-12, JVI.02903-12 [pii].

[16] Stauffer F, De Miranda J, Schechter MC, Carneiro FA, Salgado LT, Machado GF, Da Poian AT .2007. Inactivation of vesicular stomatitis virus through inhibition of membrane fusion by chemical modification of the viral glycoprotein. Antiviral Res, 73(1)：31−39. doi：10 . 1016/j . antiviral . 2006 . 07 . 007 , S0166-3542(06)00206-3 [pii].

[17] Neumann G, Whitt MA, Kawaoka Y.2002. A decade after the generation of a negative-sense RNA virus from cloned cDNA：what have we learned? J Gen Virol, 83(Pt 11)：2635−2662.

[18] Kit S .1990. Genetically engineered vaccines for control of Aujeszky's disease (pseudo-ra-bies). Vaccine, 8(5)：420−424.

[19] van Oirschot JT .1999. Diva vaccines that reduce virus transmission. J Biotechnol, 73(2−3)：195−205.

[20] Brun A, Barcena J, Blanco E, Borrego B, Dory D, Escribano JM, Le Gall-Recule G, Ortego J, Dixon LK .2011. Current strategies for subunit and genetic viral veterinary vaccine development. Virus Res, 157(1)：1−12. doi：10 . 1016/j . vir usr es . 2011 . 02 . 006 , S0168-1702(11)00041-4 [pii].

[21] Cubillos C, de la Torre BG, Jakab A, Clementi G, Borras E, Barcena J, Andreu D, Sobri-no F, Blanco E. 2008. Enhanced mucosal immuno-globulin A response and solid protection against foot-and-mouth disease virus challenge induced by a novel dendrimeric peptide. J Virol, 82(14)：7223−7230. doi：10.1128/ JVI.00401-08, JVI.00401-08 [pii].

[22] Lee CC, MacKay JA, Frechet JM, Szoka FC .2005. Designing dendrimers for biological

applications. Nat Biotechnol, 23(12) : 1517–1526. doi : 10.1038/nbt1171, nbt1171 [pii].

[23]　Wolff JA, Malone RW, Williams P, Chong W, Acsadi G, Jani A, Felgner PL .1990. Direct gene transfer into mouse muscle in vivo. Science, 247(4949 Pt 1) : 1465–1468.

[24]　Ulmer JB, Donnelly JJ, Parker SE, Rhodes GH, Felgner PL, Dwarki VJ, Gromkowski SH, Deck RR, DeWitt CM, Friedman A et al .1993. Heterologous protection against influ-enza by injection of DNA encoding a viral protein. Science, 259(5102) : 1745–1749.

[25]　Brun A, Albina E, Barret T, Chapman DA, Czub M, Dixon LK, Keil GM, Klonjkowski B, Le Potier MF, Libeau G, Ortego J, Richardson J, Takamatsu HH .2008. Antigen delivery systems for veterinary vaccine development. Viral-vector based delivery systems. Vaccine, 26(51) : 6508–6528. doi : 10.1016/j. vaccine.2008.09.044, S0264-410X(08)01293-0 [pii].

[26]　Vajdy M, Gardner J, Neidleman J, Cuadra L, Greer C, Perri S, O'Hagan D, Polo JM .2001. Human immunodeficiency virus type 1 Gag-specific vaginal immunity and protection after local immunizations with sindbis virus-based replicon particles. J Infect Dis, 184(12) : 1613–1616. doi : 10.1086/324581, JID010599 [pii].

[27]　Chen M, Hu KF, Rozell B, Orvell C, Morein B, Liljestrom P .2002. Vaccination with recombinant alphavirus or immune-stimulating complex antigen against respiratory syncytial virus. J Immunol, 169(6) : 3208–3216.

[28]　Ikegami T, Won S, Peters CJ, Makino S .2006. Rescue of infectious rift valley fever virus entirely from cDNA, analysis of virus lacking the NSs gene, and expression of a foreign gene. J Virol, 80(6) : 2933–2940. doi : 10.1128/JVI.80.6.2933-2940.2006 , 80/6/2933 [pii].

[29]　Oreshkova N, Cornelissen LA, de Haan CA, Moormann RJ, Kortekaas J .2014. Evaluation of nonspreading Rift Valley fever virus as a vaccine vector using influenza virus hemagglutinin as a model antigen. Vaccine, 32(41) : 5323–5329. doi : 10.1016/ j.vaccine.2014.07.051, S0264-410X(14) 00994-3 [pii].

[30]　Ornatsky O, Bandura D, Baranov V, Nitz M, Winnik MA, Tanner S .2010. Highly multipa-rametric analysis by mass cytometry. J Immunol Methods, 361(1–2) : 1–20. doi : 10.1016/j. jim.2010.07.002, S0022-1759(10)00198-5 [pii]。

[31]　He Y, Xiang Z .2013. Databases and in silico tools for vaccine design. Methods Mol Biol, 993 : 115–127. doi : 10.1007/978-1-62703-342-8_8.

[32]　Nakaya HI, Pulendran B .2012. Systems vaccinology : its promise and challenge for HIV vaccine development. Curr Opin HIV AIDS, 7(1) : 24–31. doi : 10.1097/ COH.0b013e32834dc37b.

[33]　Ivan M, Jonathan B; David K. Roitt M .1989. Immunology, 2nd edn. Harper & Row.

第二章　采用 IC 标记技术生产和纯化携带表位的蛋白微球用于疫苗接种

Natalia Barreiro-Piñeiro, Rebeca Menaya-Vargas, Alberto Brandariz-Núñez,
Iria Otero-Romero, Irene Lostalé-Seijo, Javier Benavente, José M. Martínez-Costas

　　摘　要： 微粒物质在引发免疫反应方面更有效。本文描述了使用 IC 标记技术从禽呼肠孤病毒中提取含有外源表位的 muNS-Mi 蛋白微球用于疫苗的生产过程。

　　关键词： IC 标记；微球；疫苗；颗粒材料；禽呼肠孤病毒；佐剂

1　前　言

　　我们设计了一种分子标记系统，该系统已有许多应用[1-4]。其中一个应用是制备颗粒物质，增强宿主的免疫反应，用作疫苗接种[5]。我们的方法包括 2 个组成部分。一是 muNS-Mi 蛋白。在禽呼肠孤病毒（ARV）感染的禽类细胞中，ARV 表达的非结构蛋白 muNS 可形成球形病毒体的基质，而 muNS-Mi 蛋白则是 muNS 的截短体[6]。当采用杆状病毒系统在昆虫细胞中表达 muNS-Mi 蛋白时，表达出的蛋白可形成近球形有序包涵体（详见文献[2, 5]，也可见图 2-1b）。这些包涵体的大小为 1~4 μm，所以又称为"微球"或直接简写为"MS"[5]。二是该方法的第二个组成部分是 muNS-Mi 的 66 残基结构域，称为 Intercoil 或 IC，研究人员用它来标记目的蛋白的 N 或 C 端。IC 标记的存在不但对被标记蛋白的表达分布或活性没有任何影响，还可以有效地将标记蛋白重新定位到 muNS-Mi 微球中。因此，研究人员可以将任何外来表位加载到 muNS-Mi 微球中，并将其用于免疫。微球可以携带单个标记表位的多个拷贝，也可以携多个不同表位，然后将其加载到一个微球中，多个携带不同表位的微球组合即可形成多价疫苗。后者特别适合于那些由几种不同蛋白质相互作用形成的复杂表位。之前的研究已经表明，展示表位的 muNS-Mi 复合微球具有佐剂效应。因为用载有 3 个蓝舌病病毒（BTV）抗原表位的复合微球免疫动物后，动物全部获得 BTV 致死性攻毒保护。而同样用 BTV 蛋白免疫组却无一能够获得 BTV 致死性保护[5]。本章介绍了如何制备并纯化带有外源 IC 标记抗原的 muNS-Mi 微球用于免疫接种，重点描述已经通过重组杆状病毒表达获得了 IC 标记表位之后的下游操作。

2　材　料

2.1　细胞培养

（1）Sf9 细胞（购自 Life Technologies 公司）。

（2）仓鼠卵巢细胞（CHO-K1，购自 ATCC）。

（3）胎牛血清和 100× 青链霉素和谷氨酰胺溶液。

（4）SF-900Ⅱ SFM 培养基（购自 Life Technologies 公司），添加 10% 的胎牛血清和 1% 的 100× 青链霉素和谷氨酰胺溶液。

（5）改良型 DMEM 培养基，添加 10% 的胎牛血清和 1% 的 100× 青链霉素和谷氨酰胺溶液。

（6）SF-900 1.3× 培养基（购自 Life Technologies 公司）。

（7）低熔点琼脂糖。用 Milli-Q 超纯水制备成 4% 溶液，高压灭菌备用。

（8）0.33% 的中性红溶液。以 1∶9 比例溶于 PBS 中，用作染液。

（9）台盼蓝溶液。以 PBS 为溶液制备成浓度为 0.25% 溶液，过滤除菌备用。

（10）脂质体 2000（购自 Life Technologies 公司）。

（11）用于 Sf9 细胞培养的培养箱（29℃）。

（12）用于 S9f 细胞悬浮培养的振荡培养箱（29℃）。

（13）用于 CHO-K1 细胞培养的 5% CO_2 和湿度培养箱（37℃）。

（14）0.22 μm 孔径滤膜用于高压敏感溶液的过滤。

（15）250~1 000 mL 的玻璃锥形瓶用于悬浮培养。

（16）75 cm^2 和 150 cm^2 的塑料的组织培养瓶，用于单层细胞的培养。

（17）铝箔。

2.2　荧光显微镜检测

（1）磷酸盐缓冲液（PBS）制备：137 mmol/L NaCl，2.7 mmol/L KCl，8 mmol/L Na_2PO_4，1.5 mmol/L KH_2PO_4。用 NaOH 调节 pH 值 =7.3，高压灭菌。

（2）ARV muNS 蛋白兔抗血清（本实验室制备[6]）。

（3）Alexa Fluor® 594 标记的山羊抗兔 IgG (H + L) 抗体（购自 Life Technologies 公司）。

（4）固定液：4% 的多聚甲醛（PFA）溶于 PBS。

（5）封闭液：2% 的牛血清白蛋白（BSA）溶于 PBS。

（6）1 000× DAPI 染液：将 10 g 多聚甲醛加入 250 mL PBS 中，加热到 60℃ 使其完全溶解，室温冷却，用 NaOH 调节 pH 值至 7.2，0.22 μm 孔径滤膜过滤，放置于 4℃

冷藏。

（7）聚乙烯醇 / 三乙烯二胺溶液：混合 2.4 g 聚乙烯醇，6 g 甘油，6 mL 水。室温下孵育 3~6 h，加入 12 mL 浓度为 0.2 mol/L 的 Tris-HCl（pH 值 =8.5），50℃孵育 10 min，中途偶尔摇晃混匀。5 000 × g 离心 15 min 弃除不溶性颗粒物质。添加三乙烯乙二胺至最终浓度为 0.1%（质量 / 体积），分装成 500 μL，置于 −20℃存储。

2.3 微球净化与分析

（1）RB 缓冲液：10 mmol/L HEPES，pH 值 =7.9，10 mmol/L KCl。

（2）RB-T 缓冲液：10 mmol/L HEPES，pH 值 =7.9，10 mmol/L KCl，0.5% Triton X-100。

（3）蛋白酶抑制剂混合物：我们使用的蛋白酶抑制剂混合物，包含 23 mmol/L 的 AEBSF，100 mmol/L EDTA，2 mmol/L 苯丁抑制素，0.3 mmol/L Pepstatin A，0.3 mmol/L E-64（Sigma-Aldrich 公司产品）。

（4）能安装 15 mL 和 50 mL 离心管转子的冷冻离心机。

（5）超声波液体处理仪或声波发生仪，需能将小探针 / 尖端插入 15 mL 锥形离心管中。

（6）10% 十二烷基硫酸钠（SDS）溶于水中。

3 方 法

3.1 Sf9 细胞和杆状病毒的培养

（1）用含 10% FBS 和 1% 谷氨酰胺抗性溶液的 SF-900 Ⅱ SFM 培养基培养 Sf9 细胞（见注释①），将 50 mL 上述培养基中的细胞加到 250 mL 无菌三角瓶（见注释②）中，使细胞浓度为（2~5）× 10^5 细胞 /mL。放置三角瓶到振荡培养箱中，29℃下以 120r/min 转速悬浮培养细胞。

（2）3 d 之后，取出少量细胞，与台盼蓝染液混合，然后用血球计数板进行细胞计数（见注释③）。

（3）当细胞浓度超过 2 × 10^6 细胞 /mL 时（通常为 3 d），用新鲜培养基进行 10 倍稀释细胞，然后重新孵育培养。

（4）从悬浮培养中取出 2 × 10^7 个 Sf9 细胞，加入 175 cm² 细胞培养瓶，用于扩大培养杆状病毒。直到细胞贴壁以后（至少 1 h），弃除细胞瓶中的培养基，重新加入 50 mL 新鲜培养基。

（5）计算病毒量，按照每个细胞 0.1 个噬斑形成单位（pfu）的量加入病毒储液，轻轻晃动瓶子摇匀细胞后置于 29℃培养箱中培养 5~7 d（见注释④）。

（6）将培养基倒入 50 mL 离心管中，作为备用病毒，置于 4℃避光保存。

（7）所有用过的物料在高压灭菌后丢弃。

3.2　杆状病毒储液滴度测定

（1）在 6 孔细胞培养板中，每孔加入 1.2×10^6 个细胞，让细胞沉降至少 1 h。

（2）在等待细胞沉降时，用不含 FBS 等添加物的 SF-900 II SFM 培养基准备杆状病毒储液系列稀释液。从 10^{-2} 开始稀释，将 10 µL 的病毒储液加入有 990 µL SF-900 II SFM 培养基的 1.5 mL 离心管中。由此开始，在上一稀释溶液中，将 100 µL 的病毒稀释液加入至含有 990 µL SF-900 II SFM 培养基的 1.5 mL 离心管中，倍比稀释后，依次可得到 10^{-3}、10^{-4}、10^{-5}、10^{-6}、10^{-7} 系列稀释病毒液（见注释⑤）。

（3）弃除细胞中的培养基，重新加入 800 µL 不含 FBS 等添加物的 SF-900 II SFM 新鲜培养基。

（4）每个孔中加入 200 µL 各病毒稀释液，每个稀释度制备 2 个生物学重复，然后标记好每个孔上对应的稀释度。

（5）于 29℃孵育 1 h 或 2 h，期间偶尔摇晃培养板。

（6）移出接种物，用 3 mL 融化的固体滴定培养基（见注释⑥）覆盖细胞，让培养基冷却凝固。

（7）加入 2 mL 含有 10% FBS 和 1% 抗谷氨酰胺抗生素的 SF-900 II 培养基到固体培养基上方，29 ℃孵育培养 4 d。

（8）用中性红染液替换覆盖的液体培养基，然后避光孵育至少 4 h，最长不超过 12 h（见注释⑦）。

（9）移出染色液，在反照器下将 6 孔板倒过来进行噬斑计数。

（10）计算。病毒滴度 = 重复样品种的中斑数 × 稀释顺序 × 接种稀释倍数（见注释⑧）。

3.3　特定表位的 IC 标记方法验证

（1）在层流罩中，将直径为 15 mm 的圆形盖玻片浸入甲醇中，火焰灼烧消毒，然后放入无菌的组织培养 12 孔板中。

（2）将 CHO-K1 单层（或选择的细胞）用胰蛋白酶消化（见注释⑨），在血细胞计数器上按上述方法进行细胞计数，然后按 6×10^5 个细胞 / 孔的细胞量，将细胞加到含有盖玻片的 12 孔细胞培养板。

（3）用表达 muNS-Mi（A）和目的表位（B）以及携带 IC 标签目的表位（C）的真核表达质粒，分别或使用以下组合转染 CHO-K1 细胞（见注释⑩）：A+B 和 A+C。

（4）孵育 24~48 h，使蛋白得到表达。

（5）取出培养基，用 PBS 洗涤 3 次，每孔加入 0.5 mL 4%PFA 固定液，在 37℃下培养至少 15 min。

（6）用 PBS 洗涤 1 次，室温下孵育 5 min，加入 0.5% Triton X-100 的 PBS。

（7）用 PBS 清洗 1 次，在摇床上用封闭液孵育 1 h，室温。

（8）加入相应的一抗进行孵育。每个孔用表达各个蛋白的相应抗体，或者用与对应表位的组合（A+B；A+C）抗体进行孵育。对于大多数抗体而言，1∶1 000 的 PBS 稀释液或封闭液会很好地起作用。

（9）用 PBS 洗涤 3 次，并按照制造商说明书添加选择的二抗（见注释⑪）。

（10）用镊子取盖玻片，将其放在 1 滴安封固剂的顶部（见注释⑫）。

（11）让它们干燥至少 1 d，并在荧光显微镜上观察：检查 IC 标记的表位在与 muNS-Mi 共表达时的分布是否发生变化，如图 2-1 中 GFP 所示（见注释⑬）。

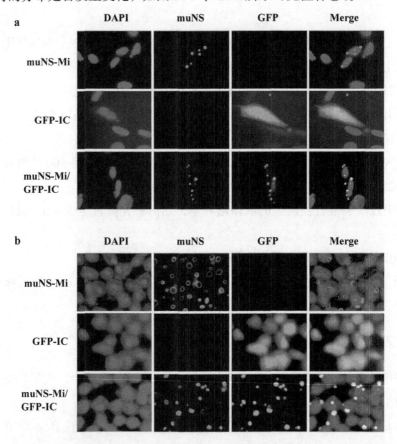

图 2-1　muNS-Mi 微球中 IC 标记蛋白的捕获

（a）图显示转染相应表达质粒后，左侧图为表达蛋白的 CHO-K1 细胞（见上文）。绿色（标 GFP 栏）显示的是 GFP 蛋白的自发荧光。间接免疫荧光法检测 muNS-mi 微球，微球呈红色，其中采用抗 ARV 蛋白 muNS（标 muNS 栏）的一抗和 Alexa Fluor 594 标记的兔二抗进行孵育。细胞核用 DAPI 染为蓝色。（b）与（a）相同，但检测到的蛋白在昆虫 Sf9 细胞中通过重组杆状病毒表达。所有的图像均由安装在奥林巴斯 BX51 荧光显微镜上的奥林巴斯 DP-71 数码相机拍摄。

3.4　微球的制备与纯化

（1）用新鲜培养基稀释悬浮液中生长的 SF9 细胞至少 10 倍，使其最终浓度为 1.5×10^6 个细胞 /mL。

（2）将 100 mL 细胞悬液添加到无菌 500 mL 三角瓶（见注释②）中，并用每种杆状病毒（表达 muNS-Mi 和 IC 标记的目的表位）按照 0.5 pfu/ 细胞感染细胞。

（3）在 29℃下孵育 6~7 d。在 4 d 之后，每天取等分细胞样品在显微镜下检查是否存在微球。当大多数细胞死亡时停止培养（见注释⑭）。

（4）将细胞在 1 500 × g，4℃下离心 7 min（见注释⑮）。

（5）在 15 mL 离心管中，用 10 mL 含有蛋白酶抑制剂混合物的 PBS 洗涤细胞 2 次，每次洗涤后按照步骤（4）离心。

（6）用含有蛋白酶抑制剂混合物的 RB-T 缓冲液重新悬浮微球，并放置在冰上 5 min。

（7）在细胞悬浮液中插入超声波尖端，试管保持在冰上，进行超声波处理，每个脉冲 1 min，间隔 30 s（见注释⑯）。

（8）500 × g，4℃离心 5 min。

（9）用 5 mL RB-T 缓冲液清洗颗粒 4 次，最后用 1 mL RB 缓冲液重新悬浮。

（10）在显微镜下检查 MS 的外观：如果样品中仍然可见细胞碎片或完整的细胞核，则重复步骤（7）中的操作（见注释⑰）。

（11）通过 SDS-PAGE 检测纯化的微球中表位的结合情况，随后进行考马斯亮蓝染色和 / 或 Western blot 分析（见注释⑱）。

4　注　释

① 使用 SF-900 II 培养基，是因为在该培养基中的细胞密度更高；而添加血清，则是为了避免细胞在长时间培养形成的微球破裂而发生蛋白水解。

② 为了用于 SF9 细胞的悬浮培养，用 2 层铝箔作为三角瓶的盖子。把内层（应该是双层的）压住包裹到三角瓶口，成为三角瓶的形状。然后再加 1 个外层（可以是简单一层，也可以是双层）。最后通过高压灭菌。铝箔盖至少要达到三角瓶瓶高度的一半（理想情况下是 3/4），因此，当培养物被放入层流罩时，要将外层（脏的）盖子去掉，在层流罩中，内层双层还是作为干净的盖子，方便随时松开。

③ 用台盼蓝溶液将细胞悬液稀释 5 倍，即 400 μL 浓度为 0.25% 台盼蓝 PBS 溶液中，加入 100 μL 细胞悬液，混匀，然后将细胞悬液加到血球计数板上。因此，我们将细胞计数结果乘以 5 倍，即可得到细胞浓度。

④ 当允许病毒复制到大多数细胞死亡时，将获得更高的杆状病毒滴度。培养基中的血清可保护释放的杆状病毒免受蛋白水解酶的降解。

⑤ 稀释不同的稀释液时，一定要更换移液枪枪头。

⑥ 准备滴定培养基时，将 4% 的 LMP 琼脂糖溶液在微波炉中熔化。完全熔化后，与冷培养基 SF-900 混合：每 30 mL 培养基中加入 9 mL 琼脂糖。立即使用。

⑦ 购买新鲜少量的中性红溶液。务必检查中性红溶液是否出现沉淀，如果出现沉淀，则应丢弃。

⑧ 示例：假设按照计划方案接种 200 μL 的相应稀释液，再加上 800 μL 的培养基，使接种物稀释了 5 倍。因此，如果 10^{-6} 稀释液显示 1 个重复孔中有 15 个斑，另 1 个重复孔中有 17 个，则 15+17=32；32/2=16；那么滴度 $=16 \times 10^6 \times 5 = 8 \times 10^7$ pfu/mL。

⑨ 建议首先在选择的哺乳动物细胞系（如 CHO-K1）中检查目的蛋白，使用本方法是否有效。当观察杆状病毒感染的 SF9 细胞的时候，有时很难确定 IC 标记是否有效。这是因为某些蛋白质在杆状病毒系统中过度表达时会产生沉淀，而且昆虫细胞是球形的，杆状病毒感染时细胞核还会增大。因此，在典型的扁平哺乳动物细胞中测试本系统，会更容易观察到 muNS-Mi-MSs 可能捕获的 IC 标记蛋白。

⑩ 有许多商业化的转染试剂都能产生良好的效果，而且每种试剂都有相应的操作流程。在我们的实验室中，我们使用 Life Technologies 公司的转染试剂 Lipofectamine®2000，并遵循制造商的操作说明，每次转染 0.5~1 μg 质粒。

⑪ 此时，也可以用 DAPI 染 DNA，并与二抗共同进行核染色。对于 DAPI 染核，应将 1 000 × 的 DAPI 溶液稀释至 1 ×。

⑫ 为使制备物更加清洁，我们将盖玻片放在载玻片上，细胞面朝上，在上面滴上 1 滴封固剂，然后用干净的盖玻片盖住。这样就可以在每张载玻片上放置 2 个或 3 个圆形的盖玻片（直径 15 mm），并用 1 个 22 mm × 60 mm 的矩形盖玻片将其盖住。

⑬ 在图 2-1 中，我们比较了在 SF9 细胞中的相同例子。在这种特殊的案例中，2 个细胞系中 muNS-Mi-MSs 捕获 IC 标记的 GFP 都是完全可见的。

⑭ 重组杆状病毒感染 3 d 后可获得 MSs [2]。但我们观察到，当让感染持续 6~7 d 时，该方法具有更高的重复性、一致性，并且只需要接种更少量的杆状病毒即可 [5]。该方法的缺点是由于大量的细胞溶解，可能导致蛋白质被降解。所以在培养基中加入血清会降低蛋白酶的活性，从而减少蛋白的降解。

⑮ 此时，可以将颗粒细胞冻存，可在之后的时间里继续进行本操作流程。因此，可以方便地累积不同的颗粒，然后同时进行纯化。

⑯ 不同的超声仪会产生不同的结果。我们在实验室使用的是 DR. Hielscher UP200S，而且我们选择在最大振幅下进行超声。所用的体积和超声探头的位置是会影响超声步骤的因素。为了确保超声成功，我们在显微镜下检查了超声前后的细胞悬浮液，以确保所有的细胞核都被打碎。

⑰ 通常 1 个单一的超声脉冲就已足够了。

⑱ 在一些特定的微球制备物中，微球很难解散，因此不同数量的蛋白质无法进入分离的 SDS-PAGE 凝胶，在浓缩胶中或在胶孔底部堆积。因此，我们在电泳前将 MSs 在 10% SDS 中孵育 15 min，将其分离。然后，我们将它们与 SDS-PAGE 上样缓冲液混合，煮沸 5 min，然后再进行电泳。

参考文献

[1] Brandariz-Nuñez A，Menaya-Vargas R，Benavente J，et al.2010. Avian reovirus muNS protein forms homo-oligomeric inclusions in a microtubule-independent fashion，which involves specifi c regions of its C-terminal domain. J Virol, 84：4 289–4 301.

[2] Brandariz-Nuñez A，Menaya-Vargas R，Benavente J，et al，2010. A versatile molecular tagging method for targeting proteins to avian reovirus muNS inclusions. Use in protein immobilization and purifi cation. PLoS One，5：e13961.

[3] Brandariz-Nuñez A，Menaya-Vargas R，Benavente J，et al. 2010. IC-tagging and protein relocation to ARV muNS inclusions：a method to study protein-protein interactions in the cytoplasm or nucleus of living cells. PLoS One，5：e13785.

[4] Brandariz-Nuñez A，Otero-Romero I，Benavente J，et al. 2011. IC-tagged proteins are able to interact with each other and perform complex reactions when integrated into muNSderived inclusions. J Biotechnol, 155：284–286.

[5] Marín-López A，Otero-Romero I，de la Poz F，et al. 2014. VP2, VP7, and NS1 proteins of bluetongue virus targeted in avian reovirus muNS-Mi microspheres elicit a protective immune response in IFNAR (−/−) mice. Antiviral Res，110：42–51.

[6] Touris-Otero F，Martínez-Costas J，Vakharia V，et al. 2004. Avian reovirus nonstructural protein NS forms viroplasm-like inclusions and recruits protein NS to these structures. Virology，319：94–106.

第三章 基于植物的疫苗抗原生产

Hoang Trong PHan, Udo Conrad

摘　要：在植物中瞬时或稳定表达治疗性蛋白，是一种低成本、高效率生产疫苗和抗体的工具，该生产方式和规模不受限制，很有发展前景。但是要实现此目标，必须克服 2 个主要的挑战：生产水平低和纯化技术无法规模化扩展。在本章中，我们提出并讨论了能够在烟草植物中通过瞬时表达进行流感疫苗生产的方案，通过 Western blot、ELISA 和血凝素分析等实验进行表达分析，然后通过经典亲和色谱和基于可扩展膜的可逆相变循环系统进行抗原的纯化。

关键词：流感疫苗；基于膜的可逆相变循环；类弹性蛋白多肽化；植物源性血凝素；血凝素三聚体

1 前　言

治疗性蛋白的生物技术生产需要高效表达和纯化天然构象的重组真核蛋白。在植物中瞬时或稳定表达这类蛋白，是实现降低生产成本和规模化生产的有效手段 [1, 2]。然而，哺乳动物细胞、酵母、细菌甚至植物等不同生产系统的下游加工步骤的成本可能占总成本的 80% 以上 [1, 3]，因此到底用哪一种更好应当相互比较。要开发植物表达的重组蛋白作为治疗手段，必须克服两大挑战：生产水平不高和纯化方法低效且不可扩展。在这里，类弹性蛋白多肽（ELP）衍生物融合蛋白（简称为 ELP 化，译者注）的设计和使用可以帮助克服这些限制。许多例子已经表明，在经过短暂和稳定转化后，ELP 化能够增强表达 [4, 5]。此外，还可以通过一种称为"可逆相变循环"的方法纯化该标签融合蛋白。这对于兽医应用尤其有用，因为对兽医市场而言，一个典型的特性就是生产成本要低。对于疫苗生产，这基本也是事实，因为生产者的一个至关重要的利益目标是确保动物健康。从动物保健条例以及公众对避免受污染食品造成重大公共卫生问题的关切中就可以说明动物健康的重要性。在这方面，禽流感作为人畜共患疾病引起了极大的关注。过去几年禽流感和猪流感的暴发凸显了开发有效和可扩展的疫苗接种方法的必要性 [6]。主要流感抗原血凝素（HA）的三聚化可能是获得足够抗原性的必要手段 [7]。这在植物源血凝素和融合血凝素 -ELP 中也得到了证明[8]。ELP 化已被用作一种增强表达，或者用作一种开发廉价且可扩大的纯化方法，以及用作获得三聚体的工具[8, 9]。

在本章中，我们提供并描述了通过瞬时表达和 ELP 依赖性纯化，在植物中产生 ELP 化蛋白的方法。

2 材 料

2.1 植物瞬时表达成分

（1）YEB 培养基：5g/L 牛肉提取物，1 g/L 酵母提取物，5 g/L 蛋白胨，5 g/L 蔗糖，2 mmol/L MgSO$_4$，pH 值 7.0。培养基高压灭菌。

（2）抗生素：卡那霉素（Kan）、卡宾西林（Carb）和利福平（Rif）。将每种抗生素各称量 1 g 到离心管中。加水至 20 mL，得到 50 mg/mL 储存液。抗生素溶液通过 0.2 μm 醋酸纤维素膜进行过滤除菌。

（3）0.1 mol/L MES。溶解 19.5 g MES 至 1 L 的水中即可。

（4）1 mol/L MgSO$_4$。

（5）烟草植株：植物在 21℃的温室种植，每天光照 16 h。6~8 周后，即可进行农杆菌侵染。

（6）携带有穿梭载体的农杆菌 C58C1 菌株。这些载体用于表达单体血凝素（H5）和 ELP 化的血凝素（H5-ELP），三聚血凝素 (H5pII)3 和三聚 ELP 化血凝素 (H5pII-ELP)3（图 3-1a, b）。

（7）农杆菌菌株，携带用于表达 HcPro 的穿梭载体。

2.2 SDS-PAGE 和免疫印迹材料

（1）配制 SDS 聚丙烯酰胺凝胶电泳（SDS- PAGE）胶：采用 Laemmli[10] 描述的方法制备 SDS-PAGE 胶。

（2）SDS-PAGE 电泳缓冲液（pH 值 =8.3）配制：125 mmol/L Tris-HCl，960 mmol/L 甘氨酸，0.5% SDS。

（3）2×SDS 上样缓冲液（pH 值 =8.3）：100 mmol/L Tris-HCl（pH 值 =6.8），4% SDS，0.2%（W/V）溴酚蓝，20%（V/V）甘油。

（4）PageRuler™ 预染蛋白 Marker（购于 Thermo Scientific 公司）。

（5）Whatman® 硝酸纤维素膜。

（6）转膜缓冲液：10% 甲醇（V/V），24 mmol/L Tris，194 mmol/L 甘氨酸。

（7）TBS 缓冲液（pH 值 =7.8）配制：20 mmol/L Tris-HCl，180 mmol/L NaCl。

（8）PBS 缓冲液（pH 值 =7.4）配制：137 mmol/L NaCl，2.7 mmol/L KCl，10 mmol/L

Na$_2$HPO$_4$，1.8 mmol/L KH$_2$PO$_4$（pH 值 =7.4）。

（9）封闭液：含 5%（*W/V*）脱脂奶粉的 TBS。

（10）ECL^{TM} 化学发光检测试剂（购自 GE Healthcare 公司）。

（11）抗体：抗 C-myc 单克隆抗体、抗多聚组氨酸标签单克隆抗体（Sigma 产品）、HRP 标记的驴抗兔 IgG 抗体、HRP 标记的羊抗小鼠 IgG 全抗体 (GE health-care 公司产品）、越南河内生物技术研究所（Institute of Biotechnology，Hanoi，Vietnam）Dinh Duy Khang 提供的兔抗 H5N1 病毒多克隆抗体。

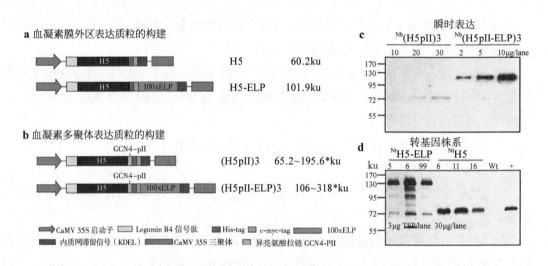

图 3-1　烟草中流感病毒 HA 蛋白的异源表达

表达盒为（a）H5（HA 亚型 5 的膜外区），（b）多聚体 H5（包含 GCN4-PII 三聚体基序的 H5）。（*）为三聚体的分子量范围。转基因植物表达的叶片提取物的 Western blotting 分析显示：（c）HA 在 *N.benthamiana* 烟草中瞬时表达，（d）HA 在 *N.tabacum* 烟草中稳定表达。用抗 His 抗体（c）或抗 C-myc 单克隆抗体（d）检测信号。+：1 ng ^{Nt}anti-hTNFα-VHH-ELP，wt：非转基因烟草。数字标示指各自对应的最初的转基因植株。NT、NB 重组蛋白分别在稳定的转基因 *N. tabacum* 烟草和瞬时转基因 *N. benthamiana* 烟草中的表达；TSP 为总的可溶性蛋白（经 John Wiley 和 Sons 授权，从参考文献[8]中复制）。

2.3　ELISA 材料

（1）对硝基苯基磷酸盐（pNPP）溶于 0.1 mol/L 的二乙醇胺 - 盐酸（pH 值 =9.8）中。

（2）微量滴定板（购自 ImmunoPlate Maxisorp，Nalgen Nunc International 公司，罗斯基勒，丹麦）。

（3）小鼠多克隆抗体血清按所述制备（见本章 3.6）。

（4）二抗：碱性磷酸酶标记的兔抗小鼠 IgG（全分子，购自 GE healthcare 公司）。

（5）纯化的抗原：^{Nt}H5、^{Nt}H5-ELP、^{Nb}(H5pII)3、^{Nb}(H5pII-ELP)3。

（6）0.05% PBST：PBS 中加 0.05% 的 Tween 20。

（7）3% 牛血清白蛋白（BSA）封闭液：在 PBST 中加入 3% 的 BSA，4℃保存。

（8）ELISA 读板机。

2.4 蛋白纯化材料

（1）2 mol/L NaCl：溶液可置于 25℃水浴保持其稳定。

（2）水浴：温度设置在 60℃。

（3）水浴：温度设置在 25℃。

（4）温度计。

（5）真空泵。

（6）0.2 μm 醋酸纤维素膜（购于 Sartorius Stedim 公司，哥廷根，德国），膜直径为 47 mm。

（7）0.22 μm 聚醚砜膜（购于 Corning 公司，美国），膜尺寸为 63 mm × 63 mm。

（8）0.3 μm 混合纤维素酯膜（购于 Millipore 公司，美国），膜直径为 47 mm。

2.5 血凝试验材料

（1）灭活病毒：毒株为 rg A/swan/Germany/R65/2006(H5N1)。

（2）纯化的血凝素：H5、H5pII、H5-ELP 和 H5PI-ELP。

（3）PBS 缓冲液（pH 值 =7.4）。

（4）塑料"V"形底微量滴定板。

3 方 法

3.1 重组疫苗抗原在植物体内的瞬时表达

（1）在 40 mL 含有 50 μg/mL Kan、50 μg/mL Carb 和 50 μg/mL Rif 的 Yeb 培养基中，预培养单菌落农杆菌。农杆菌分别携带表达重组蛋白的穿梭载体（图 3-1a、b）和表达 HcPro 的植物载体。农杆菌培养物在 28℃和转速 150 r/min 条件下培养过夜，获得预培养物（见注释①）。

（2）分别将单个预培养物转移到含有适当抗生素的 300 mL 新的 YEB 培养基中。农杆菌培养物在 28℃和 150 r/min 转速条件下进一步生长 24 h。

（3）将含有表达重组蛋白穿梭载体和表达 HcPro 的植物载体的细菌等体积组合，4 000 × g，4℃离心 30 min 浓缩。

（4）用新配的渗透缓冲液（10 mmol/L MES，10 mmol/L MgCl$_2$，pH 值 =5.6）悬浮细

菌沉淀。通过渗透缓冲液调节农杆菌悬液到最终的 OD$_{600}$ 值为 0.6~1.0。

（5）将含有 2 L 农杆菌悬液的塑料烧杯置于真空干燥器中。

（6）整个植物完全浸泡在农杆菌悬液中。真空干燥 2 min，然后迅速释放。去除未渗透和破碎的叶片（见注释②）。

（7）然后将这些植物放置在温室中，温度为 21℃，每天光照 16 h。渗透 4 d 后，采集叶样并在 -80℃下储存（见注释③）。

3.2　Western Blot 分析

（1）将冷冻叶片用 Mixer Mill MM 300 搅拌器（Retsch 公司产品，哈恩，德国）粉碎，将所得粉末悬于 SDS 样品缓冲液中（见注释④）。

（2）将样品放在 95℃水浴中煮 10min。

（3）19 000 × g 离心 30min，4℃。将上清液收集到新的 1.5 mL 离心管中（见注释④）。

（4）总的可溶性蛋白（TSP）浓度采用 Bradford 法进行测定（见注释⑤）。

（5）提取的植物蛋白通过还原性 SDS-PAGE（10% 聚丙烯酰胺）分离。

（6）将凝胶上的蛋白质电转移到硝化纤维素膜上，转膜仪设置 18 V 过夜。

（7）用 5%（W/V）脱脂奶粉溶解于 TBS 中，封闭膜 2 h。

（8）然后用含抗 His 单克隆抗体（图 3-1 c）、抗 c-myc 单克隆抗体（图 3-1 d）或兔抗 NIBRG-14 病毒抗体（图 3-3b）的 5% 脱脂奶粉 TBS 中孵育 2 h（见注释⑥），室温。

（9）用含 0.5% 脱脂奶粉的 TBS 洗涤 5 次。

（10）然后在室温下用 HRP 标记的绵羊抗小鼠 IgG（图 3-1）或 HRP 标记的驴抗兔 IgG（图 3-3）在含 5% 牛奶的 TBS 中孵育 2 h（见注释⑦）。

（11）用含有 0.5% W/V 脱脂牛奶的 TBS 洗涤 3 次。TPS 和 PBS 用于倒数第二次和最后一次洗涤。

（12）使用等量的 Amersham ECL Western Blotting 检测试剂检测过氧化物酶活性。

（13）然后将膜在 X 射线胶片上曝光（见注释⑧）。

3.3　固定化金属亲和色谱（IMAC）纯化

使用 IMAC 纯化方法，从稳定转染和瞬时转染的叶片中纯化 C 末端被 His 标记的非 ELP 化的凝血凝素。

（1）采集叶片样品（100 g），将其冷冻在液氮中，然后使用商用搅拌机进行匀浆处理。

（2）在 50 mmol/L Tris 缓冲液（pH 值 =8.0）中提取植物蛋白。提取液经离心（18 000 × g，30 min，4℃），将上清进行滤纸过滤。

（3）用无菌去离子水洗涤镍柱琼脂糖树脂（Ni-NTA resin agarose）2 次，然后将提取液与 20 mL 镍柱琼脂糖树脂混合，然后用 50 mmol/L Tris 缓冲液（pH 值 =8.0）平衡。

（4）在 4℃混合 30min 后，将混合物装入色谱柱中。用 2 L 洗涤缓冲液（50 mmol/L NaH$_2$PO$_4$，300 mmol/L NaCl，30 mmol/L 咪唑，pH 值 =8.0）洗涤柱（见注释⑨）。

（5）用洗脱缓冲液（50 mmol/L NaH$_2$PO$_4$，300 mmol/L NaCl，125 mmol/L 咪唑，pH 值 =8.0）从柱中洗脱重组蛋白（见注释⑩）。

（6）用 iCON^{TM} Concentrator 浓缩仪进行蛋白浓缩，浓缩仪分子量阈值设为 9 000，浓缩后的蛋白于 –20℃储存（图 3–3）（见注释⑪）。

3.4 基于膜的可逆相变循环纯化（mITC）

3.4.1 用 mITC 从稳定的转化叶中纯化 ELP 化的血凝素

mITC 是一种依赖温度的纯化方法，可以用于 ELP 化的凝血凝素的富集。基本上，只要溶液温度高于设计的 ELP[11, 12] 的相变温度，ELP 就会聚集并形成平均直径约为 357nm 的颗粒[13]，这些颗粒会保持在膜表面上（图 3–2a）。然后，将 ELP 聚集体溶于低温和低盐浓度缓冲液中（图 3–2）。目前，mITC 已被开发用于从稳定转化的（图 3–2b）和瞬时转化的叶片（图 3–2c）中纯化鸟类 ELP 化的血凝素。

（1）将冷冻的烟草叶（150 g）用研钵和研杵在液氮中研磨，然后用 220 mL 浓度为 50 mmol/L 的冰冷 Tris-HCl（pH 值 =8.0）在匀浆仪中匀浆处理（见注释⑫）。

（2）加入完整的蛋白酶抑制剂药片片（Complete Protease Inhibitor Cocktail，德国罗氏），75 600 × g 离心 30 min，4℃。然后加入 NaCl 至最终浓度 2 mol/L。

（3）将含有 2 mol/L NaCl 的蛋白提取物于 75 600 × g，4℃，再次离心 30 min（见注释⑬）。

（4）4℃条件下，通过 0.22 μm 聚醚砜膜（Corning 公司产品，美国）过滤溶液，从而获得预处理提取物（见注释⑭）。

（5）将 100 mL 经预处理的提取物加热至室温，然后使用真空泵（德国 Vacuubrand 公司产品）真空过滤，使提取物经过 0.2 μm 纤维素膜（见注释⑮）（图 3–2）。

（6）用 2 mol/L NaCl 洗涤膜 2 次，去除非 ELP 化的植物蛋白（见注释⑯）（图 3–2）。

（7）用冰冷的密理博 -Q 超纯水，用过滤器洗脱 ELP 蛋白融合物（见注释⑰和注释⑱）（图 3–2 和图 3–3）。

3.4.2 使用 mITC 纯化瞬时转化叶片中的 ELP 化血凝素

当用 mITC 从转化后的 *N.benthamiana* 烟草叶片中纯化 ELP 融合蛋白时，其纯化流程也适用。

（1）用研钵加入液氮磨碎 50 g 经瞬时转化的 *N.benthamiana* 烟草叶片。用商用搅拌机（见注释⑲）将所得粉末在 170 mL 冰冷的 50 mmol/L Tris HCl（pH 值 =8.0）中均质。

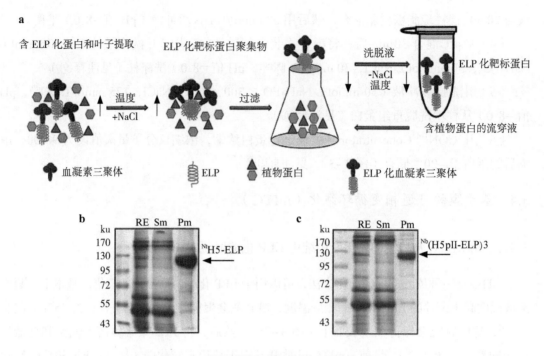

图 3-2　基于膜的可逆相变循环纯化方法

（a）提取的植物蛋白在 50 mmol/L Tris-HCl（pH 值 =8.0）中。通过离心使提取物澄清，向最终得到的透明提取物中添加 NaCl 至最终浓度为 2mol/L，然后将提取物的温度升高至室温，以触发 ELP 化蛋白聚合。聚合的 ELP 融合蛋白通过过滤、溶解和低盐缓冲液后，从膜上洗脱下来，从而与非 ELP 化植物蛋白分离。RE 表示最初的植物提取物，SM 表示通过 0.2 μm 醋酸纤维素膜过滤出的蛋白提取物，PM 表示洗脱后上清液中的蛋白。考马斯亮蓝染色检测 SDS-PAGE 分离的蛋白见（b）和（c）。Nt 和 Nb 分别表示从稳定转基因烟草和瞬时转染的转基因烟草中纯化的重组蛋白（本图经 John Wiley 和 Sons 授权后，从参考文献 [8] 中复制）。

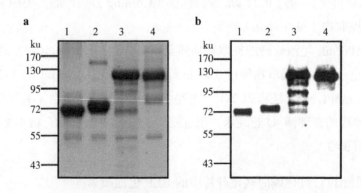

图 3-3　用于免疫的异源表达 HA 纯化蛋白

（a）和（b）中泳道 1 为 NtH5 蛋白，泳道 2 为 Nb(H5pII)3，泳道 3 为 NtH5-ELP，泳道 4 为 Nb(H5pII-ELP)3。图（a）代表考马斯亮蓝染色凝胶，图（b）代表免疫印迹，其中通过可识别流感病毒株 A / 越南 / 1194/2004（H5N1）的兔抗体进行检测（本图经 John Wiley 和 Sons 授权后，从参考文献 [8] 中复制）。

（2）植物提取物经过 3 次离心（75 600×g，45 min，4℃）处理，然后添加 NaCl 至最终浓度为 2 mol/L。

（3）将含有 2 mol/L NaCl 的冷提取液再次离心 45 min，75 600×g，4℃（见注释⑳）。

（4）将含 2 mol/L NaCl 的提取物通过 0.3 μm 混合纤维素酯膜，然后再通过 0.22 μm 聚醚砜膜。再次离心滤液 75 600×g，30 min，4℃。得到预处理的提取物（见注释㉑）。

（5）将 80 mL 预处理的提取物加热至室温，然后用真空泵（德国 Vacuubrand 公司产品）抽滤，使其通过 0.2 μm 醋酸纤维素膜（见注释⑮）（图 3-2a，c）。

（6）用 2 mol/L NaCl 洗涤膜 2 次，去除非 ELP 化的植物蛋白（见注释⑯）（图 3-2a，c）。

（7）用冰冷的密理博 -Q 超纯水，通过过滤器洗脱 ELP 蛋白融合物（见注释⑰和⑱）（图 3-2 和图 3-3）。

3.5 红细胞凝集试验

3.5.1 鸡红细胞的采集和制备

（1）对于血凝试验和血凝抑制试验，从未接种新城疫病毒或其他病原体的鸡的翼静脉采集 8 mL 血液，置于无菌瓶中，瓶中含有 2 mL 3.2% 的柠檬酸钠（pH 值 =5.1~5.3）。

（2）轻轻旋转瓶子，使其充分混合。

（3）加入同等体积 pH 值为 7.4 的 PBS，将上清液以 900×g 离心 2 次，每次 5 min，然后再离心 10 min，收集红细胞沉淀。

（4）用 pH 值为 7.4 的 PBS 洗涤红细胞 2 次。然后加入 198 mL pH 值为 7.4 的 PBS 到 2 mL 红细胞沉淀中，得到最终的红细胞浓度为 1%。

3.5.2 血球凝集试验

（1）在 "V" 形底微量滴定板的所有孔中加入 25 μL PBS。

（2）将 25 μL 抗原加到板子的第一个孔中。

（3）对整行进行 2 倍的系列稀释。

（4）将 25 μL 1% 的红细胞（RBC）加入到孔中。

（5）板子经 25℃ 孵育 30 min 后读取结果。能够导致全部红细胞凝集的病毒液的最高稀释度被定义为 1 个血凝单位（HAU）（图 3-4）。

3.6 小鼠疫苗接种

（1）6~8 周龄雄性 BL6（C57/Black6J）小鼠（由德国 Charles River Laboratories，Research Models and Services，GmbH 提供），每组 10 只。分别在第 0 天、第 14 天、第 21 天和第 35 天皮下注射 ^{Nt}H5、^{Nb}(H5pII)3、^{Nt}H5-ELP 和 ^{Nb}(H5pII-ELP)3。每次免疫剂量分别为 10 μg 和 50 μg。

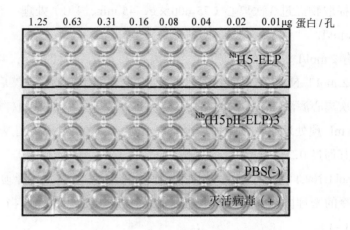

图 3-4　ELP 化 HA 纯化后的血凝素分析

用 PBS 作为阴性对照，用灭活病毒 rg A/swan/Germany/R65/2006(H5N1) 毒株作为阳性对照（本图经 John Wiley 和 Sons 授权后，从参考文献[8] 中复制 ）。

（2）在首次免疫时，用 10 μg 弗氏完全佐剂配制抗原，在后续免疫中用 10 μg 不完全弗氏佐剂（购自 Sigma 公司，圣路易斯，密苏里州，美国）配制。

（3）对照组用 PBS 加佐剂注射。

（4）在第 3 次和第 4 次免疫后 1 周，小鼠再进行眼眶采血。

（5）将收集的血液样本在室温下，以 16 200 ×g 离心 2 次，每次 15 min。

（6）分别收集小鼠血清进行酶联免疫吸附检测（ELISA）。

3.7　ELISA

（1）为了检测小鼠血清中抗体滴度，用 100 μL PBS 稀释重组抗原包被微量滴定板（购自 ImmunoPlate Maxisorp, Nalgen Nunc International 公司，罗斯基勒，丹麦），重组抗原浓度为 3 μg/mL，然后在 4℃孵育过夜。

（2）用含 3%（W/V）牛血清白蛋白（BSA）和 0.05%（V/V）Tween 20 的 PBS（PBST）封闭 2 h 后，用 100 μL 的特定稀释度血清液（2×10^{-4}）在室温下培养 1.5 h。

（3）用 PBST 洗涤板子 5 次，然后加入 100 μL 碱性磷酸酶偶联的兔抗鼠 IgG 稀释液（2 000 倍），稀释液为含 1%（W/V）BSA 的 PBST。

（4）在 0.1 mol/L 二乙醇胺盐酸（pH 值 =9.8）中加入酶底物对硝基苯基磷酸盐（PNPP），37℃孵育 1 h 后，在 405 nm 处测量吸光度信号（图 3-5）（见注释㉒）。

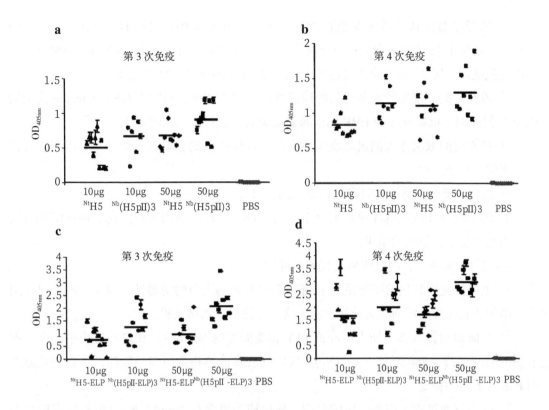

图 3-5　免疫小鼠诱导的抗体 ELISA 检测

在第 3 次（a）免疫和第 4 次（b）免疫后的抗 Anti-^{Nt}H5 和 ^{Nb}(H5pII)3 反应。在第 3 次（a）免疫和第 4 次（b）免疫后的 Anti-^{Nt}H5-ELP 和 ^{Nb}(H5pII-ELP)3 反应。单点表示单份血清样本的 ELISA 结果，线条表示每组的平均值（转载自参考文献[8]，并获得 John Wiley & Sons 的许可）。

4　注　释

①　也可将 *HcPro* 基因克隆到表达载体中，但实验证明将 *HcPro* 植物载体转于混合的农杆菌菌株更好。

②　为了获得较高的重组蛋白浓度，去除未浸染的叶片是非常重要的。未浸染的叶片颜色不变，浸染后的叶片由于细菌悬浮液的渗透而变暗。

③　表达重组血凝素（^{Nt}H5 和 ^{Nt}H5-ELP）的转基因烟草植物在含 50 μg/mL 卡那霉素的 MS 培养基中培养 4 周后发芽。健康的植物在温室里再生长 4 周。收集树叶并储存在 -80℃。

④　纯化后的血凝素经 SDS 上样缓冲液稀释后，可直接上样进行 SDS-PAGE 电泳。因此，这些步骤并不是必需的。

⑤　也可以采用其他的蛋白质浓度测量方法，但如果采用 Bradford 方法，检测缓冲液中的 SDS 浓度，以及提取物的量必须要符合有效的蛋白浓度测量的要求。

⑥ 稀释系数应按照特定制造商的建议进行。在本文中，对抗 His 单克隆抗体（图 3-1c）、来源于杂交瘤细胞的抗 c-myc 单克隆抗体（9E10）（图 3-1d）、抗 NIBERG-14 病毒的兔抗体（图 3-3b）分别进行了 1：2 000、1：50 和 1：3 000 的稀释。

⑦ 稀释系数应按照特定制造商的建议进行。在本文中，对购自 GE healthcare 公司的 HRP 标记的绵羊抗鼠 IgG 和 HRP 标记的驴抗兔 IgG 进行 1：2 000 稀释。

⑧ 培养时间取决于检测灵敏度（主要受原抗体质量的影响）和背景。可以先进行预试验来优化整个过程。

⑨ 如有必要，可将孵化时间延长至 12 h（过夜）。

⑩ 用于洗涤和洗脱的咪唑浓度每个蛋白质都不一样，应当进行优化，使纯度和有效性方面都取得令人信服的结果。

⑪ 阈值非常重要，因此浓缩流程应当可控。

⑫ 也可以使用其他的缓冲系统来刺激被 ELP 化的蛋白的溶解性。但是，不建议使用含有诸如 Triton 等去污剂的缓冲液，因为这会导致提取物堵塞膜。

⑬ 当向植物提取物中加入可降低 ELP 相变温度的 NaCl 后，在离心过程中，应将提取物的温度保持在低温状态（约 4℃）。这样就会降低植物蛋白酶的活性，从而避免激发 ELP 融合蛋白的相变。

⑭ 因为过滤过程也需要一定的时间，所以应当将含有 2 mol/L NaCl 的植物提取物温度保持在 4℃，以保持 ELP 融合血凝素以可溶性形式存在。该步骤可在室温下操作。但是，如果预过滤步骤花费较长时间，则应在冷室中进行，以避免温度升高导致 ELP 融合蛋白聚集。

⑮ 在 60℃水浴中，经过预处理的提取物的温度会迅速从 4℃上升为 25℃。在这一步骤中，ELP 化的蛋白会沉淀形成平均直径为 357 nm[13] 的颗粒，而这些颗粒会保留在 0.2 μm 的膜表面。

⑯ 应当将 2 mol/L NaCl 溶液放置在 25℃的水浴中持续保存。本步骤在室温下进行。

⑰ 在这一步骤中，ELP 化蛋白的聚集物会被冰水溶解。也可使用其他洗脱缓冲液系统，但建议使用低盐缓冲液，且缓冲液应处于冰凉状态。

⑱ 如果仍能从 Sm 中检测到 ELP 化的靶蛋白，则可从本章的 3.4 开始进行下一次 mITC。

⑲ 在 4℃时，从瞬时转化的叶片材料中获得的植物提取物，很难通过 0.22 μm 的聚醚砜膜。因此，本步骤就使用 50 g 叶片作为起始材料。

⑳ 广泛延长高速离心时间，使植物提取物对 mITC 有足够的清除率。

㉑ 需要先通过 0.3 μm 的膜来过滤植物提取物，否则提取物会很快将 0.22 μm 的膜堵住。

㉒ 如果活性比较低，则可通过延长孵育时间来增强信号。

致　谢

本工作获得德国联邦教育及研究部（国际生物经济）（Bundesministerium für Bildung und Forschung，Bioeconomy International）项目的资助。

参考文献

[1]　Yusibov V, Rabindran S. 2008. Recent progress in the development of plant derived vaccines. Expert Rev Vaccines, 7：1173–1183.

[2]　Phan HT, Floss DM, Conrad U. 2013. Veterinary vaccines from transgenic plants：highlights of two decades of research and a promising example. Curr Pharm Des, 19：5601–5611.

[3]　Evangelista RL, Kusnadi AR, Howard JA, et al. 1998. Process and economic evaluation of the extraction and purification of recombinant beta-glucuronidase from transgenic corn. Biotechnol Prog, 14：607–614.

[4]　Floss DM, Schallau K, Rose-John S, et al. 2010. Elastin-like polypeptides revolutionize recombinant protein expression and their biomedical application. Trends Biotechnol, 28：37–45.

[5]　Phan HT, Hause B, Hause G, et al, 2014. Influence of elastin-like polypeptide and hydro-phobin on recombinant hemagglutinin accumulations in transgenic tobacco plants. PLoS One, 9：e99347.

[6]　World Health Organization. 2013. Influenza at the human-animal interface (HAI). http：// www. who.int/infl uenza/human_animal_interface/ en/. Accessed 25 June 2013.

[7]　Cornelissen LAHM, de Vries RP, de Boer–Luijtze EA, et al. 2010. A single immunization with soluble recombinant trimeric hemagglutinin protects chickens against highly pathogenic avian influenza virus H5N1. PLoS One, 5：e10645.

[8]　Phan HT, Pohl J, Floss DM, et al. 2013. ELPylated haemagglutinins produced in tobacco plants induce potentially neutralizing antibodies against H5N1 viruses in mice. Plant Biotechnol, J 11：582–593.

[9]　Phan HT, Conrad U. 2011. Membrane-based inverse transition cycling：an improved means for purifying plant-derived recombinant protein-elastin-like polypeptide fusions. Int J Mol Sci, 12：2808–2821.

[10]　Laemmli UK. 1970. Cleavage of structural proteins during the assembly of the head of bacteriophage T4. Nature, 227：680–685.

[11] Meyer DE, Chilkoti A. 1999. Purification of recombinant proteins by fusion with thermally-responsive polypeptides. Nat Biotechnol, 17：1112–1115.

[12] Scheller J, Henggeler D, Viviani A, et al. 2004. Purification of spider silk-elastin from transgenic plants and application for human chondrocyte proliferation. Transgenic Res, 13：51–57.

[13] Ge X, Trabbic-Carlson K, Chilkoti A, et al. 2006. Purification of an elastin-like fusion protein by microfiltration. Biotechnol Bioeng, 95：424–443.

第四章　DNA 疫苗：在猪模型中的经验

Francesc Accensi, Fernando Rodríguez, Paula L. Monteagudo

　　摘　要：在目前研发的疫苗中，DNA 疫苗是最吸引人的疫苗策略之一。DNA 免疫的主要优点在于其简单性和灵活性，它是用于解析免疫机制及保护宿主抵御特定病原体的理想抗原。本章中，我们描述了几种用于增强诱导猪免疫反应并提供保护的实验性 DNA 疫苗策略，并描述原型 DNA 疫苗的制备及其在体内基础应用的技术流程。关于 DNA 疫苗在生产应用中的效果如何，只有经过时间的检验方可得出最终的结论。

　　关键词：DNA 疫苗；基因工程佐剂；抗原递呈；抗体；细胞毒性 T 细胞应答（CTL）；表达库免疫（ELI）；电穿孔；猪；兽医病毒学

1　前　言

　　目前所知的核酸免疫接种，早在 20 世纪 90 年代初就已经被报道了 [1]。核酸免疫为疫苗领域开辟了一条有前景的新途径。最常见的核酸疫苗是基于 DNA 质粒接种的 DNA 疫苗，其原理非常简单，但却很巧妙：体内细胞能够吸收 DNA，然后在细胞内编码并表达抗原，表达的抗原蛋白最后诱导机体产生保护性免疫反应。为了获得目的编码蛋白的良好表达，会使用哺乳动物启动子来启动目的基因的表达，而所使用的启动子通常都是来自人类巨细胞病毒的启动子（CMV_P）。DNA 疫苗能以多种不同的方式进行免疫接种，而肌内注射和皮下接种则是两种最为常见的方式。通过肌内注射时，质粒主要被肌细胞吸收；而通过皮下接种时，接受质粒的细胞是真皮细胞，其中包括朗格罕细胞，这是一种抗原递呈细胞。无论采用哪种免疫途径，DNA 的成功免疫依赖专职抗原递呈细胞对 DNA 和 / 或质粒编码抗原的最终摄取 [2]。

　　DNA 疫苗有很多的优点，而安全性是其最主要的一个优点。弱毒疫苗的主要关注点是毒力问题，而对 DNA 疫苗而言，我们完全不必担心毒力。此外，根据所使用 DNA 的结构，可能诱导体液和 / 或细胞反应，细胞免疫在对抗细胞内病原体时尤其重要。相比而言，灭活疫苗的主要缺陷之一，则是其不能够诱导细胞免疫反应。最后，我们不得不提，DNA 疫苗可以很容易地按需设计，即我们可以针对表达的抗原来诱导不同的免疫反应。

并且，作为其他新一代亚单位疫苗，DNA 疫苗可以作为 DIVA 疫苗，用来区分感染的动物和接种疫苗的动物，这在兽医学上非常重要。DNA 疫苗已经在啮齿类动物模型中研制成功，但其他动物的结果却相互矛盾。目前已有一些 DNA 疫苗应用于鱼类[3] 和马[4]，而且效果非常好。尽管如此，影响大型动物进行 DNA 疫苗接种的因素中，主要在于它的低效性，有时被认为是由于体内实现的 DNA 导入效率低造成的。体内电穿孔是提高体内 DNA 传递效率最有希望的方法[5]。目前为止，有人还提出了使用其他方法提高 DNA 转染效率，如基因枪或纳米颗粒。除了用于增强 DNA 摄取的方法外，研究还提供了许多其他策略，这些策略允许增强所诱导的免疫反应病毒提供保护。我们的经验表明，目前还远不能提出一种通用的 DNA 疫苗接种策略，应根据目标微生物的种类和要对抗的病原体量身定制疫苗。

2　材　料

（1）含有我们想要用于免疫的基因 ORFs 的 DNA 或 RNA 模板。

（2）可通过 PCR 反应扩增上述基因（合成的 ORFs 也可以）的引物。

（3）质粒 DNA 骨架（见注释①）。

（4）用于转化和大规模生产质粒 DNA 的细菌（见注释②）及合适的培养基。

（5）用于哺乳动物细胞系转染的转染试剂及合适的培养基。

（6）免疫印迹材料。

（7）质粒连接、DNA 纯化的试剂和试剂盒（见注释③）。

（8）基因工程佐剂（见注释④），根据意愿使用。

3　方　法

如前所述，在设计 DNA 疫苗之前，应首先确认针对我们正在研究的动物病原疫苗中，哪一些具有保护作用，哪一些没有保护作用？我们想要哪种免疫反应？我们是想要产生抗体还是想要诱导细胞毒性反应？当然，也许两者我们应该都需要。显然，这些问题的答案在于病原体抗原的性质。对于某些病毒来说，这可能很简单。例如，一种针对典型猪瘟病毒 E2 抗原的 DNA 疫苗可诱导体液和细胞反应，并获得消除性免疫[6]。然而，对于许多更复杂的病原体而言，就并不是那么简单，比如非洲猪瘟病毒。我们研究团队基于 DNA 疫苗接种策略的研究发现，某些病毒蛋白的抗体甚至可能具有有害作用[7]。

本章主要内容：介绍用于提高动物体内 DNA 传递效率的方法，主要集中在体内电穿孔法；探讨提高 DNA 疫苗免疫原性的策略，主要集中在实验室中已在猪上成功应用的方法；专门介绍了 ELI 免疫，因为这是在复杂病原体中寻找保护性抗原的理想方案；最后还专门介绍了涉及 DNA 疫苗构建和猪免疫方案的简单步骤，以及对初免 – 增强免疫策略的简要考虑。

3.1 增强 DNA 向细胞递呈

常用的 DNA 免疫方法最大的缺点，就是动物细胞体内转染效率低。因此，有人提出了其他策略，如使用电穿孔、基因枪或以脂质体的形式传递质粒 DNA。

3.1.1 脂质体的使用

在当前的传统疫苗中，脂质体被当作是佐剂在使用。由于此类化合物能够包裹质粒 DNA，因此，可通过穿透细胞膜的脂质双层促进 DNA 进入细胞。与裸 DNA 相比，脂质体包裹的 DNA 能够更有效地增强体液和细胞介导的免疫反应。因为脂质体保护了其内 DNA 物质不受局部核酸酶的影响，并直接将其引导至注射部位，然后排出到达淋巴结中的抗原递呈细胞[8]。此外，通过脂质体递呈 DNA 疫苗，已经为此类疫苗的其他给药方式开辟了新的途径，如口服途径。口服途径可发挥脂质体的保护作用，可使质粒 DNA 避免受存在于消化道中的 DNAse 的降解。在小鼠模型中，已经成功地检测了脂质体递呈途径的口服 DNA 疫苗的疗效[9]，结果显示，口服途径免疫可使小鼠产生对流感病毒攻毒的保护作用。

3.1.2 基因枪

基因枪法是指用微米级大小的颗粒（通常由金制成）包裹质粒，然后通过诸如基因枪之类的弹道装置射击皮肤直接将其投入体内。这些粒子通过放电或压缩氦的力量被加速进入皮肤组织，DNA 被直接传递到表皮角质细胞的细胞质上。因此，与传统的 DNA 注射相比，仅需要非常少量的 DNA[10]。已经在猪身上证明，这种粒子介导的 DNA 疫苗接种方法是有效的，而且与裸 DNA 注射相比，它可以诱导类似 CD8$^+$T 细胞反应，并比裸 DNA 注射的 DNA 产生高出 100~1 000 倍的抗体[11]。当表皮细胞再生时，含有质粒 DNA 的转化细胞将消失，从而停止抗原的产生。肌内注射 DNA 的情况完全不同，在这种情况下，细胞能够长时间地产生蛋白质。一些研究人员[12]声称，由于这种方法的局限性，似乎基因枪法的使用正在放缓。这为体内电穿孔系统的应用扫清了道路，因为电穿孔法是目前最有希望成为增强 DNA 向细胞投送的方法。

3.1.3 电穿孔法

电穿孔的原理非常简单：诱导细胞膜瞬时通路，从而使大分子如 DNA 可以进入细胞。简而言之，在注入 DNA 之后，我们将在质粒注入区传递 1 个强而短的电脉冲，随后是一些持续时间稍长但电压较低的其他脉冲。第一个脉冲使细胞膜开启通路，而接下来的脉冲诱导一种体内电泳，从而将先前注入的质粒 DNA 通过通路进入到细胞中。随后，细胞膜恢复正常的完整性。最佳的电穿孔条件产生 1 个非常微妙的平衡：如果条件太强，细胞会被破坏，而如果条件太温和，又不能诱导获得所需的通路。可以修改以下参数：电压（从 60V 或更高，取决于组织和电极类型）、脉冲长度（ms）和脉冲数（通常从 2~12 不等）[5]（见注释⑤）。另外，一些研究人员认为，放电引起的轻微组织损伤可影响佐剂的功能，诱导炎症介质等危险信号在受影响区域释放，增强 APC 的存在，以及增加从受损细胞抗原蛋白的释放，从而改善抗原递呈[13]。

目前，市场上已经开发出多种用于进行体内电穿孔的装置：Trigrid™（ICHOR 医疗系统）、AgilePulse™（BTX 哈佛仪器）、Cliniporator™（IGEA）等。电极的类型可以从无针贴片电极到多针阵列电极，这在逻辑上取决于所选择的设备，也取决于要注射的组织。由于动物在处理前必须麻醉，再加上大多数装置的外观笨重，就使目前体内电穿孔法对于猪的兽医实践来说不可行。因此，目前电穿孔法仍被用于小型动物或人类医学的研究。期望在不久的将来，会有更多的便携式设备，就像普通的养猪场常用接种设备一样，可以被用于大规模的疫苗接种。

3.2 DNA 疫苗免疫原性的提高

由于免疫系统的复杂性，因此应保持我们的实验方法尽可能的简单。因此，建议在选择佐剂时，既要考虑动物的种类，又要考虑诱导免疫反应类型。在这里，我们总结了一些在猪 DNA 疫苗文献中描述的最成功的结果。

3.2.1 质粒编码细胞因子佐剂的使用

将编码细胞因子的质粒与目的 DNA 结构共同作为 DNA 疫苗，被认为是 DNA 免疫的最佳佐剂策略之一。该策略的主要优点在于，在体内给药后，在抗原表达区内细胞因子将同时发挥作用，因而可避免在全身给药时发生不良反应，并能够提供更为强劲和持续的刺激。细胞因子（IFN-γ、IL-18、IL-2、IL-12 等）的选择取决于我们想要引起的反应类型（见注释⑥）。大多数以细胞因子作为 DNA 佐剂的研究报告都是在小鼠模型中进行的，尽管关于兽用疫苗接种的报告并不多[14, 15]，但该策略在不久的将来似乎很有希望应用于兽用疫苗[12]。

3.2.2 靶向编码抗原

从将要使用的许多潜在策略来看，以下将集中介绍在我们实验室中已经成功用于猪的策略：能够将疫苗抗原驱动到抗原递呈细胞（APC）的策略；在避免抗体产生的情况下，直接将疫苗编码的抗原到 MHC-I 通路上；质粒混合库的使用，这是 DNA 免疫的一个优势，它甚至可以用数千种质粒混合库免疫动物，从而覆盖更大蛋白组，这是由 Barry 等[16]首先提出的一种策略，他们将其命名为 ELI 疫苗。

3.2.2.1　增强 CD4⁺T 细胞和抗体的诱导作用：直接将病毒抗原导向 APC

首选是将病毒抗原定位到免疫诱导位点，小鼠模型中首次描述了该种策略，其使用 CTLA-4 作为基因工程佐剂 [17]。我们采用了类似的方法，本次使用 APCH1 分子作为载体。APCH1 是一个抗体片段，可识别经典猪白细胞抗原 II 类（SLAII）分子的表位，可在猪抗原递呈细胞中高度表达 [18]。通过将 DNA 构建融合到 APCH1 上，编码的融合产物不仅在体外被有效地定向至 SLAII 阳性细胞，还在体内增强了特异性抗体和 T 细胞应答的诱导 [7, 19]。然而，所使用的抗原和病原体不同，疫苗提供的保护也完全不同。比如，使用该策略的口蹄疫疫苗免疫后，有些猪获得了口蹄疫病毒（FMDV）攻毒保护 [19]；而使用了该策略的非洲猪瘟疫苗免疫后，进行非洲猪瘟病毒（ASFV）攻毒后猪的病毒血症反而剧增 [7]。这些结果再次证明，佐剂效应并非普遍存在，而且为了设计一种针对特定疾病的合理疫苗，必须对其发病机理有深入的了解。

另一个选择是基于所谓的 sHA，为 ASFV 血凝素的胞外结构域，这是一种与 CD2 白细胞分子具有相似性的重要分子 [20]。如 APCH1 所述，抗原与 sHA 的融合使其可在体外与 APC 结合，最大的可能性是因为其表达的分子表面结合到了 CD2 受体上。同样，如 APCH1 所述，这种融合使猪体内的抗体和 T 细胞反应再次得到了充分的增强，从而导致了对 ASFV 致死性攻毒没有产生任何的保护 [21]。

当然，还有其他靶向抗原到到 APC 的策略，但在猪身上成功应用的策略并不多 [22]。通过这种方式，CD169 或 CD163 这两种主要在巨噬细胞上表达的细胞内受体的使用，导致了强烈的体液反应：CD169 或 CD163 都有利于被膜下窦巨噬细胞对抗原的摄取，从而导致体液免疫的启动和改善 [23]。TLR-2 是 Toll 样受体家族的一员，尽管抗体的产生并没有 CD163 或 CD169 获得的那么明显，但其在猪上的应用看起来也很有前景 [22]。

3.2.2.2　增强 CTL 诱导：直接将病毒抗原导向 MHC–I 分子信号通路中

有观点认为，特异性 CD8⁻T 细胞应答是 ASFV 保护的关键因素 [24]。基于这一事实，我们的 ASFV 疫苗没有成功，可能就是由于诱导保护性 CTL 应答失败，也可能是因为抗原选择不当（只有 150 个 ASFV 编码抗原中的 3 个）。为了解决这个"难题"，我们决定设计一种疫苗原型，将我们最中意的抗原与泛素融合，这种已成功用于小鼠的策略，可优化 MHC-I 分子递呈所编码的抗原，从而增强体内诱导的 CTL。简单地说，我们用泛素标记目的基因的 DNA，在转录之后，泛素可将蛋白质靶向到蛋白酶体。因此，目的蛋白会被蛋白酶体降解并剪切成短肽，然后被"TAP"转运蛋白携带到内质网，在内质网上，这些肽通过 MHC-I 类分子递呈给特定的细胞毒性 CD8⁺T 细胞。10 年过去了，同样在我们的实验室里，我们已经能够通过使用编码之前所说的 ASFV 抗原的 DNA 疫苗研究扩展到猪的身上。因此，泛素与 ASFV 抗原的融合不仅增强了 CTL 的诱导，而且消除了体内的抗体诱导，正如前面对小鼠 [25] 研究所述，最重要的是，这是第一次使猪获得了部分 ASFV 致死性攻毒保护 [21]。

DNA 疫苗的研究再一次给了我们新的教训：相同的抗原可以诱发感染恶化，也能诱导免疫保护，这取决于它所引起的免疫结果。在与伪狂犬病毒糖蛋白共同使用时，和其他的基因佐剂一样，泛素也没有发挥佐剂作用。这种糖蛋白的泛素化并没有使其所提供保护得到增强，最有可能是由于蛋白酶体缺乏有效的降解[26]。这一结果再次表明，由于抗原的性质以及其保护特定病原体的机制的不同，想要设计靶向多种病原的通用疫苗策略暂时并不可行。

3.2.2.3　增加 DNA 疫苗中抗原的数量：抗原鸡尾酒选择及 ELI 策略

如前所述，DNA 疫苗的一个主要优点是其灵活性，它允许我们根据特定的需要混合特定的抗原。也就是说，我们可以设计一种含有混合质粒的 DNA 疫苗，每个质粒都是按照迄今为止解释的不同策略专门设计的。这种疫苗可以包含不同的质粒，其中一个质粒将抗原导向 MHC II 类分子，从而诱导 CD4$^+$T 细胞反应；另外一个质粒含有相同的抗原，但与泛素融合，从而将抗原导向 MHC I 类途径，增强 CD8$^+$CTL 反应。更重要的是：一种疫苗可能包括这种混合策略，但对不同的抗原重复多次。此外，我们必须记住，与疫苗接种领域使用的其他载体相比，DNA 疫苗中使用的质粒的大小限制较小[27]。免疫系统依靠一个非常精细的调节平衡和无数的相互作用，因此，一些反应可能抑制其他反应，反之亦然。我们必须考虑到免疫反应非常复杂和微妙，在利用这种反应时应该非常谨慎，否则一切都是纸上谈兵，所以我们必须经常在动物身上进行试验，检测我们的想法是否如预期的那样有效。

表达库免疫（Expression library immunization，ELI）是一种系统筛选任何给定基因组以确定潜在疫苗候选的方法。ELI 的概念最初在小鼠上被描述[16]，后来扩展到许多其他的目标物种。原理上，ELI 策略并不特异，而是针对包括整个基因组的非特异性疫苗策略。ELI 还可作为一种鉴别工具，用该策略我们可以选择抗原，构建一种用于疫苗接种的合理质粒混合物。这种方法的实质是，在真核启动子的控制下，可以将一种病原体的整个基因组克隆到基因免疫载体中，创建一个库来表达一种病原体的所有开放阅读框（ORF）。我们可将 ELI 与 APCH1、sHA 或泛素联系起来，从而使目标抗原获得前面讨论过的免疫应答。因此，免疫动物可以用病毒病原体进行攻毒，以检查哪些克隆诱导了保护性免疫。在我们的实验室中，我们通过 ELI 免疫获得了部分抗 ASFV 致死性攻毒保护[28]。

3.3　构建及分析猪用 DNA 疫苗的操作方案

3.3.1　DNA 疫苗的构建

要构建一个特有的基于质粒的 DNA 疫苗，我们需要 1 个质粒骨架，其中包括可在细菌生长的复制起点；抗生素抗性基因，用于质粒转化细菌；哺乳动物细胞中最佳表达的强启动子，最常见的是人类巨细胞病毒的启动子 CMVp；多腺苷酸化信号序列，用于保证稳定且有效地翻译[29]。此外，一些作者指出，有些质粒本身具有免疫原性，因为其重复的 CpG 基序，能够诱导强 B 细胞和 T 细胞反应[30]。首先将基因的 PCR 产物克隆到质粒载体（图 4-1）中，然后转化细菌，最后将细菌涂在含有抗生素的培养基上。由于质粒可编码抗生素的抗性蛋白，因此，只有含有质粒的细菌才能生长。将含有正确插入物的细菌菌落大规模培养，然后对获得的 DNA 质粒进行纯化，如果我们要给动物接种这种 DNA，还应去除细菌毒素。

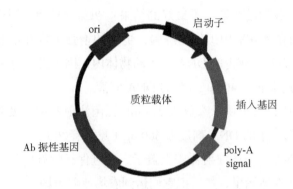

图 4-1 质粒 DNA 疫苗必须成分的结构示意图

构建 DNA 库主要包括以下几个步骤。

（1）分离目标病毒的全基因组。

（2）用 *Sau3*AI（New England Biolabs 公司产品）对基因组进行酶切，该限制性酶识别 ^{5}GATC^3 序列，而且通常可将基因组切成 300~500 bp 的片段。

（3）将酶切获得的片段克隆到真核表达载体上（见注释③）。

（4）将质粒转化到选择的细菌（见注释②）中，在合适的培养基上培养，获得重组的表达细菌。

（5）每个酶切片段的和质粒框架可挑取全部单菌落克隆（见注释⑦），分别接种到 96 孔培养板中。

（6）将所有 96 孔板中的菌落用 15%（*V/V*）的甘油保存于 -70℃。

（7）为了获得用于疫苗接种的 DNA 材料，将获得的质粒混合（见注释⑧），从而得到大规模 DNA 质粒库。最后，必须对获得的 DNA 进行纯化，以去除细菌毒素。

3.3.2 体外分析抗原表达

为了证明所获得的质粒正确表达插入的基因，建议用特异性多克隆抗体或单克隆抗体通过蛋白质印迹分析其是否正确表达。简而言之，将载体转染合适的细胞系，同时用空载体或者含无关基因的质粒转染细胞作为对照。使用我们最常用的转染方案（电穿孔、脂质基转染、磷酸钙基等转染方法）进行转染。培养 24~72 h 后，收取细胞以评估其最佳体外表达动力学。如果一切都是正确的，质粒 DNA 就可以被注射到动物体内，以引起所需的免疫反应。

3.4 免疫猪

为完成 DNA 疫苗的生产，我们概括了目前在我们实验室中使用简单且容易操作的方案 [21]。通过本方案，我们已经取得了最好的结果：初免接种后 2 周后增强免疫得到了较好的结果。根据我们在 ASFV 中工作的经验，更多的增强免疫并不能改善引发的免疫反应。请注意，由于我们要将获得的 DNA 注入动物体内，因此必须将细菌中的毒素去除。

（1）用无菌生理盐水准备 400 μg/mL 的 DNA 储液。

（2）在无菌环境中，将无菌针头放入 2.5 mL 无菌注射器中。吸取给每只动物注射的 1.5 mL DNA 储液。每头猪的 DNA 剂量为 600 μg（见注释⑨）。

（3）将吸取了 DNA 疫苗的注射器盖上盖子，装进保护性好的塑料袋，塑料袋中装有冰袋（见注释⑨），放在冰箱里，然后把它们运到农场或养殖场。

（4）根据相关动物福利政策对动物进行保定，接种前用吸水纸吸取 70% 乙醇溶液对注射点进行清洁消毒。

（5）疫苗剂量的 1/3（0.5 mL）必须在右侧股四头肌肌内注射，1/3 必须在右侧颈斜方肌内注射，最后 1/3 必须在右耳皮下注射。

（6）第一次免疫接种 2 周后，请重复步骤（5），不过这次应全部在动物的左侧进行免疫注射。

3.5 初免 − 加强免疫：DNA 疫苗战胜市场的希望

人类和兽医物种体内 DNA 转染方案的指数级改进（见本章 3.1.3），使 DNA 疫苗接种在过去几年中获得了新的推动力。随着初免 − 加强免疫的实施，似乎出现了最大的变革。即使通常被置疑，但是 DNA 电穿孔显然被证明是初始免疫的理想手段，随后用编码相同抗原的重组病毒或重组蛋白进行增强免疫。初免 − 加强免疫策略提高了体液免疫能力，并增强了 DNA 启动的 CTL 反应 [31]。最常用的病毒载体平台包括改良的安卡拉疫苗病毒（MVA）和腺病毒载体 [31]。在猪 DNA 疫苗接种中，还测试了同源性和异源性初免 − 加强免疫策略的效果，结果参差不齐。因此，用于伪狂犬病的最佳反应策略是先用 DNA 疫苗初免，然后使用 Orf 病毒重组疫苗进行增强免 [32]。鉴于异源性初免 − 加强免疫机制的有效性，人们也开展了数项人类和非人类灵长类动物的重要疾病（如艾滋病毒）试验 [33, 34]。在某些情况下，同源的初免 − 加强免疫策略已证明能产生最佳结果 [35]。再次坚持个体疫苗的概念，以用于个体目的。与上述结果无关，DNA 初免可以大大减少所需的加强疫苗的数量，我们之前用裂谷热病毒减毒活疫苗在绵羊体内已经证明了这一观点 [36]。

先前也提出了类似的观点，作为流感暴发时替代方案，减少所需的加强疫苗数量，从而降低成本并省反应时间 [37]。这一观点完全可以推广到其他疾病。

4　注　释

① 市场上有许多可供选择的方法，所有这些方法都有一个共同点，即存在的启动子能够被目标物种识别。我们使用的是购自 Clontech 公司的 pCMV 质粒，该载体在人巨细胞病毒早期启动子（CMVp）的驱动下可表达疫苗抗原产物。我们还推荐使用 pVAX™200-DES（购自 Invitrogen 公司，California），该载体符合美国食品和药物管理局（FDA）DNA 疫苗设计指南。

② 我们经常使用电转感受态大肠杆菌（lectroMAX™ DH10B™ T1 Phage-Resistant Competent Cells，购自 Invitrogen 公司）。

③ 我们一般使用 Quick Ligase Kit（购自 New England Biolabs 公司）连接试剂盒将克隆得到的 DNA 插入质粒骨架中。我们一般使用的是 Qiagen MinElute Reaction Cleanup Kit（购自 Qiagen 公司，The Netherlands）。从细菌培养物中纯化去内纯化 DNA 产物的我们一般用的是 Endofree Plasmid Mega Kit（购自 Qiagen 公司，The Netherlands）毒素的质粒 DNA。

④ 编码抗原的开放阅读框（ORFs）可以单独克隆到质粒骨架中，也可以与载体上编码分子的 ORFs 融合，这些载体分子起着基因工程佐剂作用。在本章中讨论的一些佐剂（图 4-2）APCH1 为识别Ⅱ类猪白细胞抗原（SLAII）分子 DR 等位基因的单链抗体；sHA 为 ASFV 血凝素（sHA）的细胞外结构域，与 CD2 白细胞抗原同源；UB 为突变泛素（A76）的单体。

⑤ 请注意，必须优化用于每种动物的电穿孔条件。

⑥ 请注意，细胞因子是特定于待接种宿主的物种。

⑦ 为了确保 3 个可能的框架中所有 Sau3AI 片段的代表性，需要采集的菌落数是按照公式计算的，为了确保挑取的菌落克隆数量代表了 3 个可能的框架中所有 Sau3AI 片段，可按照公式来计算需要挑取的菌落克隆数，该公式考虑了每种原始病毒 DNA 限制片段的长度和 Sau3AI 完全消化产生的片段数。

$$N = 2\left(\frac{\ln(1-P)}{\ln(1-f)}\right) f = \frac{m}{L}$$

式中，N 为挑取的菌落克隆数；P 为概率（=0.9）；m 为 Sau3AI 酶切产生片段的平均长度；L 为被酶切消化的载体的全长。

⑧ 我们通过从每个可隆中取出 0.5 μL 混到一起制成 1 个库。向该库添加适当培养基，作为 1 L 体系的起始培养物培育。我们通常用含有适量抗生素的 LB 培养基。

⑨ 与接种疫苗相比，我们更喜欢使用当天内制备的疫苗针剂。如果当天不能使用，应将注射器保持在冷藏（4℃）下，直到使用为止。如果要使用不同的 DNA 作为疫苗，强烈建议用不同的色带标记注射器，以避免在免疫过程中混淆。

⑩ 让 DNA 注射器达到室温。如果注射的疫苗是冷的，可能会给动物造成额外疼痛。

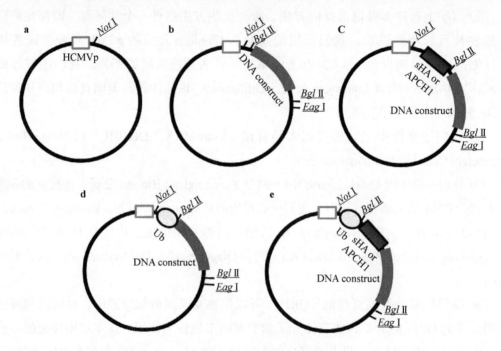

图 4-2 用于 DNA 免疫的质粒结构示意图

（a）无 DNA 插入的对照质粒；（b）有 DNA 插入的质粒；（c）含有与编码 APCH1 或 sHA 的 ORF 融合 DNA 结构的质粒；（d）含有与编码 Ub 的 ORF 融合 DNA 结构的质粒；（e）含有与编码 Ub 和 APCH1 或 sHA 的 ORF 融合 DNA 结构的质粒。质粒在特有的 NotI 克隆位点中包含相应的 ORF，以及 Kozak 序列和起始 AUG 起始密码子以实现最佳转录，在其 3′ 中包含 1 个 BglII 特异性酶切位点，用于下游目标片段的筛选培养，这里我们通常使用含有适当抗生素的 LB 培养基。

致　谢

本工作是在西班牙政府项目的资助下完成的（项目编号为 AGL2010-22229-C03-01）。

参考文献

[1]　Tang DC, De Vit M, Parker JJ. 1992. Genetic immunization is a simple method for eliciting an immune response. Nature, 356：152-154.

[2]　Klinman DK, Sechler JMG, Conover J, et al. 1998. Contribution of cells at the site of DNA

vaccination to the generation of antigen–specific immunity and memory. J Immunol, 160：2388–2392.

[3] Evensen , Leong JAC. 2013. DNA vaccines against viral diseases of farmed fish. Fish Shellfish Immunol, 35：1751–1758.

[4] Ledgerwood JE, Pierson TC, Hubka SA, et al. 2013. A West Nile virus DNA vaccine utilizing a modified promoter induces neutralizing antibody in younger and older healthy adults in a phase I clinical trial. J Infect Dis, 2011：1396–1404.

[5] Babiuk S, van Drunen Little-van der Hurk and Babiuk LA, 2006. Delivery of DNA vaccines Using Electroporation. DNA Vaccines. Methods and protocols, 2nd edn. In：Saltzman WM, Shen H, Brandsma JL. Methods in Molecular Medicine. Totowa, NJ：Humana, p. 127.

[6] Ganges L, Barrera M, Nu-ez JI, et al. 2005. A DNA vaccine expressing the E2 protein of classical swine fever virus elicits T cell responses that can prime for rapid antibody production and confer total protection upon viral challenge. Vaccine, 23：3741–3752.

[7] Argilaguet JM, Perez-Martin E, Gallardo C, et al. 2011. Enhancing DNA immunization by targeting ASFV antigens to SLA-II bearing cells. Vaccine, 29：5379–5385.

[8] Gregoriadis G, Bacon A, Caparros–Wanderley W, et al. 2002. A role for liposomes in genetic vaccination. Vaccine, 20：B1–B9.

[9] Liu J, Wu J, Wang B, et al. 2014. Oral vaccination with a liposome–encapsulated influenza DNA vaccine protects mice against respiratory challenge infection. J Med Virol, 86：886–894.

[10] Haynes JR, McCabe DE, Swain WF, et al. 1996. Particle–mediated nucleic acid immunization. J Biotechnol, 44：37–42.

[11] Fuller DH, Loudon P, Schmaljohn C. 2006. Preclinical and clinical progress of particle-mediated DNA vaccines for infectious diseases. Methods, 40：86–97.

[12] Saade F, Petrovsky N. 2012. Technologies for enhanced efficacy of DNA vaccines. Expert Rev Vaccines, 11：189–209.

[13] Prud'homme GJ, Draghia–Akli R, Wang Q. 2007. Plasmid–based gene therapy of diabetes mellitus. Gene Ther, 14：553–564.

[14] Li K, Gao H, Gao L, et al. 2013. Adjuvant effects of interleukin-18 in DNA vaccination against infectious bursal disease virus in chickens. Vaccine, 31：1799–1805.

[15] Tian DY, Sun Y, Waib SF, et al. 2012. Enhancement of the immunogenicity of an alphavirus replicon-based DNA vaccine against classical swine fever by electroporation and coinjection with a plasmid expressing porcine interleukin 2. Vaccine, 30：3587–3594.

[16] Barry MA, Howell DP, Andersson HA, et al. 2004. Expression library immunization to discover and improve vaccine antigens. Immunol Rev, 199：68–83.

[17] Boyle JS, Brady JL, Lew AM. 1998. Enhanced responses to a DNA vaccine encoding a fusion antigen that is directed to sites of immune induction. Nature, 392：408–411.

[18] Gil F, Perez-Filgueira M, Barderas MG, et al. 2011. Targeting antigens to an invariant epitope of the MHC Class II DR molecule potentiates the immune response to subunit vaccines. Virus Res, 155：55–60.

[19] Borrego B, Argilaguet JM, Perez-Martin E, et al. 2011. A DNA vaccine encoding foot-and–mouth disease virus B and T-cell epitopes targeted to class II swine leukocyte antigens protects pigs against viral challenge. Antiviral Res, 92：359–363.

[20] Borca MV, Kutish GF, Afonso CL, et al. 1994. An African swine fever virus gene with similarity to the T-lymphocyte surface antigen CD2 mediates hemadsorption. Virology, 199：463–468.

[21] Argilaguet JM, Perez-Martin E, Nofrarias M, et al. 2012. DNA vaccination partially protects against African swine fever virus lethal challenge in the absence of antibodies. PLoS One 7, e40942.

[22] Alvarez B, Poderoso T, Alonso F, et al. 2013. Antigen targeting to APC：from mice to veterinary species. Dev Comp Immunol, 41：153–163.

[23] Poderoso T, Martinez P, Alvarez B, et al. 2011. Delivery of antigen to syaloadhesin or CD163 improves the specific immune response in pigs. Vaccine, 29：4813–4820.

[24] Oura CA, Denyer MS, Takamatsu H, et al. 2005. In vivo depletion of CD8+ T lymphocytes abrogates protective immunity to African swine fever virus. J Gen Virol, 86：2445–2450.

[25] Rodríguez F, Zhang J, Whitton JL. 1997. DNA immunization：ubiquitination of a viral protein enhances cytotoxic T-lymphocyte induction and antiviral protection but abrogates antibody induction. J Virol, 71：8497–8503.

[26] Gravier R, Dory R, Rodríguez F, et al. 2007. Immune and protective abilities of ubiquitinated and non-ubiquitinated pseudorabies virus glycoproteins. Acta Virol, 51：35–45.

[27] Rodríguez F, Whitton JL. 2000. Enhancing DNA immunization. Virology, 268：233–238.

[28] Lacasta A, Ballester M, Monteagudo PL, et al. 2014. Expression library immunization can confer protection against African swine fever virus lethal challenge. J Virol, 88(22)：13322–13332.

[29] Gurunathan S, Klinman DM, Seder RA. 2000. DNA vaccines：immunology, application, and optimization. Annu Rev Immunol, 18：927–974.

[30] Krieg AM. 2002. CpG motifs in bacterial DNA and their immune effects. Annu Rev Immu-

nol, 20：709-760.

[31] Kutzler MA, Weiner DB, 2008. DNA vaccines：ready for prime time? Nat Rev Genet, 9：776-788.

[32] van Rooija EMA, Rijsewijkb FAM, Moonen-Leusena HW, et al. 2010. Comparison of different prime-boost regimes with DNA and recombinant Orf virus based vaccines expressing glycoprotein D of pseudorabies virus in pigs. Vaccine, 28：1808-1813.

[33] Jalah R, Kulkarni V, Patel V, et al. 2014. DNA and protein co-immunization improves the magnitude and longevity of humoral immune responses in macaques. PLoS One, 9：e91550.

[34] Vasan S, Hurley A, Schlesinger SJ, et al. 2011. In vivo electroporation enhances the immunogenicity of an HIV-1 DNA vaccine candidate in healthy volunteers. PLoS One, 6：e19252.

[35] Palma P, Romiti ML, Montesano C, et al. 2013. Therapeutic DNA vaccination of vertically HIV-infected children：report of the first pediatric randomised trial (PEDVAC). Plos One, 8：e79957.

[36] Lorenzo G, Martín-Folgar R, Rodríguez F, et al. 2008. Priming with DNA plasmids encoding the nucleocapsid protein and glyco-protein precursors from Rift Valley fever virus accelerates the immune responses induced by an attenuated vaccine in sheep. Vaccine, 2008(26)：5255-5262.

[37] Lu S. 2009. Heterologous prime-boost vaccination. Curr Opin Immunol, 21：346-351.

第五章　新型兽用疫苗佐剂和免疫调节剂

Peter M.H. Heegaard, Yongxiang Fang, Gregers Jungersen

摘　要：佐剂对疫苗的效力至关重要，尤其是亚单位疫苗和重组疫苗。随着我们对先天和适应性免疫激活越来越了解，基于知识和分子特征的佐剂，可用于靶向指导和增强疫苗抗原等特定类型的宿主免疫应答，使合理设计疫苗变成现实。这将使未来的疫苗能够在适当的机体部位（包括黏膜表面）诱导具有足够特异性的免疫反应，从而起到保护作用并能够再次激活免疫效应机制。本章中，我们描述了这些新的发展，并在可能的情况下，将新的免疫学知识与多年使用传统经验佐剂的经验联系起来。最后，给出了乳化液（油基）和脂质体基佐剂／抗原制剂的生产流程。

关键词：佐剂；免疫调节剂；天然免疫系统；疫苗接种；保护性免疫反应

1　前　言

佐剂是非特异性免疫增强剂，当与抗原一起注射或预先注入机体时，可增强机体对抗原的免疫应答或改变免疫应答类型。通常佐剂通过"组织"工作，例如聚集或封装抗原，从而增强其免疫原性。简而言之，佐剂增加了疫苗的效力。

免疫学的基本原理之一是，一种物质要引起免疫反应，即要成为免疫原性物质，那它必须被生物体识别为"外来的"（非自我的）物质。然而，非自体物质并不总是诱导免疫反应，而有时免疫系统也会对"自体"分子产生反应。具有极低免疫原性的非自身分子的物质包括小到中等大小的肽，即使包含非自身序列或皮下或静脉给药，这些肽也不会引起或仅引起非常微弱的免疫反应。例如，数十年来，猪胰岛素一直被用于治疗人类1型糖尿病。方法是，在患者生命的数年里，通过频繁的肌内注射，使患者的免疫激活出现一些小问题，延伸到许多其他的小分子量到中等分子量的"非自体"药物中也观察到了这种现象。另外，如果自身分子具有一定的分子大小，并且通过重复给药方案在最佳浓度窗口中通过免疫原途径（例如皮下注射）引入，则其可完全具有免疫原性，而且如果同时通过联合注射佐剂（见下文）给药，这种"自身免疫原性"会增加更多。即使在没有佐剂的情况下，也会观察到某些基于自身序列的肽类药物，特别是当这些药物自身聚集时，会引起不必要的免疫刺激。

免疫系统发挥作用的一个重要因素是，免疫系统需要感知"危险"，才能完全采取行动。这可以通过几种方式发生：一种是先天免疫细胞立即识别病原体相关分子模式（PAMPs）[1] 结构外源信号；另一种是通过识别受损或扰动的组织 / 细胞释放的内源性分子（危险信号、组织因子），然后激活免疫系统 [2, 3]。

在佐剂中，这种免疫系统诱导信号或策略可显著增强对共同注射抗原的免疫反应。通过促进抗原递呈，增强抗原递呈细胞的吸收，并将其运输到淋巴结，同时直接或通过诱导宿主细胞中的这些激活信号，佐剂能够使疫苗诱导最佳的初始免疫激活，从而有效地提高免疫活性。对随后的适应性抗原特异性免疫反应。因此，佐剂的刺激活性由先天免疫系统介导，完全独立于抗原特异性。图 5-1 为佐剂对小鼠抗 21 个氨基酸肽的免疫反应的影响示例。加入佐剂后，可显著提高二次注射后的血清抗体反应，使其达到最高水平，而不使用佐剂的抗体诱导能力则可忽略不计。

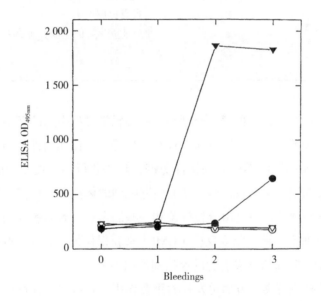

图 5-1　只使用肽（腹腔注射，黑圈）和使用相同肽与弗氏不完全佐剂（FIA，见下文）
皮下注射（S.C.）（黑三角形）的免疫效果比较

所用的肽是来自疟疾红细胞结合蛋白 -175 的 21 个氨基酸的合成肽，将其与 1 个小肽载体结合而成。雌性 6~8 周龄的 C57BL × BALB/C 小鼠（每组 4 只）在第 0 天、第 21 天和第 49 天用 16 μg 肽构建物在 100 μL 中进行免疫。第一次免疫使用完全佐剂和第二次免疫使用的是不完全佐剂。免疫前将佐剂 1+1（V/V）与肽混合（见方案）。在第 1d、12d、33d 和 61d 从尾静脉采集血样。在酶联免疫吸附试验中，以卵轻蛋白结合的肽为包被抗原，按 1 μg/mL 包被 ELISA 板（包被液为 0.1 mol/L 碳酸盐缓冲，pH 值 =9.6），检测 100 倍稀释的抗血清（血清稀释液配方为 0.5 mol/L NaCl，3 mmol/L KCl，1 mmol/L KH_2PO_4，8 mmol/L Na_2HPO_4，1 % Triton X-100，15 mmol/L BSA）。开放符号表示用无关肽免疫的对照组。

理想的佐剂应具有有效、无毒（或具有低毒性和可接受的毒性）、稳定、成分明确、通用、廉价等特性，并且对免疫系统有明确的靶向作用，能够帮助疫苗到达其靶标（表5-1）。对大多数疫苗而言，目的是获得快速、持久和完全的预防特定传染源引起疾病的保护。这意味着疫苗除了能诱导免疫外，还必须具有适当的特异性和能够诱导免疫记忆（这是疫苗的特点），从而诱导免疫性保护。

表 5-1　佐剂的益处与风险

益处	风险
加速免疫反应	提高疫苗的副反应性：
延长免疫反应	局部副作用、全身效应
免疫反应多样化	非特异性免疫激活：
聚焦免疫反应（抗体与 CMI，Th1/Th2）	免疫介导疾病
	炎症性疾病
	自身免疫疾病
提高抗体亲和力	难以建立良好的生物标志物来评价佐剂
改善长程免疫记忆	
减少抗原剂量	

然而，必须记住的是，一种感染类型与另一种感染类型引起的宿主反应之间具有很大差异，这与病原的种类有关[4]。这意味着针对一种感染，比如病毒感染的保护性免疫，相对于另一种感染，比如细菌感染的保护性免疫，是由获得性免疫系统的不同效应器完成的。疫苗可引发浆细胞产生长效抗体，从而引起强烈的体液免疫反应，因此可以通过接种疫苗有效地对抗某些感染。但是由分枝杆菌和一些病毒等引起的慢性细胞内感染，不容易被抗体控制，需要细胞介导的免疫反应（CMI）来获得保护。另外，强烈的 $CD8^+$ 细胞毒性 T 细胞反应对于预防细菌毒素引起的疾病则作用不大。

佐剂在控制免疫应答类型方面也发挥着重要作用，它可以选择性地直接促进先天免疫应答，从而激活获得性免疫应答。这意味着佐剂除了决定获得性免疫应答的大小外，还会对随后的获得性应答的类型（平衡）产生重大影响，即它主要由抗体或细胞介导的反应、$CD8^+$T 或 $CD4^+$T 细胞反应等控制。因此，在评估疫苗中佐剂的效力时，所测定的细胞介导免疫和体液免疫相关性的选择，必须反映哪种类型的免疫应答能够保护机体免受所述病原体的侵袭。在某些特定情况下，即使是短暂的直接先天免疫反应本身也可能是有益的，例如，在发病后接种疫苗的情况下，直接的先天免疫效应也有助于保护。这对于高度传染性的病毒性疾病也很有意义，因为在紧急情况下通常会使用疫苗来遏制疾病的立即暴发。佐剂在诱导有效的短程先天免疫反应中起着重要作用。例如，在口蹄疫病毒（FMDV）感染的小鼠模型中所示[5, 6]，即使使用最有效的疫苗，也需要几天的时间来产生特定的保护性免疫，而佐剂系统诱导的直接抗病毒 α 干扰素的产生能够提供快速保护。

　　抗原的许多基本物理化学特征与免疫原性相关，而与抗原特异性无关。这既可理解为抗原诱导免疫应答的能力，也可理解为所诱导的特定类型的免疫应答。许多佐剂仅仅通过影响抗原的免疫原性起作用，而抗原的大小可控制免疫原性。5 ku 以下的抗原很少有自身免疫原性。超过这个阈值，物质变得更具有免疫性，分子或聚集/颗粒大小也会影响所诱导的免疫应答类型，因为先天免疫系统处理抗原的方式因抗原大小的不同而不同；低于25 nm（单个蛋白质低于这个尺寸）的抗原直接被运输到淋巴结，在淋巴结中抗原由 B 细胞或驻留的树突状细胞完成递呈，而在 40~80 nm 的尺寸范围内的抗原（更大的蛋白质聚集物和病毒），由树突状细胞吸收抗原，抗原被活化，迁移到淋巴结，然后将抗原递呈给T 细胞[7]。200 nm 至 10 μm 范围的颗粒（细菌）可结合其他类型的抗原递呈细胞，最后，10 μm 以上的颗粒将停留在注射部位，然后可能会释放较小的颗粒或分子，从而反复触发免疫系统，这样就起了一种缓慢释放或储存效应的作用。因此，形成聚集物，或者在粒子内或粒子上的递呈以及聚合或寡聚通常会增加小分子的免疫原性。当聚集成 25 nm 以上的颗粒时，这些小分子更容易被抗原呈现细胞（如树突状细胞和巨噬细胞）识别和吸收。此外，抗原聚集通常会导致重复显示抗原表位和 PAMPs，确保分别提高抗原递呈细胞，如B 细胞和树突状细胞摄取效率。

　　具体来说，多肽的免疫原性至少会通过 3 种方式受到氨基酸序列的影响：第一，T 细胞结合线性肽基序（T 细胞表位）将确保辅助性 T 细胞的活化，使这些细胞能够帮助 B 细胞成为产生抗体的浆细胞。这些基序可以作为融合肽引入感兴趣的抗原，或者通过将抗原耦合到序列中含有一系列 T 细胞表位的蛋白质载体上。第二，一般来说，免疫细胞应该能够接触到抗原，以获得免疫原性，即它们应该是亲水的。此外，对于旨在对"母体"多肽序列诱导免疫反应的肽，亲水性多肽通常是天然折叠多肽分子的多肽链的表面暴露部分，这就增加了识别同源多肽抗原获得免疫反应的机会。有几种基于亲水性参数预测多肽序列内肽 B 细胞表位的算法[8]。第三，重复的基序会增加免疫原性（如上所述）。抗原的电荷也很重要；带负电荷的抗原通常比不带负电荷或带正电荷的抗原的免疫原性要低，这就意味着通过化学、酶或分子生物学方法去除负电荷或添加合适的离子偶联物可以提高抗原的免疫原性。

　　以下我们将介绍如何应用这些原理来使用佐剂提高抗原的免疫原性。

2　经典佐剂及其经验教训

　　20 世纪初发现并开发出了两种经典的佐剂类型，即弗氏佐剂[9]和铝盐佐剂[10]，其中弗氏佐剂又分为不完全佐剂和完全佐剂，分别简写为 FIA 和 FCA。

　　弗氏佐剂含有矿物油（石蜡油）、乳化剂（甘露醇单油酸酯、植物糖脂）成分，而弗氏完全佐剂（FCA）还含有灭活然后干燥的分枝杆菌成分。弗氏佐剂是一种所谓的乳状佐剂，与疫苗抗原的水溶液一起使用，在水溶液和弗氏佐剂剧烈混合后可形成稳定的油包水乳剂（见本章 6 技术方案）。产生的乳状液非常黏稠，呈白色外观，应足够稳定，可以通过液滴试验观察其稳定性，即将乳状液滴置于水溶液表面并观察其稳定性（见本章 6 技术方案）。乳状液的稳定性和黏度对该制剂的辅助活性至关重要。在稳定的乳状液中，水溶性疫苗抗原将存在于油相中的水相微滴（1~10 μm）中[11]。这些佐剂制剂最常用于皮下、腹膜内或肌内注射，一般情况下，FCA 仅可用于初始免疫注射，随后用 FIA 抗原乳剂进行后面的多次免疫注射。被杀死的分枝杆菌材料能够将抗原递呈细胞吸引并激活到注射部位（存在 PAMP 结构的作用），乳状液形成一个相当稳定的库，至少在注射部位停留几天[12]，缓慢地从其水相释放抗原，形成"库效应"。由于存在副反应，特别是在注射部位的反应，弗氏佐剂没有应用在人类疫苗中，但仍广泛用于实验室免疫（主要用于啮齿动物体内抗体的有效生产）。在兽医疫苗中使用了许多不同的乳剂，主要用于防止动物抵抗，并且不会影响动物生产或同伴动物福利的传染病。

佐剂常常会引起一些反应，如弗氏不完全佐剂会引起局部部位反应，尤其是弗氏完全佐剂引起的反应，包括炎症、形成肉芽肿，有时还有疼痛[12, 13]。另外，这些佐剂是已知最强大和最广泛激活的佐剂之一，可诱导 Th1（细胞介导免疫）和 Th2（抗体产生）类型的免疫反应[12]。所用的油由长链的混合物组成，并且已经证明，较短的碳氢链（<14 C）分子与较长的链分子相比，更能引起炎性反应，因此长链分子不能获得与较短链相同的免疫刺激；烃基长度从 16~20 似乎是最佳的有效诱导免疫而且引起的局部炎症在可接受的水平[14]。

用于水/油混合物中的表面活性剂的性质控制着液滴的形成；具有低亲水性/亲脂性平衡的表面活性剂倾向于在油相中溶解（形成反向微粒），因此在油相中可稳定液滴的形成，即形成油包水乳剂，反之亦然。乳状液的性质，包括液滴大小，可以通过包括额外的表面活性剂来微调，例如 MF59 混合佐剂，该混合佐剂是一种较新的水包油微流态乳液佐剂[15]。在这种佐剂中，在 Tween 80（水溶性）和 Span 85（油溶性）表面活性剂的帮助下，可在水相中形成非常小的油滴（如可生物降解的角鲨烯，<200 nm），从而形成非黏性乳白色乳状液，其中水相的抗原分子不与油相结合。水包油佐剂的主要作用机制是通过油相补充和激活抗原递呈细胞。与矿物油基乳液佐剂相比，这些类型的乳液佐剂在注射部位的不良反应显著减少，然而，通常认为水包油乳液的免疫刺激性低于油包水佐剂，而且诱导免疫期更短[11]。MF59 和其他以角鲨烯为基础的水包油乳剂佐剂（如 AS03）是目前批准用于人类疫苗（分别用于季节性和大流行性流感）的唯一乳液佐剂。

相比之下，铝盐佐剂（明矾）是在人类疫苗中获得许可使用的主要佐剂，铝盐佐剂也用于大量的兽医疫苗。与乳液型佐剂相比，铝盐佐剂具有更高的安全性，该佐剂已具有长期的人类使用历史[16]。它们可以基于氢氧化铝，也可以基于磷酸铝。Alhydrogel® 是氢氧化铝在水中的胶体悬浮液，是最常用的铝辅助剂类型之一。与强免疫激活乳剂型佐剂相比，铝盐佐剂不能显著诱导 Th1 或细胞介导的免疫激活，但它们是有效的 Th2 诱导剂，导致接种个体的抗体滴度高。慢释放 / 储存效应以及颗粒形成促进已被提出作为可能的机制，这些盐也已被证明在体外增强吞噬吸收。最近有证据表明，铝盐的辅助作用的分子基础表明，铝盐颗粒直接激活抗原递呈细胞的 NALP3 炎症小体，引发炎症反应，由激活的白细胞介素 -1β 介导。此外，死亡细胞释放的危险信号也可能有作用，因为铝盐已被证明能在体内诱导细胞坏死 [17]。关于铝基佐剂性能的详细说明已超出本章的范围，但是从 HEM 和 Hogenech[16] 那里可以找一篇优秀的文章进行阅读。

从这些经典（基于经验的）佐剂中吸取了经验教训，发现免疫原性依赖抗原 / 佐剂成分具有一些基本特征：免疫原性通过颗粒、抗原液滴或分子聚集体的形成而增强；膜活性化合物（双亲）经常激活免疫细胞，如抗原递呈细胞，也可能促进抗原摄取；某些佐剂可能出现"缓慢释放"效应，这意味着注射部位的抗原"库"可增强免疫刺激。

3　新型微粒载体系统 / 佐剂

形成佐剂颗粒的新类型包括脂质体、免疫刺激复合物（ISCOMs）、病毒样颗粒和合成（聚合物基）微球 [18]。除了通过形成与免疫相关大小、电荷和重复抗原展示（见上文）的颗粒来增强免疫原性外，在许多情况下，还可以修饰包括共刺激免疫调节剂分子，或具有辅助活性的分子或直接控制免疫活化的分子（细胞因子），以及具有其他功能的分子，例如针对特定细胞和组织进行修饰。免疫调节剂是对免疫系统有独立、持久作用的化合物，免疫调节剂不具有佐剂活性，而佐剂可能具有免疫调节活性。

脂质体是一种双层结构的脂质囊泡，脂质双分子层由包括磷脂和合成表面活性剂在内的多种双亲分子形成。脂质体是非常通用的抗原颗粒制剂平台，可以单分子或多分子的形式存在。脂质体已被研究多年，最初仅用于药物递送 [19]。许多设计产生的不同大小、流动性、膜组织和电荷的脂质体，可携带抗原或作为脂质体内水相的一部分，或嵌入或附着于脂质体表面，并与其他免疫刺激分子和 / 或靶向分子结合存在。基本上，脂质体在被抗原递呈细胞吸收之前起着抗原载体的作用，但是如果由免疫刺激脂质构成或包含免疫刺激脂质，脂质体本身也可能具有免疫刺激性，某些脂质体结构可能会促进特定的抗原递呈途径。阳离子脂质体比阴离子脂质体更容易被树突状细胞吸收和降解 [20, 21]。以二甲基二辛烷基季铵盐（dimethyldioctadecyl-ammonium salts，DDA）为例，它是亲脂的季铵化合物，在 40℃以上的水中形成阳离子脂质体，可非常有效地提高抗原递呈细胞对其所携带抗原的吸收。DDA、免疫调节剂［包括 TDB（trehalose-6, 6'-dibehenate，见下文）和单磷酸类脂 A（monophosphoryl lipid A，MPL，见下文）］组合产生的细胞介导的免疫反应，高于单独使用任一组分的细胞介导的免疫反应 [22]。说明这种脂质体系统 DDA 和另一种分枝杆菌免疫调节剂类似物的模块化方法具有可行性，其可将 MMG-1（monomycoloyl glycerol analog）与 TLR3 靶向病毒 PAMP poly I:C（见下文）结合到含有病毒和其他抗原的脂质体中，用于小鼠免疫接种。与 DDA/TDB 或 DDA/Poly I:C 脂质体相比，可使抗原特异性 CD8[+] 细胞毒性 T 细胞应答获得更好的刺激 [23]。很容易通过脂质体获得黏膜免疫 [24]，例如通过鼻内给药，而且脂质体通常是可生物降解的。

ISCOMs（免疫刺激复合物）是由植物源性皂素混合物植物皂苷、胆固醇和磷脂（如磷脂酰胆碱）与一种两亲性的典型病毒包膜源性蛋白质抗原 [25] 无辅助自聚集形成的。这样可聚集成笼状，形成病毒大小直径约 40 nm 的颗粒。最初被证明具有强大的免疫刺激活性，包括人们期待已久的诱导 CD8[+]T 细胞（细胞毒性 T 细胞）破坏病毒感染的细胞 [26] 的能力，因此它们已被病毒疫苗广泛研究。植物皂苷本身也能刺激 CD8[+] 对共同形成抗原的反应 [27]。最近，通过将含有预先制备的无抗原 ISCOMs（ISCOMatrix）[28] 的成分与抗原混合而生产疫苗的配方已经出现，这如同荷电修饰 ISCOMs（PosIntro）一样，加入阳离子胆固醇衍生物，使其更有效地与表面具有净负电荷的抗原递呈细胞相互作用 [29]。由于植物皂苷具有强烈的细胞毒性和溶血性，因此它的安全性成为了严重问题。而这又使鉴定并生产出了更纯的合成版本植物皂苷（QS21），研究者声称其具有较低的细胞毒性，但仍保持佐剂活性 [30]。植物皂苷被用于许多兽医疫苗，通常被指定为"皂苷"或基质 M（在获得许可的猫和狗的狂犬病疫苗中）。

同样，为了诱导有效的抗病毒免疫，病毒样颗粒（VLP）可以被定义为自组装病毒蛋白，形成无遗传物质的病毒空衣壳 [31]。VLP 是由基于分子生物学的方法开发和生产的，因此，它们很容易被修改，如在结构中加入 1 个或多个异源性抗原蛋白（前提是它们不会对 VLP 自组装产生不利影响）。由于其大小和表面抗原的重复出现 [31, 32]，因此可将 VLP 转变为具有增强刺激的普遍适用微粒抗原载体平台。而且，还可以很容易地引入序列缺失，使 VLP 可用于 DIVA（区分感染动物和免疫动物）的血清学方法检测。此外，VLP 可与其他佐剂混合，而且很显然他们可形成完全安全、高度有序的非复制性蛋白质聚集物。

聚合物微粒和纳米颗粒可以通过合成（例如聚乳酸乙醇酸聚合物，PLGA）来制造，也可以基于自然存在的聚合物，例如壳聚糖（脱乙酰化几丁质）、淀粉和海藻酸钠 [33] 来生产。所有这些聚合物都是可生物降解的，其中一些具有内在的调节特性（壳聚糖和海藻酸钠）。正如脂质体聚合物微粒和纳米颗粒在刺激黏膜免疫方面有着显著的优势一样，它不但可以通过鼻内给药，而且还可以通过肠外给药。对于某些种类的纳米颗粒，可以将其作为单分散制剂来制备。抗原可被颗粒包裹，通过非共价键吸附到其表面，或共价连接到其表面 [33]。

4 基于背景知识的佐剂和免疫调节剂设计

随着对先天性免疫刺激过程中发生的因素和相互作用的性质以及对获得性免疫反应的天然调控的了解越来越多，有可能定制佐剂系统以诱导获得保护所需的特定类型的免疫效应器反应。在疫苗佐剂组合物中实现这种靶向免疫刺激的最简单的方法：使用一种或多种已知控制适应性免疫反应类型的先天免疫因子，即内源性因子，如细胞因子或宿主组织衍生危险信号因子，或包括 PAMPs 或其片段。这一方法还有一个额外的好处，即易于与传统乳液基和铝佐剂的"组织"作用模式相结合。另一种方法是在单一佐剂成分中组合，如由铝盐和单磷酸脂质 A（MPL）组成的 AS04 佐剂（葛兰素史克公司产品），更多内容见下文。

本章中关于 PAMPs 及其天然免疫细胞受体以及效应的细节内容将不再描述；如果读者对这部分内容感兴趣，可参考 Guy[18] 和 De Veer 和 Meeusen[34] 发表的优秀综述。我们仅讨论最重要的几类 PAMPs。

病毒特异性核酸是一类与病毒相关的 PAMP，其形式可以是小分子合成的核苷基类似物，也可以是病毒 RNA 的合成模拟物。

合成的核酸包括 dsRNA 类似物和 ssRNA 类似物。前者如 poly I:C，后者如 poly U，他们分别与 TLR3 和 TLR7/8 结合，并诱导 IL-12 和 I 型干扰素，促进细胞毒性 T 细胞反应。此外，咪唑喹啉类，如 R848、咪喹莫特和加德咪喹莫特（均与 TLR7/8 结合）以及核碱基类似物，如 CL264（9-苄基-8-羟腺嘌呤类似物）和罗唑利宾（鸟苷类似物），均与 TLR7 单独结合，也导致 IL-12 和 I 型干扰素反应。因此，对于这类免疫激活的模拟 PAMP，它们需要与细胞内（内核质间隔）受体（TLR3、TLR7、TLR8）相互作用，这和含有寡脱氧核苷酸类的 CpG 需要与 TLR9 结合一样（见下文）。因此，使用两亲性核苷酸结合分子（例如阳离子磷脂）的配方通常会大大提高其活性[35]。

细菌细胞表面覆盖有免疫刺激性糖脂、脂肽和糖肽，它们都是两亲结构，很容易并入脂质体和其他两亲传递系统。最突出的分子包括革兰氏阴性脂多糖（LPS）、革兰氏阳性肽聚糖（在革兰氏阴性也中发现少量肽聚糖）和模仿细菌脂肽的 Pam3Cys。这些分子通过结合 TLR4（LPS）和 TLR2（肽聚糖和 Pam3Cys）激活免疫细胞。另外，一些细菌细胞壁 PAMP 具有细胞毒性，因此不能直接用作佐剂。然而，在某些情况下，佐剂活性可从毒性中分离出来，例如单磷酸类脂 A（MPL），它是一种截短的 TLR4 结合 Th1 诱导的脂多糖（LPS）衍生分子，其毒性比全分子小得多[36]。另一个例子是 TDB，它是一种无毒的免疫刺激类似物，也是细胞毒性很强的分枝杆菌细胞壁，成分为海藻糖 6,6 二聚体（"索状因子"）[37]。如上所述，用铝配制的 MPL 构成葛兰素史克佐剂 SA04，该佐剂已被批准用于针对疱疹和乙型肝炎病毒感染的人类疫苗中，作为含有 TLR 激动剂的第一种许可人类佐剂。另一个改良细菌 PAMP 的例子是胞壁二肽（MDP），它是具有（弱）免疫刺激活性的肽聚糖的最小片段，通过与细胞内 NOD2 受体的相互作用激活免疫细胞。有趣的是，研究表明，可以通过在多价载体（合成树枝状聚合物[38]）上对 MDP 的分子进行寡聚，从而使 MDP 的弱免疫刺激活性提高到完整的肽聚糖水平，从而提供了一条途径，使其成为完全合成、高效且明确免疫刺激活性的结构。

最后一类 PAMPs 主要由携带非甲基化 CPG 基序的寡脱氧核苷酸构成，这些基序是已知且最好的 Th1 诱导化合物（见图 5-2 中的 IL12P40 反应），因此可能在包括病毒的细胞内抗病原体的疫苗中有用。不同物种之间对 CpG 基序的序列需求存在许多的差异，这导致在第一个物种小鼠中的繁殖方面出现困难，而在包括牛[39]和猪[40]在内的其他物种中产生有希望的结果。除此之外，最重要的是，在非甲基化的 CpG 寡核苷酸的反应方面，在远交系种群中，个体之间似乎存在着相当大的差异[41]。含有寡脱氧核苷酸的 CpG 具有一个吸引人的特点，即当应用于黏膜表面[42]时，它们会刺激免疫反应；此外，它们很容易与含有细胞膜活性表面活性剂的佐剂结合，促进寡核苷酸进入细胞，并在细胞中与特定的内体受体 TLR9 相互作用。在许多实验中，CpG 寡核苷酸能够诱导对感染的快速、短暂的抗感染活性增加，包括在小鼠模型[6]中诱导对 FMDV 的抗病毒活性增强。

在图 5-2 中的一些示例，显示了 PAMPs 诱导已知的特异性细胞因子介导不同类型免疫反应的能力（图 5-2a、b）。在猪外周血单核细胞（PBMC）培养物中加入各种 PAMPs 和 PAMP 类似物，培养 24 h 后，分析猪干扰素 α（指示抗病毒 Th1 型反应）和 IL-6（指示更多 Th2/Th17 样反应）以及 IL-12p40（指示 Th1 型反应）。显而易见（图 5-2a），病毒 PAMP 模拟物 polyU/LyoVec™、poly I:C 和 CL264 主要诱导干扰素 α，但很少诱导 IL-6，而细菌 PAMP 脂质多糖（LPS）则只诱导 IL-6 而不诱导干扰素 α。在图 5-2b 中的独立实验中，D 型 CpG 寡核苷酸可诱导 IL-12p40，而其 CpG 序列逆转为 GPC 的相同寡核苷酸则丧失所有 IL-12p40 诱导能力；而且任何一种寡核苷酸均不诱导 IL-6。CPG 诱导 IL-12p40 的效果优于细菌 PAMPS-LPS、肽聚糖和 $Pam_3CysSerLys_4$ 以及病毒 PAMP 相关

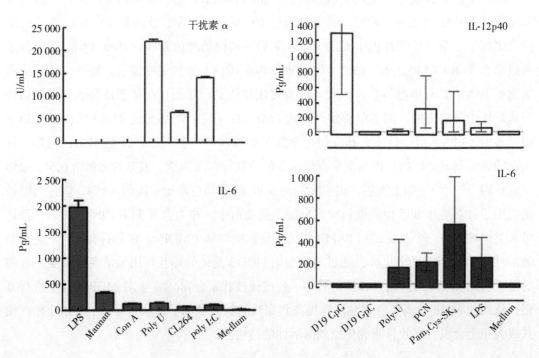

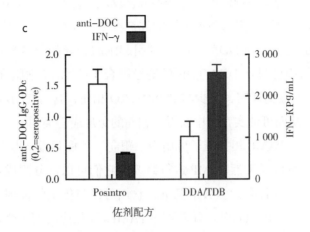

图 5-2　不同佐剂效果分析

（a）用天然刺激剂刀豆球蛋白 A、酵母甘露聚糖和细菌脂多糖（LPS））以及合成的 Toll 样受体激动剂 polyU/LyoVec™（ssRNA，为阳离子磷脂转化剂 LyoVec™，是 TLR 7/8 激动剂）、CL264（9- 苄基 -8- 羟基腺嘌呤类似物，TLR 7 选择性激动剂）以及 poly I:C(LMW)（dsRNA 类似物，为 TLR 3 激动剂）孵育猪 PBMC。用酶联免疫吸附法分析细胞培养上清液中 IFN- α 和白细胞介素 6 的含量。图中显示了一只动物细胞中典型的反应。（b）用合成 Toll 样受体激动剂刺激的猪 PBMCs ; D19-CpG（含有二核苷酸基序 CpG 的非甲基化寡核苷酸，为 TLR9 激动剂）、D19-GpC（与 D19-CpG 相似，但二核苷酸基序相反）、poly U（TLR7/8 激动剂）、PGN（肽聚糖、革兰氏阳性的 PAMP，是 TLR 2 的主要受体）和 Pam₃CysSK₄（TLR1/2 激动剂），以及天然物质细菌脂多糖（LPS）和肽聚糖（PGN）。采用酶联免疫吸附试验（ELISA）对细胞培养上清液中的 IL-12p40 和 IL-6 进行了分析。6 头猪的平均值和范围显示（c），疫苗中含有 300 μg/ 剂从猪支原体中提取的脱氧胆酸盐（DOC）膜蛋白，并用含有 200 μg Quil A 皂苷或 DDA/TDB（CAF01）的 POSINTRO (ISCOM) 配制，用于给两组猪免疫接种，每组 3 头。白色柱标示抗 DOC 抗原的抗体水平，黑色柱标示的是细胞介导的对 DOC 抗原的免疫，用全血 IFN- γ 释放试验，通过单克隆 ELISA 测定猪第二次接种后 14 d IFN- γ 水平[49]。

的 polyU。在这个特殊的实验中，所有的细菌 PAMPs 和 polyU 都诱导了 IL-6。这些数据表明，细菌、病毒和未经甲基化的 CPG 型 PAMPs 分别在猪单核细胞中诱导非相似的细胞因子反应。其中，细菌结构诱导 IL-6，在某种程度上诱导 IL-12，但没有诱导干扰素 α，即混合诱导 Th2/Th17 型反应与部分 Th1，而病毒 PAMP 模拟物可诱导全部的干扰素 α 和很少的 IL-6 细胞因子抗病毒反应。最后，非甲基化 CPG 诱导 IL-12p40 和干扰素 α（此处未显示后者，具体详见 Sørensen 等发表的文章[43]），而不诱导 IL-6，即仅诱导 Th1 反应。关于这方面的研究表明，猪上获得的结论与为与之前实验室啮齿动物报告中的结论一致[44]。

图 5-2c 展示了如何通过选择不同的佐剂来改变疫苗诱导免疫反应的平衡。用相同的猪舌状支原体（可引起猪跛行）抗原提取物免疫两组猪。使用 POSINTRO 佐剂或 CAF01 佐剂作为猪舌状支原体抗原提取物的佐剂，其中 POSINTRO 佐剂为带正电的 ISCOM 样基质，而 CAF01 佐剂为一种真菌细菌 PAMP 模拟物，由脂质体形成两亲性 DDA，含有

TDB，见上文。尽管这两种佐剂都能诱导混合反应，但在抗体反应的一侧与细胞介导免疫（干扰素 γ）反应的另一侧与两种不同的佐剂类型之间存在明显的平衡：POSINTRO 佐剂引起抗体为主的反应，而 DDA/TDB 佐剂引起细胞介导的免疫反应的增加和抗体反应减弱。之前在小鼠中已显示 DDA/TDB 可诱导混合 Th1/Th17 细胞介导免疫应答 [20, 45]，而图 5-2c 中所示的数据证实，至少与 POSINTRO 相比，含有 TDB 的佐剂可引起细胞介导免疫应答增加，从而可证实在猪中获得了相同的免疫应答类型。

总之，有大量 PAMP 相关分子可用于"靶向"免疫刺激，即诱导特定免疫反应类型。为了减少毒性，可以对天然 PAMP 进行修改，它们可以被分割成最小的结构，以降低合成和分析的难度，并且在大多数情况下，它们可以与传统的佐剂（乳液、铝盐和载体系统）结合使用而不会出现问题。随着更多 PAMPs 和相应的宿主受体以及内源性免疫刺激因子（"危险信号"）的发现，所有这些佐剂都可能有助于突破免疫反应类型的瓶颈，要获得良好的保护和有特定感染的记忆，结合使用这些佐剂成为有限的先天免疫机制中最佳的选择。

5　讨论与结论：佐剂的需求与审批障碍

尽管新的佐剂特别是诱导良好细胞介导免疫反应的佐剂需求不断，但广泛使用的新许可佐剂的开发通常很缓慢。一部分原因是疫苗注册时，抗原和佐剂组合为一个整体进行注册，如其中抗原或佐剂发生替代就需要一个新的注册过程；另一部分原因是佐剂和疫苗是一种免疫激活剂，常伴有急性注射部位不良反应和系统性不良反应，以及长期并发症的固有风险。但在大量健康畜群中使用时，这些风险都是不可接受的 [13, 46]。此外，如上面的例子所示，尽管在不同的物种间，天然免疫激活通常是相当保守的，但存在的差异 [44]，除了在短期动物模型中确定保护性免疫的正确免疫激活标记物的影响外，还会使进行安全测试时选择正确的临床前动物模型成为一个挑战。

如上所述，佐剂的免疫刺激作用是通过与抗原的"组织"形成聚集物、颗粒、乳状液滴等相关的各种机制实现的，通过两相系统（乳状液或铝凝胶）或更精细的自组织结构（脂质体、VLP、ISCOMs、纳米粒子等）与抗原结合。此外，佐剂可包含或多或少选择性地直接刺激先天免疫反应的物质，或者可使用内源性控制分子（如细胞因子）或使用病原体相关分子发出信号并激活先天免疫系统。最后，佐剂中存在的两亲性分子可以激活先天免疫细胞，并通过与细胞膜相互作用促进抗原的摄取。现在我们已经详细了解了许多机制，这就使定制设计分子定义的佐剂成为可能，原则上可以控制诱导的先天免疫的激活，从而获得所需的适应性免疫反应类型，这样就可以提供最佳保护和记忆的获得性免疫反应，从而靶向感染得到最佳的保护。此外，可优化疫苗制剂，成为可通过黏膜给药，或成为给药后能够延迟和持续释放的抗原药。

以目前的知识为基础的疫苗合理设计和量身定制佐剂的开发及他们的组合，将使未来几代疫苗不仅能够诱导保护性免疫特异性，而且能够控制包括黏膜表面在内的适当机体部位内保护性和可重复性免疫效应的发展。

6　技术方案：蛋白抗原佐剂

（1）弗氏完全佐剂（购自 Difco 公司，底特律，密歇根州，美国）。

（2）弗氏不完全佐剂（购自 Difco 公司，底特律，密歇根州，美国）。

（3）Montanide ISA 佐剂（购自 SEPPIC 公司，巴黎，法国）。

（4）阳离子佐剂配方 1（CAF01，购自 SSI 公司，哥本哈根，丹麦）。

（5）Maxisorp 酶标板（购自 Nunc，Thermo Scientific 公司）。

（6）刀豆蛋白 A（购自 Sigma Aldrich 公司，圣路易斯，密苏里州，美国）。

（7）酵母甘露聚糖（购自 Sigma Aldrich 公司，圣路易斯，密苏里州，美国）。

（8）LPS（来自鼠伤寒沙门氏菌，购自 Sigma Aldrich 公司，圣路易斯，密苏里州，美国）。

（9）polyU/LyoVec™（购自 Invivogen 公司，图卢兹，法国）。

（10）polyU（购自 Sigma Aldrich 公司，圣路易斯，密苏里州，美国）。

（11）CL264（购自 Invivogen 公司，图卢兹，法国）。

（12）poly I:C（购自 Invivogen 公司，图卢兹，法国）。

（13）D19 CpG（序列为 5′-ggTGCATCGATGCAGggggg-3′，其中小写的碱基经硫代磷酸酯化修饰，购自 DNA Technology 公司，丹麦）。

（14）D19 GpC（序列为 5′-ggTGCATGCATGCAGggggg-3′，其中小写的碱基为硫代磷酸酯化修饰，购自 DNA Technology 公司，丹麦）。

（15）肽聚糖（PGN）（来源于金黄色葡萄球菌，购自 Fluka 公司，布赫，瑞士）。

（16）Pam3CysSK4（购自 EMC microcollections 公司，Tübingen，德国）。

（17）POSINTRO（ISCOM）（购自 Nordic Vaccine 公司，哥本哈根，丹麦）。

（18）猪干扰素 -α ELISA[43]。

（19）猪 IL-6 ELISA 试剂盒（购自 R&D Systems 公司，阿宾顿，英国）。

（20）猪 IL-12p40 ELISA 试剂盒（购自 R&D Systems 公司，阿宾顿，英国）。

7　方　法

7.1　油包水乳剂的制备

使用弗氏不完全佐剂、FIA（购自 Sigma Aldrich 公司）或类似物，如大多数 Montanide ISA（不完全 Seppic 佐剂）和 VG 佐剂（购自 Seppic 公司）制备抗原水包油（W/O）乳剂。将规定体积的抗原和佐剂充分混合形成稳定的乳剂，抗原最好是在盐水中溶解。一般抗原和佐剂使用相同的体积，但对于某些 ISA 产品，可能有所不同。通常可以通过选用以下 3 种制备方法来混合 [47, 48]。

（1）在离心管中高速振荡至少 30 min（<1~1.5 mL 最终体积）。

（2）注射器挤压装置，将佐剂吸入 1 个注射器，将抗原吸入另 1 个注射器。注射器与无空气的 I 型接头相连，2 种液体通过在 2 个注射器之间来回推动溶液而乳化。第一个循环将整个溶液通过连接器从一个容器推到另一个容器，然后返回。前 20 个循环操作缓慢，之后 60 个循环操作尽可能快（最终体积为 5~20 mL）。

（3）在工业上，油包水（W/O）型乳剂通常使用高速匀浆设备进行，但也可以使用适当的设备和无菌匀浆枪尖在较小规模下进行混匀（较大体积）。

无论采用何种方法，都必须通过水滴试验来测试是否已经混合好了。通过该试验，将疫苗液滴在烧杯里的水面上，如果得到了合适的乳液，疫苗液应保持其形状，而不能分散在表面。如果疫苗液扩散到水表面上，则说明乳液不稳定，注射后抗原会在水环境中从佐剂中分散。这种情况下，必须延长 / 重复混合时间。

7.2　水包油包水双乳剂的制备

将抗原通过 Montanide ISA VG201 佐剂（购自 SEPPIC 公司）制备水包油包水（W/O/W）型乳剂：

要获得均匀稳定的（W/O/W）双乳剂，控制温度和混合时间对佐剂与水性抗原的混合过程至关重要。对于 ISA 201 VG 佐剂而言，SEPPIC 公司产品说明书建议在烧杯中搅拌混匀，也可以使用具有适当磁铁形状的磁力搅拌器进行混匀。

（1）在无菌条件下，准备等量的佐剂和水相抗原。

（2）在水浴中将两种制剂加热至 31℃ ±1℃。

（3）将佐剂与推进器 / 磁铁一起放入烧杯中，并将搅拌器设置为 350 r/min。

（4）缓慢（超过几秒钟）将水相添加到佐剂中并继续搅拌 5 min。

（5）停止搅拌，让乳液在室温（21℃）下静置 1 h。

（6）疫苗制剂可以随时使用，也可以保存在冰箱中，保存到第二天。

制备合适的佐剂和抗原乳剂会比较稳定，在冷藏过程中不会分离成水相和油相。稳定性试验应在 4℃、21℃和 37℃的温度下进行。虽然乳化疫苗通常在 4℃的温度下储存，但 37℃的温度下的稳定性试验可加速评估乳化作用，至少 1 个月内不应观察到分离。从生物学角度来看，37℃稳定性试验也反映了疫苗注射后的稳定性，如上文所述，注射部位的抗原保留是许多油乳化疫苗的一个重要参数。

7.3　脂质体阳离子佐剂制剂

阳离子佐剂制剂 1 号（CAF01，购自 Statens 血清研究所，SSI，哥本哈根）由二甲基二辛酯基季铵（DDA）脂质体组成，该脂质体含有海藻糖 6,6′ - 二苯甲酸（TDB）作为脂质体稳定免疫增强剂，在水环境中，DDA 可与 TDB 自组装混合。当温度高于 DDA 的相变温度（约 47℃）时，可将 TDB 整合到 DDA 双层脂质膜的脂质体中[20]。这些 CAF01 脂质体在长时间内稳定，而且室温下，在水溶液中混合时容易吸收重组蛋白。

（1）在无菌条件下，准备等量的 CAF01 佐剂和水相抗原，将抗原溶于 10 mmol/L Tris–HCl（pH 值 =7.4）中。两种制剂在混合前均应保持室温。

（2）将水相抗原加入佐剂中，室温下轻轻搅拌。

（3）让乳液在室温（21℃）下静置 30 min。

致　谢

本工作得到了 EU Network of Excellence，EPIZONE 项目（No.FOOD-CT- 2006-016236）的支持。感谢丹麦理工大学国家兽医研究所（National Veterinary Institute，Technical University of Denmark）Nanna Skall Sørensen 博士允许使用未发表的数据（图 5–2b）。

参考文献

[1]　Janeway CA Jr. 1989. Approaching the asymptote? Evolution and revolution in immunology. Cold Spring Harb Symp Quant Biol，54，(Pt 1)：1–13.

[2]　Matzinger P. 1998. An innate sense of danger. Semin Immunol，10：399–415.

[3]　Nace G，Evankovich J，Eid R，et al. 2012. Dendritic cells and damage-associated molecular patterns：endogenous danger signals linking innate and adaptive immunity. J Innate Immun，4：6–15.

[4]　Thakur A，Pedersen LE，Jungersen G .2012. Immune markers and correlates of protection for vaccine induced immune responses. Vaccine，30：4907–4920

[5]　Mason PW，Chinsangaram J，Moraes MP，et al. 2003. Engineering better vaccines for foot-and-mouth disease. Dev Biol (Basel)，114：79–88.

[6]　Kamstrup S，Frimann TH，Barfoed AM. 2006. Protection of Balb/c mice against infection with FMDV by immunostimulation with CpG oligonucleotides. Antiviral Res，72：42–48.

[7]　Smith DM，Simon JK，Baker JR Jr.，2013. Applications of nanotechnology for immunology. Nat Rev Immunol，13：592–605.

[8]　Van Regenmortel MH，Daney de Marcillac G. 1988. An assessment of prediction methods for locating continuous epitopes in proteins. Immunol Lett，17：95–107.

[9]　Freund J，Thomson KJ，Hough HB，et al. 1948. Antibody formation and sensitization with the aid of adjuvants. J Immunol，60：383–398.

[10] Glenny AT, Pope CG, Waddington H, et al. 1926. The antigenic value of toxoid precipitated by potassium alum. J Pathol Bacteriol, 29 : 31–40.

[11] Aucouturier J, Dupuis L, Ganne V. 2001. Adjuvants designed for veterinary and human vaccines. Vaccine, 19 : 2666–2672.

[12] Stills HF Jr. 2005. Adjuvants and antibody production : dispelling the myths associated with Freund's complete and other adjuvants. ILAR J, 46 : 280–293.

[13] Lindblad EB. 2007. Safety evaluation of vac-cine adjuvants. In : Singh M (ed) Vaccine adjuvants and delivery systems. Wiley Interscience, Hoboken, NJ, pp 421–444.

[14] Stewart-Tull DES, Shimono T, Kotani S, et al. 1976. Immunosuppressive effect in myco-bacterial adjuvant emulsions of mineral oils containing low molecular weight hydrocarbons. Int Archs Allergy Appl Immunol, 52 : 118–128.

[15] O'Hagan DT, Singh M. 2007. MF59 : a safe and potent oil-in-water emulsion adjuvant. In : Singh M (ed) Vaccine adjuvants and delivery systems. Wiley Interscience, Hoboken, NJ, pp 115–129.

[16] Hem SL, Hogen EH. 2007 Aluminum-containing adjuvants : properties, formulation, and use. In : Singh M (ed) Vaccine adjuvants and delivery systems. Hoboken, NJ : Wiley Interscience, pp. 81–114.

[17] Oleszycka E, Lavelle EC. 2014. Immunomodulatory properties of the vaccine adjuvant alum. Curr Opin Immunol, 28 : 1–5.

[18] Guy B. 2007. The perfect mix : recent progress in adjuvant research. Nat Rev Microbiol, 5 : 505–517.

[19] Gregoriadis G. 1995. Engineering liposomes for drug delivery : progress and problems. Trends Biotechnol, 13 : 527–537.

[20] Christensen D, Agger EM, Andreasen LV, et al. 2009. Liposome-based cationic adjuvant formulations (CAF) : past, present, and future. J Liposome Res, 19 : 2–11.

[21] Korsholm KS, Andersen PL, Christensen D. 2011. Cationic liposomal vaccine adjuvants in animal challenge models : overview and current clinical status. Expert Rev Vaccines, 11 : 561–577.

[22] Milicic A, Kaur R, Reyes-Sandoval A, et al. 2012. Small cationic DDA : TDB liposomes as protein vaccine adjuvants obviate the need for TLR agonists in inducing cellular and humoral responses. PLoS One 7, e34255.

[23] Korsholm KS, Hansen J, Karlsen K, et al. 2014. Induction of CD8+ T-cell responses against subunit antigens by the novel cationic liposomal CAF09 adjuvant. Vaccine, 32 : 3927–3935.

[24] Christensen D, Foged C, Rosenkrands I, et al. 2010. CAF01 liposomes as a mucosal vaccine adjuvant：in vitro and in vivo investigations. Int J Pharm, 390：19–24.

[25] Sun HX, Xie Y, Ye YP. 2009. ISCOMs and ISCOMATRIX. Vaccine, 27：4388–4401.

[26] Morein B, Sundquist B, Höglund S, et al. 1984. Iscom, a novel structure for antigenic presentation of membrane proteins from enveloped viruses. Nature, 308：457–460.

[27] Stittelaar KJ, Boes J, Kersten GF, et al. 2000. In vivo antibody response and in vitro CTL activation induced by selected measles vaccine candidates, prepared with purified Quil A components. Vaccine, 18：2482–2493.

[28] Magnusson SE, Reimer JM, Karlsson KH, et al. 2013. Immune enhancing properties of the novel Matrix-M™ adjuvant leads to potentiated immune responses to an influenza vaccine in mice. Vaccine, 31：1725–1733.

[29] Madsen HB, Arboe-Andersen HM, Rozlosnik N, et al. 2010. Investigation of the interaction between modified ISCOMs and stratum corneum lipid model systems. Biochim Biophys Acta, 1798：1779–1789.

[30] Fernández-Tejada A, Chea EK, George C, et al. 2014. Development of a minimal saponin vaccine adjuvant based on QS-21. Nat Chem, 6：635–643.

[31] de Liu H, Vries-Idema J, Veer W, et al. 2014. Influenza virosomes supplemented with GPI-0100 adjuvant：a potent vaccine formulation for antigen dose sparing. Med Microbiol Immunol, 203：47–55.

[32] Chandramouli S, Medina-Selby A, Coit D, et al. 2013. Generation of a parvovirus B19 vaccine candidate. Vaccine, 31：3872–3878.

[33] Gregory AE, Titball R, Williamson D. 2013. Vaccine delivery using nanoparticles. Front Cell Infect Microbiol, 13(Article 13)：1–13.

[34] De Veer M, Meeusen E. 2011. New develop-ments in vaccine research：unveiling the secret of vaccine adjuvants. Discov Med, 12：195–204.

[35] Thompson AJV, Locarnini SA. 2007. Toll-like receptors, RIG-I-like RNA helicases and the antiviral innate immune response. Immunol Cell Biol, 85：435–445.

[36] Jonhson DA, Baldridge JR. 2007. TLR4 agonists as vaccine adjuvants. In：Singh M (ed) Vaccine adjuvants and delivery systems. Wiley Interscience, Hoboken, NJ, pp 131–156.

[37] Davidsen J, Rosenkrands I, Christensen D, et al. 2005. Characterization of cationic liposomes based on dimethyldioctadecylammonium and synthetic cord factor from M. tuberculosis (trehalose 6, 69-dibehenate)：a novel adjuvant inducing both strong CMI and antibody responses. Biochim Biophys Acta, 1718：22–31.

[38] Sorensen NS, Boas U, Heegaard PMH. 2011. Enhancement of Muramyldipeptide (MDP)

immunostimulatory activity by controlled multimerization on dendrimers. Macromol Biosci, 11 : 1484–1490.

[39] Mutwiri GK, Nichani AK, Babiuk S, et al. 2004. Strategies for enhancing the immunostimulatory effects of CpG oligodeoxynucleotides. J Control Release, 97 : 1–17.

[40] Alves MP, Guzylack-Piriou L, Juillard V, et al. 2009. Innate immune defenses induced by CpG do not promote vaccine-induced protection against foot-and-mouth disease virus in pigs. Clin Vaccine Immunol, 16 : 1151–1157.

[41] Mena A, Nichani AK, Popowych Y, et al. 2003. Bovine and ovine blood mononuclear leukocytes differ markedly in innate immune responses induced by class A and class B CpG-oligodeoxynucleotides. Oligonucleotides, 13 : 245–259.

[42] Linghua Z, Xingshan T, Fengzhen Z. 2008. In vivo oral administration effects of various oli-godeoxynucleotides containing synthetic immunostimulatory motifs in the immune response to pseudorabies attenuated virus vaccine in newborn piglets. Vaccine, 26 : 224–233.

[43] Sorensen NS, Skovgaard K, Heegaard PMH. 2011. Porcine blood mononuclear cell responses to PAMP molecules : comparison of mRNA and protein production. Vet Immunol Immunopathol, 139 : 296–302.

[44] Jungi TW, Farhat K, Burgener IA, et al. 2011. Toll-like receptors in domestic animals. Cell Tissue Res, 343 : 107–120.

[45] Desel D, Werninghaus K, Ritter M, et al. 2013. The Mincle-activating adjuvant TDB induces MyD88-dependent Th1 and Th17 responses through IL-1R signaling. PLoS One, 8(1), e53531.

[46] Goetz KB, Pflleiderer M, Schneider CK. 2010. First-in-human clinical trials with vaccines : what regulators want. Nat Biotechnol, 28(9) : 910–916.

[47] Koh YT, Higgins SA, Weber JS, et al. 2006. Immunological consequences of using three different clinical/laboratory techniques of emulsifying peptide-based vaccines in incomplete Freund's adjuvant. J Transl Med, 4 : 12. doi : 10.1186/1479-5876-4-42.

[48] Schijns VEJC, Strioga M, Ascarateil S. 2014. Oil-based emulsion vaccine adjuvants. Curr Protoc Immunol, 106 : 2.18.1–2.18.7.

[49] Riber U, Boesen HT, Jakobsen JT, et al. 2011. Co-incubation with IL-18 potentiates antigen-specific IFN-γ response in a whole-blood stimulation assay for measurement of cell-mediated immune responses in pigs experimentally infected with Lawsonia intracellularis. Vet Immunol Immunopathol, 139 : 257–263.

第六章　基于聚合酶机制的病毒致弱方法

Cheri A. Lee, Avery August, Jamie J. Arnold, Craig E. Cameron

　　摘　要：疫苗仍然是目前预防传染病感染和传播的最有效方法。尽管许多疫苗已经使用了几个世纪，但到目前为止，只有 3 种主要的设计策略：减毒活病毒（live attenuated virus，LAV）疫苗；死苗或灭活病毒疫苗；亚单位疫苗。最有效的疫苗仍然是 LAV 疫苗，LAV 可在相关组织中复制，引起强烈地细胞和体液反应，而且通常可提供终生免疫。虽然目前使用成功的大多数疫苗都是通过 LAV 疫苗策略产生的，但也需要考虑该种方法产生的一些重要的安全问题。过去，许多 LAV 疫苗的研发主要基于经验。病毒在不同类型细胞中盲目传代可导致多个致弱突变的积累，而病毒致弱的分子机制却不清楚。此外，由于存在 RNA 病毒的高错误率和宿主环境的选择压力，来自此类病毒的 LAV 可能会恢复其野生型毒力。这不仅使接种者处于危险之中，而且如果丢弃，还会使未接种疫苗者处于危险之中。虽然这些疫苗已经取得成功，但仍然需要合理的设计策略，通过该策略可创制出更多的 LAV 疫苗。

　　合理的疫苗设计方法之一是提高病毒 RNA 依赖的 RNA 聚合酶（RdRp）的保真度。保真度的提高可降低病毒的突变频率，从而减少病毒所需的遗传变异，以避免宿主施加的感染抑制。虽然聚合酶突变体可降低病毒突变频率，但由于这些突变体并不在聚合酶的保守区，不利于作为一种通用的突变方法来开发针对所有 RNA 病毒的通用疫苗。我们已经在 PV RdRp 的活性位点上鉴定出一种保守的赖氨酸残基，它在核苷酸结合过程中起着一般酸的作用。从赖氨酸到精氨酸的突变会导致高保真聚合酶缓慢复制，从而产生一种基因稳定且不太可能恢复为野生型表型的减毒活病毒。本章提供了一种在体外培养的细胞和 PV 转基因小鼠模型体内鉴定保守赖氨酸残基并评估 RdRp 的保真度及病毒致弱情况的详细方法。

　　关键词：RNA 病毒；RNA 依赖的 RNA 聚合酶；聚合酶保真度；减毒活病毒；疫苗；致弱；脊髓灰质炎病毒；序列同源性

1 前 言

LAV 仍然是疫苗设计中最有效的策略 [1, 2]。然而，在过去，这些疫苗的研发都只是基于经验。病毒在不同类型细胞中盲传导致多个致弱突变的积累，但这种致弱的分子机制并不清楚。由于 RNA 病毒的高错误率和宿主环境的选择压力，这些 LAV 可能恢复为野生型毒力。这不仅使接种者处于危险之中，而且如果随意丢弃疫苗，也会使未接种疫苗者处于危险之中。针对多种 RNA 病毒，如脊髓灰质炎、麻疹、腮腺炎、狂犬病、风疹、黄热病和流感，已经研制出了 LAV 疫苗。虽然这些疫苗已经取得成功，但仍然需要更为合理的设计策略，以此可创制更多的 LAV 疫苗。已有研究证明，通过改变保真度，调整聚合酶结合突变的速率和速度会导致病毒衰减 [3-8]。

RNA 病毒的特点是突变率高、产量高和复制时间短。RNA 病毒的平均突变率为基因组每复制 1 次会产生 10^{-5} 至 10^{-3} 个突变 [4]。因此，RNA 病毒不以单一序列复制，而是以突变基因组"云"进行复制，这被称为准种 [9-12]。尽管高突变率可导致基因组产生有害的改变，但这种 RNA 病毒群体的遗传多样性似乎对病毒的适应性和生存都至关重要，可能在病毒的发病机制有一定的帮助。在各种各样的病原体群体中，一些变种能够感染原发组织并绕过宿主施加的限制。在该感染组织部位，其余的变种可以复制到另一个成分混杂的病毒群体中，而其中的一些变种能够再次绕过另一层宿主限制，在其他组织中进行二次感染，从而证明异质群体或准物种对病原体有益。例如，当开发抗病毒药物和疫苗时，这种适应性就成了一个特别的挑战。

因为病毒 RNA 依赖性 RNA 聚合酶（RNA-dependent RNA polymerase，RdRp）容易出现错误复制，导致 RNA 病毒种群存在各种各样的异质，所以 RdRp 会影响病毒的准种进化。这种适应性有时以宿主为代价而有益于病原体。目前，已知所有感染动植物的 RNA 病毒都会发生出错误复制。众所周知，这种复制错误的产生是由变异的快速产生和病毒 RdRp 的保真度导致的 [13-15]。

为了研究聚合酶突变体对 RNA 病毒异质性的影响，我们以脊髓灰质炎病毒（Poliovirus，PV）为材料，建立了一个 RNA 病毒模型。PV 属小角病毒科，该家族病毒由非包膜的、阳性的单链基因组组成，其中许多是重要的人类和动物病原体。PV 基因组可分为 3 个部分：5′- 未翻译区（5′-UTR）、单个开放阅读框（ORF）和多聚腺苷酸化 3′- 未翻译区（3′UTR）。进入细胞后，mRNA 被翻译成大约 3 000 个氨基酸的多聚蛋白，可分为 3 个功能不同的区域：P1、P2 和 P3。病毒蛋白酶 2A[pro] 和 3C[pro] 将多聚蛋白在翻译时和翻译后裂解为 11 种蛋白质。PV RdRP 位于 P3 区域，称为 3Dpol。

1.1 保守赖氨酸的鉴定

RdRp 是 4 种聚合酶中的一种，其晶体结构不仅与其他 RdRp 有着密切的进化关系，而且与 DNA 依赖性 DNA 聚合酶（DNA-dependent DNA-polymerases，DdDps）、DNA 依赖性 RNA 聚合酶（DNA-dependent RNA-polymerases，DdRps）、RNA 依赖性 DNA 聚合酶（RNA-dependent DNA-polymerases，RdDps）以及逆转录酶（RTs）也有着密切的进化关系。它们都有类似于一个由拇指、手指和手掌区域组成的杯状右手结构 [16, 17]。聚合酶活性位点位于手掌，由 4 个保守的结构基序 A-D 组成 [16]。第五个基序 E 和第六个基序 F 存在于 RNA 依赖性聚合酶中，但不存在于 DNA 依赖性聚合酶中 [16]。F 基序不在活性位点，而是排列在该区域。RdRp 是一种容易出错的酶，其准确性如同 DNA 聚合酶一样，都缺乏外切核酸酶的校对 [18]。在 PV 基因组中缺乏修复机制是导致病毒复制过程中突变率提高的原因。

核酸聚合酶利用双金属离子机制进行核苷酸转移 [19]。在这个机制中，2 个镁离子被用来组织反应物。最近，核苷酸转移的化学机制已经扩展到包括一种普通酸，它使焦磷酸盐脱离 NTP 底物的基团，从而提高核苷酸转移的效率 [20, 21]。PV-RdRp 的广义酸是 Lys359，位于 D 基序中，在所有 RdRps 和 RTs 中都保守。重要的是，在 RNA 病毒中已知或预测了该部位的一种原始残基，对疫苗的合理设计将非常有用。

1.2 体外和体内生物学分析

为了确定生化的变化对培养细胞中病毒增殖的影响，我们创建了精氨酸突变的编码 PV 亚基因组的复制子（pRLucRA）和病毒 cDNA（pMoVRA）。通过噬斑实验对病毒进行定量分析，可深入了解病毒种群的适宜性。通过亚基因组复制子可以用来测量荧光素酶活性，从而间接评价 RNA 合成情况。在没有病毒产生的情况下分析 RNA 的复制，可以更深入地了解 RNA 复制是否是病毒产生快慢的限制步骤。

在小鼠模型中，活病毒增殖特性及其噬斑表型可反应出病毒是否已经减弱。然而，由噬斑形成单位（pfu）进行突变病毒的定量是基于变异的表型，因此可能会由于病毒株之间的表型差异而存在病毒的测量结果不可靠。除了 pfu，还可基于病毒的基因组数量计算出产生的总病毒粒子量。这是一个可更准确测定由聚合酶产生总病毒总数和基因组的方法。

当这些特征表明病毒已经致弱了，还需要使用 PV 受体转基因小鼠进行实测确认。在该系统中，通常野生型 PV 是致死的。当使用最高剂量时，突变的聚合酶（赖氨酸到精氨酸）不能引起小鼠发病。为了确定突变体病毒是否进行了复制，用致死剂量的野生型 PV 对最初感染存活的小鼠进行攻击。我们可以从存活下来的小鼠身上得出结论，突变体具有复制能力，能够引发足够的免疫反应，以抵抗致死剂量的野生型 PV 的攻击 [3]。

以 PV 为模型，对基于聚合酶的病毒致弱机制进行合理的实验设计。通过将一般的酸性性质的赖氨酸残基改变为精氨酸，证明了我们能够获得调节 RdRp 速度和保真度的能力，从而创造出比野生型酶更慢、更可靠的病毒 RdRp。这会使其病毒准种受到限制，进而获得不会引起疾病但会引起保护性免疫反应的减毒病毒。鉴于 D 基序赖氨酸残基的保守性，本方法能够应用于任何 RNA 病毒。

2 材 料

2.1 保守性赖氨酸的鉴定

表 6–1 为在正链和负链 RNA 病毒家族中 RdRp 的基序 D 中发现的氨基酸序列比对。数字表示从基序 D 的第一个氨基酸到 RdRp 结构域的位置。保守的赖氨酸残基以粗体显示。下划线表示其他的保守残基。所有序列均从 NCBI 数据库中获取。基于先前公布的比对结果[22]，使用 Clusalw2 进行序列比对。

2.2 通过重叠 PCR 进行 pMoVRA 和 pRLucRA 定点突变及元件克隆

（1）脊髓灰质炎病毒 Mahoney 毒株的 cDNA、pMoVRA 和 pRLucRA 亚基因组[23]。

（2）扩增引物，稀释至 5 μmol/L 浓度。

正向引物：PV-3D-BglII-for（5′-TAG AGG ATC CAG ATC TTG ATG CCA-3′）。

反向引物：PV-3D-EcoRI-ApaI-polyA-rev（5′-CGC TCAATG AAT TCG GGC CCT TTT TTT TTT TTT TTT TTT TCT CC-3′）。

（3）中间引物，稀释至 5 μmol/L 浓度。

正向引物：PV-3D-K359R-for（5′-ATG ACT CCA GCTGAC CGT TCA GCT ACA TTT GAA ACA-3′）。

反向引物：PV-3D-K359R-REV（5′-TGT TTC AAA TGTAGC TGA ACG GTC AGC TGG AGT CAT-3′）。

（4）T$_{10}$E$_{0.1}$ 缓冲液：10 mmol/L Tris-HCl（pH 值 =8.0），0.1 mmol/L 乙二胺四乙酸（EDTA，pH 值 =8.0）。

（5）NanoDrop1000 分光光度计（购自 Thermo Fisher Scientific 公司）。

（6）Deep Vent DNA 聚合酶 2000 U/mL（购自 New England BioLabs）。

（7）3 mmol/L DNTP 混合物：100 mmol/L DATP、100 mmol/L DGTP、100 mmol/L DTTP 和 100 mmol/L DCTP。该溶液的制备方法是将 300 μL 每种 NTP 混合在一起，加入超纯水使体积达到 10 mL，分装并储存至 20℃。

（8）100 mmol/L 硫酸镁（MgSO$_4$）溶液（与 Deep Vent 共同提供）。

（9）10× 热溶胶反应缓冲液（配备深排气口）。

（10）3 mol/L 乙酸钠（NaOAC），pH 值 =5.2，用冰醋酸调整 pH 值。

（11）无水乙醇。

（12）70% 乙醇溶液：70% 乙醇，30% 超纯水。

（13）Omnipur 琼脂糖（Millipore/Calbiochem 公司产品）。

（14）0.5×TBE 电泳运行缓冲液：33 mmol/L Tris-HCl、40 mmol/L 硼酸、1 mmol/L EDTA，pH 值 =8.0，0.25μg/mL 溴化乙锭（EtBr）。

（15）电泳槽及电源。

（16）5×溴酚蓝（BPB）：$T_{10}E_{0.1}$ 缓冲液中含有 0.05% 溴酚蓝和 50% 甘油。

（17）*Bgl*II、*Eco*RI、*Apa*I和 *Pst*I 限制酶。

（18）虾碱性磷酸酶（SAP），1 000 单位。

（19）QAEXII 凝胶纯化试剂盒（购自 Qiagen 公司）。

（20）SPIN-X 塑料离心管过滤器（购自 Corning 或 Costar 公司）。

（21）T4 DNA 连接酶，1 U/μL。

（22）5×T4 DNA 连接酶缓冲液。

（23）感受态细胞（购自 Stratagene 公司）。

（24）NZCYM 培养基，粉末（Amresco 公司产品）。

（25）100 mg/mL 氨苄青霉素溶液：20 mL 超纯水中加 2 g 氨苄青霉素。

（26）2 L 锥形烧瓶。

（27）2% 琼脂平板，用含 50 μg/mL 氨苄青霉素的 NZCYM 培养基制备。

（28）Qiagen 质粒中提试剂盒（购自 Qiagen 公司）。

表 6-1　正负链 RNA 病毒家族的基序 D 序列比对

分类	病毒科	病毒种类	第一个氨基数位置 *	D 基序
+ssRNA 病毒	微小 RNA 病毒科	脊灰病毒	15	DYGLTMTPADKSA
		柯萨奇病毒 B3	15	GYGLIMTPADKGE
		肠道病毒 A	15	EYGLTMTPADKSP
		肠道病毒 71 型	15	EYGLTMTPADKSP
		人鼻病毒 A	15	KYGLTITPADKSD
		人鼻病毒 B	15	NYGLTITPPDKSE
		人鼻病毒 C	15	KYGLTITPADKSD
	杯状病毒科	诺如病毒	10	EYGLKPTRPDKTE
	黄病毒科	登革热病毒 1 型	10	TALNDMGKVRKDI
		登革热病毒 2 型	10	TALNDMGKIRKDI
		登革热病毒 3 型	10	LALNDMGKVRKDI
		登革热病毒 4 型	10	LFLNDMGKVRKDI
		西尼罗河病毒	10	HFLNAMSKVRKDI
		丙型肝炎病毒	21	RYSAPPGDPPKPE

（续表）

分类	病毒科	病毒种类	第一个氨基数位置*	D 基序
-ssRNA 病毒	披膜病毒科	基孔肯雅病毒	10	RCATWMNMEVKII
		东部马脑炎病毒	10	RCATWLNMEVKII
		委内瑞拉马脑炎病毒	10	RCATWLNMEVKII
		西方马脑炎病毒	10	RCATWLNMEVKII
		辛德比斯病毒	10	RCATWLNMEVKII
	冠状病毒	SARS 病毒	22	YQNNVFMSEAKCW
	副黏病毒科	尼帕病毒	59	YDGAVLSQALKSM
	丝状病毒科	埃博拉病毒	59	LNGIQLPQSLKTA
	正黏病毒科	A 型流感病毒	20	LVGINM.TKKKSY
		B 型流感病毒	20	LLGINM.SKKKSY
		C 型流感病毒	20	LIGINM.SLEKSY

注：* 数字表示 RNA 依赖性 RNA 聚合酶基序 D 中第一个氨基酸的位置。保守的残基用黑体字表示。下划线所示的是病毒群内保守的残基。

2.3　聚合酶突变组分的体外生物学分析

2.3.1　组织培养材料

（1）无菌 100 mmol/L 聚苯乙烯组织培养皿。

（2）Hela S3 细胞（美国典型培养物保藏中心，编号 CCL-2.2）。

（3）完全培养基：DMEM/F12、10% 胎牛血清（FBS）、100 U/mL 青霉素、100 U/mL 链霉素。

（4）1 × 胰蛋白酶 EDTA 溶液。

（5）500 mL 快速流动无菌瓶顶过滤器，带 75 mm PES 膜、0.22 μm 孔径和 45 mm 蓝颈（购自 Thermo Scientific 或 Nalgene 公司）。

（6）高压灭菌过的 1 × 磷酸盐缓冲盐溶液（PBS）：制备 10 × PBS 溶液 1.37 mol/L 氯化钠、27 mmol/L 氯化钾、100 mmol/L 磷酸氢二钠（Na_2HPO_4）和 20 mmol/L 磷酸二氢钾（KH_2PO_4），pH 值 7.4。使用瓶顶过滤器对 10 × 溶液进行除菌。用超纯水稀释至 1 倍，然后高压灭菌 30 min。

2.3.2　cDNA 线性化及体外 T7 转录反应材料及设备

RNA 很容易被实验室中普遍存在的 RNA 酶降解。RNA 酶无处不在，可存在于空气中、人体皮肤上或裸手触摸过的任何东西上。在开始体外转录之前，最好划定实验室的无 RNase 区域。用 RNase 消除液（RNase AWAY）擦拭台面和所有的实验耗材及仪器设备

（吸管、烧杯、瓶子、仪器等）。用热水好好地清洗，然后用 70% 乙醇溶液喷洒消毒。在开始任何手术之前，请务必戴上手套和用 70% 乙醇擦手。单独购买的化学试剂及药品，应将其存放在单独的区域，仅用于制造无 RNase 溶液。一旦获得 RNA，立即储存在 –80℃，直到使用为止。用来造病毒的 RNA 可以储存 1 周，而用于荧光素酶分析的 RNA 必须在第二天使用。

（1）RNase 消除液（RNase AWAY，购自 Molecular BioProducts 公司）。

（2）突变的质粒。

（3）*Apa* I 限制酶。

（4）QIAEX Ⅱ 凝胶纯化试剂盒（购自 Qiagen 公司）。

（5）Spix-X 塑料离心管过滤器（购自 Corning 或 Costar 公司）。

（6）$T_{10}E_{0.1}$ 缓冲器。

（7）超纯水。

（8）1 mol/L HEPES，pH 值 =7.5。

（9）320 mmol/L 醋酸镁。

（10）400 mmol/L 二硫苏糖醇（DTT）。

（11）20 mmol/L 亚精胺。

（12）160 mmol/L NTP，分别含有 40 mmol/L ATP、40 mmol/L CTP、40 mmol/L GTP 和 40 mmol/L UTP。

（13）T7 RNA 聚合酶（RNAP），0.5 mg/mL。

（14）RQ1 无核糖核酸酶，1 000 单位（购自 Promega 公司）。

（15）高压灭菌的 0.65 mL 微量离心管。

（16）琼脂糖。

（17）无 RNase 的 0.5 × TBE，0.25 µg/mL 溴化乙锭（EtBr）。

（18）RNeasy Mini Kit（购自 Qiagen 公司）。

（19）NanoDrop 1000 分光光度计（购自 Thermo Fisher Scientific 公司）。

2.3.3　荧光素酶实验材料及设备

（1）完全培养基。

（2）由 pRLucRA 突变体体外转录制备的 RNA。

（3）1.7 mL 微量离心管，高压灭菌。

（4）VWR 一次性电击杯，2 mm（VWR Signature Disposable Electroporation Cuvettes，VWR 公司产品）

（5）Bio-Rad 基因导入电转仪（型号 1652076，购自 Bio-Rad 实验室）。

（6）Bio-Rad 电容扩展器（型号 1652087，购自 Bio-Rad 实验室）。

（7）12 mm×75 mm 一次性玻璃硼硅酸盐管（购自 VWR 公司）。

（8）荧光素酶检测系统：荧光素酶检测底物、荧光素酶检测缓冲液、5×细胞培养溶解试剂（CCLR）（Promega 公司产品）。

（9）小型 LB9509 便携式管式光度计（购自 Berthold Technologies 公司）。

2.3.4 脊髓灰质炎病毒储存制备材料及设备

（1）HeLa S3 细胞（见组织培养材料）。

（2）完全培养基（见组织培养材料）。

（3）由 pRLucRA 突变体体外转录制备的 RNA。

（4）VWR 一次性电击杯，2 mm（VWR Signature Disposable Electroporation Cuvettes，VWR 公司产品）。

（5）Bio-Rad 基因导入电转仪（型号 1652076，购自 Bio-Rad 实验室）。

（6）Bio-Rad 电容扩展器（型号 1652087，购自 Bio-Rad 实验室）。

2.3.5 病毒和病毒基因组定量分析材料及设备

（1）HeLa S3 细胞。

（2）完全培养基（见组织培养材料）。

（3）6 孔平底细胞培养板（购自 Corning 或 Costar 公司）。

（4）2×DMEM/F12 完全培养基配制：2 袋 1×DMEM 粉末（购自 Gibco 公司）、4.8 g 碳酸氢钠、20%FBS、200 U/mL 青霉素、200 U/mL 链霉素。

（5）浓盐酸。

（6）体积为 1 L 带螺丝帽的 Pyrex 牌 1395 培养液存储瓶（购自 Corning 公司），高压灭菌。

（7）500 mL 快速流动无菌瓶顶过滤器，带 75 mm PES 膜、0.22 μm 孔径和 45 mm 蓝颈（Thermo Scientific 公司或 Nalgene 公司产品）。

（8）低熔点琼脂糖（购自 Omnipur 公司或 Calbiochem 公司）。

（9）500 mL 锥形烧瓶。

（10）结晶紫染色液：0.1% 结晶紫、3.7% 甲醛，用含 20% 乙醇的蒸馏水配制。

（11）1.7 mL 微量离心管，高压灭菌。

（12）Qiagen 病毒 RNA 小提试剂盒（购自 Qiagen 公司）。

（13）Qiagen 纯化质粒 DNA 和非基因组 DNA 试剂盒（Qiagen RNeasy Plus Kit，购自 Qiagen 公司）。

（14）分子生物学级 β-巯基乙醇（β-ME）。

2.4　病毒突变体内分析实验材料及设备

2.4.1　半数致死量（LD$_{50}$）/ 半数保护量分析

（1）对 4~6 周龄远交系 ICR 小鼠进行 PV 受体（cPVR）转基因[24]。【译者注：ICR 小鼠由 Hauschka 用 Swiss 小鼠群以多产为目标进行选育，再由美国癌症研究所（Institute of Cancer Research）分送各国饲养实验，各国称之为 ICR 小鼠】。

（2）病毒储液定量。

（3）定量病毒存量，在无血清培养基中繁殖（参见病毒和病毒基因组定量材料及设备）。

（4）5 mL 注射器。

（5）27 号（G），半英寸（约 1.27 cm）针。

2.4.2　攻毒保护分析材料

（1）免疫的小鼠（来自 LD$_{50}$/PD$_{50}$ 研究的存活鼠）。

（2）5 倍 LD$_{50}$/PD$_{50}$ 的野生型脊髓灰质炎病毒（5×PD$_{50}$）。

3　方　法

3.1　重叠延伸 PCR 技术定点突变

3.1.1　第一轮：延伸 PCR

以 pMoV-3D-BPKN 质粒为模板，扩增聚合酶基因。该质粒模板在 3Dpol 编码序列具有沉默突变。"裸"病毒 cDNA 和 pMoVRA 含有 4 个 *Pst*I 限制酶切位点，而 pRLucRA 只含有 3 个 *Pst* I 限制酶切位点。将 *Pst* I 位点克隆到 3Dpol 编码序列中，使当将其克隆到"裸"载体、pMoVRA 和 pRLucRA 上时，用 *Pst* I 消化，在琼脂糖凝胶电泳时含有突变 PCR 产物的阳性克隆可分别具有 5 条和 4 条带。限制性酶切消化的阳性克隆可经测序证实突变是否存在。

（1）PCR 反应 A。

外上游引物：PV-3D-*Bgl*II-for。

内下游引物：PV-3D-K359R-rev。

（2）分别取 3 个 PCR 管中进行扩增反应，每管总体积为 100 μL，最终浓度包括 1×Thermopol buffer、3 mmol/L dNTPs 预混物、各 0.5 μmol/L 的上下游引物、0.5 ng/μL 模板质粒 pMo-3D-BPKN 和 2 U 的 Deep Vent Polymerase（表 6-2）。

表 6-2　第一轮反应 1：PCR 扩增反应 A

试剂	体积 (μL)			反应浓度
10 × Thermopol reaction buffer	10	10	10	1 ×
100 mmol/L MgSO$_4$	0	1	2	0/1/2 mmol/L
3 mmol/L dNTPs	10	10	10	0.3 mmol/L
5 μmol/L 上游引物：PV-3D-K359R-for	10	10	10	0.5 μmol/L
5 μmol/L 下游引物：PV-3D-*Eco*RI-*Apa*I-polyA-rev	10	10	10	0.5 μmol/L
5 ng/μL pMo-3D-BPKN	10	10	10	0.5 ng/μL
Deep Vent polymerase	1	1	1	2 U
ddH$_2$O	49	48	47	—
反应体积	100	100	100	

（3）反应条件包括在 95℃ 下进行 4 min 的初步变性步骤，随后在 95℃、50℃ 和 72℃ 下进行 4 个循环的热启动循环，每个循环 1 min，最后在 95℃ 下进行 18~20 个循环的变性 1 min，在 57℃ 下退火 1 min，在 72℃ 下进行 2 min 的产物延伸，最后在 72℃ 下进行 10 min 的最终产物延伸。

（4）制备 1.2% 琼脂糖凝胶。

（5）将剩余的产物组合到一管中，用 100% 乙醇沉淀 DNA。加入 1/5 体积（60 μL）3 mol/L NaOAc，用吸管充分混匀，然后加入 3 倍体积的（1 080 μL）100% 乙醇，充分混匀。在干冰上冷冻混合物，直到液体在倒转时变成缓慢移动的沉淀物。以最大转速度离心 10 min，离心后可看到白色的粗颗粒。用 70% 的乙醇清洗颗粒 3 次，吸出所有乙醇，让颗粒风干 5~10 min，加入 10 μL T$_{10}$E$_{0.1}$ 缓冲液使其溶解。

（6）将 10 μL 各 PCR 反应产物与 2 μL 5 × BPB 混合。上样到 1.2% 琼脂糖凝胶上进行电泳，在 200 V 下运行 30 min。

（7）由于样品中的 DNA 浓度很高，而且在凝胶和运行缓冲液中存在 EtBr，因此，即使没有紫外线的情况下，应该也能够在凝胶上看到 DNA 的红色带。从凝胶中切下 DNA 红色条带，然后使用 QIAEX II Gel 凝胶纯化试剂盒进行纯化。使用 50 μL T$_{10}$E$_{0.1}$ 缓冲液进行悬浮纯化后的产物。最后使用 NanoDrop 1000 分光光度计测定纯化的 PCR 产物的浓度。

（8）PCR 反应 B。

外下游引物：PV-3D-*Eco*RI-*Apa*I-polyA-rev。

内上游引物：PV-3D-K359R-for。

（9）反应体系、反应条件及程序与 PCR 反应 A 相同（表 6-3）。

（10）对 PCR 反应 A 重复浓缩纯化。

表 6-3　第一轮反应 2：PCR 扩增反应 B

试剂	体积（μL）			反应浓度
10 × Thermopol reaction buffer	10	10	10	1 ×
100 mmol/L MgSO$_4$	0	1	2	0/1/2 mmol/L
3 mmol/L dNTPs	10	10	10	0.3 mmol/L
5 μmol/L 上游引物：PV-3D-K359R-for	10	10	10	0.5 μmol/L
5 μmol/L 下游引物：PV-3D-EcoRⅠ-ApaⅠ-polyA-rev	10	10	10	0.5 μmol/L
5 ng/μL pMo-3D-BPKN	10	10	10	0.5 ng/μL
Deep Vent polymerase	1	1	1	2 U
ddH$_2$O	49	48	47	—
反应体积	100	100	100	

3.1.2　第二轮重叠 PCR

（1）以反应 A 和 B 产物作为模板，参照表 6-4 设置 3~100 μL 反应体系：

外上游引物：PV-3D-BglⅡ-for。

外下游引物：PV-3D-EcoRⅠ-ApaⅠ-polyA-rev。

（2）如前用于 PCR 产物 A 和产物 B 所述浓缩和纯化方法，进行 PCR 产物浓缩和纯化。

表 6-4　第二轮反应：重叠 PCR

试剂	体积（μL）			反应浓度
10 × Thermopol reaction buffer	10	10	10	1 ×
100 mmol/L MgSO$_4$	0	1	2	0/1/2 mmol/L
3 mmol/L dNTPs	10	10	10	0.3 mmol/L
5 μmol/L forward primer: PV-3D-BglⅡ-for	10	10	10	0.5 μmol/L
5 μmol/L reverse primer: PV-3D-EcoRⅠ-ApaⅠ-polyA-rev	10	10	10	0.5 μmol/L
5 ng/μL PCR reaction A	10	10	10	0.5 ng/μL
5 ng/μL PCR reaction B	10	10	10	0.5 ng/μL
Deep Vent polymerase	1	1	1	2 U
ddH$_2$O	39	38	37	—
反应体积	100	100	100	

3.2　将 PCR 片段克隆到 pMoVRA 和 pRLucRA 载体上

3.2.1　载体及 PCR 片段的酶切消化

（1）用限制性内切酶 BglⅡ和 ApaⅠ对 pMoVRA、pRLucRA 载体及重叠 PCR 片段进行 20 倍超酶切（见注释③）。

（2）用 *Bgl* II 酶切消化 cDNA 及重叠 PCR 片段。将 1.5 mL 管中添加含有 10 μL 适量的 10× 限制性缓冲液和 4 μL（40 U）酶，再加入 2 μg 纯化的 cDNA，总体积为 100 μL，按照制造商的说明进行孵育。建议孵育 2~4 h。对于纯化的重叠 PCR 产物，使用全部 50 μL 产物重复上述相同的程序进行酶切消化（表 6-5）。

表 6-5 载体（pMoVRA 和 pRLucRA）及插入（重叠 PCR 片段）酶切

试剂	体积（μL）	试剂	体积（μL）
10× NEB 3.1 buffer	10	10× NEB 3.1 buffer	10
Bgl II（10 U/μL）	5	*Bgl* II（10 U/μL）	5
2 μg cDNA	—	PCR fragment	50
ddH₂O	—	ddH₂O	35
反应体积	100	反应体积	100

（3）37℃酶切反应 2 h。

（4）同时将未酶切质粒和酶切后质粒，在 1% 琼脂糖凝胶上进行核酸凝胶电泳，检查酶切反应效率（见注释③）。

（5）当验证质粒已线性化时，用 QIAEX II 凝胶纯化试剂盒进行纯化。按照试剂盒的规定从水溶液中纯化并浓缩 DNA。

（6）使用 QIAEX II 凝胶提取试剂盒清除 DNA。按照试剂盒的说明书从水溶液中纯化和浓缩 DNA。

（7）加入 50 μL $T_{10}E_{0.1}$ 缓冲液悬浮凝胶颗粒，在 65℃下孵育 10 min。

（8）快速旋转管，移除上清液和凝胶颗粒，并添加到 Spin-X 过滤管中。

（9）800× 离心 5 min，从试管中收集洗脱的 DNA。

（10）通过将整个 50 μL 纯化的 cDNA 加到 1.5 mL 试管中，进行酶切。试管中含有 10 μL 适量的 10× 限制性缓冲液和 1 μL（50 U）酶，总体积为 100 μL。按照制造商的说明进行孵育酶切消化。建议消化孵育 2~4 h。对于酶切后的重叠 PCR 产物的纯化，按上述相同的程序进行（表 6-6）。

表 6-6 酶切载体（pMoVRA 和 pRLucRA）和插入（重叠 PCR 片段）酶切

试剂	体积（μL）	试剂	体积（μL）
10× NEB cut smart buffer	10	10× NEB cut smart buffer	10
Apa I（50 U/μL）	1	*Apa* I（50 U/μL）	1
Bgl II digested cDNA	50	*Bgl* II digested overlap PCR fragment	50
SAP（1 U/μL）	1	—	—
ddH₂O	35	ddH₂O	35
反应体积	100	反应体积	100

（11）反应在 25℃（大体上等于室温）下进行 2 h。

（12）用 *Apa* I 孵育 2 h 后，加入 4 μL（4 U）虾碱性磷酸酶到反应液中。在 37℃下孵育 4 h 至过夜，以脱去双切 cDNA 末端的磷酸化，在 65℃下加热灭活 5 min。

（13）在 1% 琼脂糖凝胶上电泳分析双酶切质粒，检测反应效率。

（14）利用 QIAEX II 凝胶纯化试剂盒对 PCR 和 cDNA 酶切反应产物进行纯化。按照试剂盒的说明书从水溶液中纯化和浓缩 DNA。

（15）将凝胶颗粒悬浮于 50 μL $T_{10}E_{0.1}$ 中，65 ℃孵育 10 min。

（16）快速离心试管，去除上清液和凝胶颗粒，然后添加到 Spin-X 试管中。以 $800 \times g$ 离心 5 min，从管中收集洗脱的 DNA。

3.2.2　连接反应（见注释④）

（1）将 *Bgl* II、*Apa* I 消化后纯化的载体和 PCR 片段按照下述体系进行连接：将 6 μL 的 5 × T4 DNA 连接酶缓冲液和 1 μL（1 U）的 T4 连接酶加到 0.65 mL 微离心管中，再将 50 ng 双酶切 cDNA（载体）、50 ng 双酶切重叠 PCR 产物加到微离心管中，使总体积为 30 μL，15℃ 孵育连接反应 30 min（表 6-7）。

表 6-7　插入片段与载体连接反应

试剂	体积 (μL)
5 × T4 DNA ligase buffer	6
5 ng/μL vector	10
5 ng/μL insert	10
T4 Ligase (1 U/μL)	1
ddH$_2$O	3
反应体积	30

（2）上样 15 μL 连接产物到 1% 凝胶上进行电泳，检测成功连接，然后将 10 μL 连接产物转化到 100 μL 感受态细胞中。涂板到 50 μg/mL 氨苄西林琼脂平板上培养，30℃孵育过夜。

（3）pMoVRA 和 pRLucRA 都是低拷贝质粒。为了筛选菌落，用 50 μg/mL 氨苄西林在 30℃培养 500 mL，培养到 OD_{600} 值为 1.0。纯化 1 mL 培养物，用 *Pst* I 限制性酶切筛选的质粒。收集细菌菌体并用 Qiagen 中提纯化试剂盒纯化质粒。

（4）成功的质粒应标记为 pMoV/ pRLuc-PV-3D-BPKN-K359R。

3.3 聚合酶突变的体外生物学分析

3.3.1 cDNA 线性化和体外 T7 转录反应

（1）首先用限制性酶 *Apa*I 对 pMoV-3D-K359R 和 pRLuc-3D-K359Rr 质粒进行线性化。

（2）在 1.5 mL 离心管中加入 10 μL 合适的 10 × 限制性酶缓冲液和 2.5 μL（50 U），然后加入 5 μg 突变质粒酶切纯化的 cDNA，使总体积为 100 μL。然后按照制造商的说明进行酶切孵育。建议孵育时间为 2~4 h（表 6-8）。

表 6-8　cDNA 的线性化

试剂	体积 (μL)
10 × NEB cut smart buffer	10
Apa I （50 U/μL）	2.5
5 μg cDNA	—
ddH$_2$O	—
反应体积	100

（3）在 1% 琼脂糖凝胶上进行未酶切和酶切质粒样品的电泳，检测酶切反应效率（见注释③）。

（4）当验证质粒已线性化时，用 QUAEX II 凝胶纯化取试剂盒进行酶切产物的纯化。按照试剂盒的说明书从水溶液中纯化和浓缩 DNA。

（5）加入 50 μL T$_{10}$E$_{0.1}$ 缓冲液悬浮凝胶颗粒，在 65℃下孵育 10 min。

（6）快速离心，去除上清液和凝胶颗粒，然后添加到 Spin-X 试管中。以 800 × g 离心 5 min，从试管中收集洗脱的 DNA。

（7）加入 H$_2$O。从 2.5 μL 中减去 DNA 体积，即得到要加入的 H$_2$O 体积。

（8）按顺序将以下物质加入高压灭菌过的 0.6 mL 微型离心管中，使总体积为 20μL，最终浓度包含：350 mmol/L HEPES、32 mmol/L 醋酸镁产、40 mmol/L DTT、2 mmol/L 亚精胺、28 mmol/L NTPS、0.5 μg 线性化 cDNA 和 0.5 μg T7 RNAP（表 6-9）。

（9）加入 T7 RNAP 前，将反应混合物在 37℃预孵育 5 min。

（10）加入 T7 RNAP，37℃孵育反应，30 min 后，检查反应是否有浑浊、白色沉淀，即看是否有焦磷酸镁形成，以确保反应进行。反应液孵育 4~5 h，离心反应管 2 min 使焦磷酸镁颗粒化。

（11）将上清液转移到新离心管中，加入 2 μL RQ1 DNase（2 U），37 ℃孵育 30 min。

（12）使用 Qiagen RNeasy Mini Kit 按照制造商的说明书清洗 RNA。

（13）NanoDrop 1000 分光光度计测定纯化 RNA 产物的浓度。在 −80℃下储存 RNA，备用。

表 6–9　体外 T7 转录反应

试剂	体积（μL）	反应浓度
1 mol/L HEPES 7.5	7	350 mmol/L
320 mmol/L 醋酸镁	2	32 mmol/L
400 mmol/L DTT	2	40 mmol/L
20 mmol/L 亚精胺	2	2 mmol/L
160 mmol/L NTPs	3.5	28 mmol/L
线性化的 cDNA	2.5（最大体积）	0.025 μg/μL（0.5 μg）
0.5 mg/mL T7 RNAP	1	0.025 μg/μL（0.5 μg）
H$_2$O	2.5 DNA 体积	

3.3.2　RNA 转染

（1）从 10 cm 培养板中吸出 HeLa 细胞中的培养基。加入 4 mL 1×PBS 清洗，吸弃 1×PBS，加入 1 mL 胰蛋白酶 -EDTA。让培养皿在 37℃培养箱中孵育 3 min。用 9 mL 完全培养基冲洗培养皿中的细胞。

（2）计数细胞，每组转染准备 1.2×10^6 细胞。150×g 离心细胞 4 min，用 1×PBS 清洗细胞团，然后再次离心收集细胞团。将细胞悬浮在（n×400 μL）1×PBS 中，n= 所需转染的次数。

（3）加入 5 μg RNA 转录物到 1.7 mL 微量离心管中，置于冰上。此时不要将 HeLa 细胞加到 RNA 中。

（4）将 1652076 型 Bio-Rad 基因脉冲发生器（电穿孔仪）设置为 0.13kV，其中 1652087 型 Bio-Rad 电容扩展器的电容为 500μF。从单个包装上取下试管，并取下盖子。

（5）在 1.7 mL 的 RNA 管中加入 400 μL 的 HeLa 细胞悬液。快速将混合物加入电击杯中，并将电击杯放入电击杯室中，然后电击细胞。从水浴预热好的 15 mL 离心管中吸取 600 μL 培养基，加入电击杯中。轻轻地上下多次吹吸，以混合细胞和培养基，并打散可能形成的全部细胞团块。

3.3.3　荧光素酶分析

（1）加 5.6 mL 完全培养基到 15 mL 离心管中。放置在 37℃水浴中预热，直到需要为止。

（2）如前所述进行 RNA 转染（见 RNA 转染）。

（3）向电击杯被电击的细胞中加入 600 μL 培养基。轻轻地上下多次吹吸细胞，以混合细胞和培养基，并打散可能形成的全部细胞团块。

（4）将细胞和培养基混合物重新加入 15 mL 离心管中。盖上盖子，轻轻地前后翻转混合。将细胞按 500 μL 等分加入 1.7 mL 离心中，将 15 mL 离心管置于 37℃培养箱中孵育，直到下一个时间点才能取出。

（5）对于 0 h 时间点，1.7 mL 离心管以 2 500 × g 的速度离心 2 min。

（6）吸弃培养基，用 1 × PBS 清洗细胞团。再次离心。去除 1 × PBS，加入 100 μL 1 × CCLR（用 ddH₂O 稀释至 1 ×）。涡旋离心管 10 s，然后放置在冰上。

（7）对所取的每个时间点重复此操作，并将所有细胞放置在冰上，直到第二天。每次从 15 mL 离心管中取出 500 μL 的等分样品时，应多次翻转离心管，使细胞分布均匀。

（8）第二天，再次漩涡细胞 10 s，以最大速度快速离心 5 min，沉淀细胞碎片。

（9）将 10 μL 上清液转移到 12 mm × 75 mm 的硼硅酸盐玻璃试管中，静置 10~15 min，加入 10 μL 荧光素酶底物。立即放入光度计，读取数值。

3.3.4 感染中心分析（见病毒和病毒基因组定量分析）

感染中心分析（ICA 试验）用于测定 RNA 转染后，培养物中的细胞感染病毒情况。在本研究中，悬浮并计数受感染的细胞，将其加到在单层病毒敏感细胞上，然后用琼脂覆盖。计算斑块的数量即可以算出原始培养物中病毒感染细胞的数量。因此，也就可以预测体外转录的 RNA 具有的传染性强弱。

（1）第一天，向 6 孔板中加入 3 mL 完全培养基覆盖每个孔；第二天，每孔接种培养 $6 × 10^5$ 个 HeLa S3 细胞。

（2）第三天，按照体外 RNA 转染程序进行。

（3）从 6 孔板的每个孔中吸出培养基。用 1 × PBS 冲洗细胞，去除 PBS，每个孔中再加入 500 μL PBS，并放置在一侧。

（4）用完全培养基 10 倍连续稀释转染的细胞。将 100 μL 病毒混合物加到 6 孔板中的细胞上。

（5）将细胞放置到 37℃下孵育，吸附 2 h。

（6）孵育过程中，准备 2 × 完全培养基。将两包粉末培养基和 4.8 g NaHCO₃ 一起加到 1 L ddH₂O 中。用浓盐酸将 pH 值调整为 7.2。

（7）在超净台内，用 0.22 μm 瓶顶过滤器将培养基过滤到无菌的 1 L Pyrex 培养基瓶中。接下来，用低熔点琼脂糖和 ddH₂O 制备 2% 琼脂糖溶液，每个 6 孔板，制备 10 mL 2% 的溶液。用 500 mL 三角瓶，在微波炉中加热琼脂糖混合物，注意不要让溶液沸腾到三角瓶顶部。当所有的琼脂糖都在溶解后，放在 37℃的水浴中冷却，直到可以用手舒服地拿着。

（8）冷却后，加入 20% FBS 和 200 U/mL 青霉素和链霉素，然后加入 2× 培养基至最终体积。完全 2× 培养基和 2% 琼脂糖溶液的体积比为 1∶1，以得到 1× 完全 DMEM 和1% 琼脂糖最终溶液。完成的琼脂糖覆盖后可将其留在水浴中，直到细胞准备好。

（9）2 h 后，每个孔用 3 mL 琼脂糖覆盖细胞。让琼脂糖在室温下固化，然后在 37℃下培养 2 d。

（10）培养 2 d 后，用金属刮刀轻轻取出琼脂糖塞，注意不要刮伤细胞单层。取出后，用 1 mL 1×PBS 清洗细胞。去除 PBS，加入 500 μL 结晶紫染色剂。静置 5 min，去除结晶紫，用 1 mL 1×PBS 洗涤。统计斑块数量，分析测定病毒滴度。

3.3.5　病毒分离、滴度测定及一步生长曲线绘制

（1）前一天，制备 6 孔板；第一天用 3×10⁶ 个 HeLa S3 细胞接种 100 mm 平皿。

（2）第二天，吸出培养皿中培养基，用 1×PBS 冲洗 1 次。将 9 mL 完全培养基加入培养皿中，放在一边。

（3）根据 RNA 转染程序进行 RNA 的转染（见 RNA 转染）。

（4）在 HeLa 细胞单层中加入 1 mL 的转染细胞混合物，在 37℃ 下孵育，直到在光学显微镜下观察到细胞病变效应（CPE）。48 h 后应观察完整的 CPE（细胞将完全从皿底部脱落漂浮在培养基中）。

（5）CPE 后，将病毒和细胞收集到 15 mL 离心管中，在干冰上冷冻。冷冻后，在 37 ℃水浴中解冻，然后旋涡 30 s。再重复此步骤 2 次，直到完成 3 个反复冻融循环。

（6）以最大转速离心 10 min，去除细胞碎片。将上清液倒入 1 个新的 15 mL 离心管中。在干冰上冷冻，并在 –80℃ 下储存，直到可以使用才能取出（见注释⑤）。

（7）将此病毒培养物标记为 0 代（P₀）。

（8）为测定病毒滴度，前一天制备 1 个 6 孔板，每孔接种 6×10⁵ 个 HeLa S3 细胞，用 3 mL完全培养基覆盖细胞表面。

（9）第二天，在 PBS 中连续稀释病毒。将 100 μL 病毒混合物置于 6 孔板中的细胞上。让病毒在细胞上吸附 30 min。

（10）30 min 后，去除病毒液，用 1 min 1×PBS 清洗细胞。

（11）吸出 PBS，用含有 1% 琼脂糖的完全培养基替换（关于如何覆盖，见感染中心分析）。

（12）让琼脂糖在室温下凝固，然后在 37℃ 下培养 2 d。

（13）2 d 后，用金属刮刀"弹出"琼脂糖塞，注意不要刮伤细胞单层。琼脂被取出后，用 1 mL 1×PBS 清洗细胞。去除 PBS，加入 500 μL 结晶紫染色液。静置 5 min，除去结晶紫，再用 1 mL 1×PBS 洗涤。统计斑块数量，然后分析测定 pfu/mL 中的病毒滴度。

（14）用 QIAamp 病毒 RNA 小提试剂盒（QIAamp Viral RNA Mini Kit）提取 RNA，用 RT-qPCR 定量基因组拷贝数 /mL（见繁殖力测定分析如何制备 RT-qPCR 标准曲线）。

（15）增加病毒传代次数：先用 3×10^6 个 HeLa S3 细胞接种 100 mm 平皿。

（16）第二天，去除 100 mm 板中培养基并用 $1 \times$ PBS 清洗 1 次。吸出 PBS，加入 2 mL 新鲜的 $1 \times$ PBS。

（17）用 MOI 0.01 的感染复数给细胞接种病毒。让病毒吸附到细胞上 30 min，用 $1 \times$ PBS 洗涤，然后向平皿中加入 10 mL 完完全培养基。在 37 ℃下孵育，直到观察到 CPE（在 24 h 后可观察到野生型毒株 WT PV 的 CPE，观察到突变体 CPE 的时间会有所不同）。

（18）通过噬斑病毒滴度分析，用定量 PCR 测定病毒的基因组拷贝数。

（19）通过本方法继续传代病毒，直到达到所需的代次。对 3*Dpol* 基因进行测序，以检查基因工程突变体的稳定性（见注释⑥）。

（20）为了分析病毒的一步生长，以 MOI 10 感染细胞。让病毒吸附到细胞上 30 min，用 $1 \times$ PBS 洗涤，然后向细胞中加入 1 mL 完全培养基。

（21）在 37℃孵育，在感染后不同时间点用一次性无菌刮刀从皿底刮下细胞，收集细胞和培养基。病毒和细胞混合物加到高压灭菌的 1.7 mL 微量离心管中，立即冷冻在干冰上。

（22）通过 3 次反复冻融，通过如上文所述的方法，病毒测定收集的病毒的病毒滴度。

（23）用 Qiagen RNA 提取试剂盒（Qiagen RNeasy Plus Mini Kit）提取 RNA，用 RT-*q*PCR 测定每毫升收集液中的病毒基因组拷贝数。

3.3.6　繁殖力测定

（1）使用 P_0 病毒，使用 QIAamp 病毒 RNA 小提试剂盒，按照制造商的说明书提取病毒 RNA。

（2）通过 RT-qPCR 对提取的病毒样本进行病毒基因组拷贝数检测。

（3）利用体外转录的 RNA 建立标准曲线。将 RNA 稀释至 4 ng/μL，约为 1×10^9 个基因组拷贝数 /μL。如果要更准确地测定基因组拷贝数 /μL，请使用数字 PCR。

（4）在 6 孔培养板中铺入细胞，每孔培养 6×10^5 个 HeLa S3 细胞，并用 3 mL 完全培养基覆盖。

（5）第二天，用 P_0 代病毒感染 HeLa 细胞，感染 P_0 病毒的量分别对应于 3×10^2、3×10^3、3×10^4 和 3×10^5 个病毒 RNA 基因组。

（6）将病毒和细胞在 37℃孵育 30 min，去除病毒，用 1 mL $1 \times$ PBS 洗涤细胞。去除 PBS，将 1 mL 完整的培养基添加到培养基中，让病毒复制持续 8 h。

（7）8 h 后，用 Qiagen RNA 提取试剂盒（Qiagen RNeasy Plus Mini Kit）从感染细胞中纯化总 RNA。

（8）收取 1 代（P_1）病毒。通过 3 个反复的冻融循环收取病毒。用 RT-qPCR 检测纯化的 RNA，从而计算感染下一个 HeLa 细胞所需的病毒量，感染 P_1 病毒的量分别对应于有 3×10^2、3×10^3、3×10^4 和 3×10^5 个病毒 RNA 基因组。

3.4　聚合酶突变体的体内生物学分析

3.4.1　半数致死剂量（LD_{50}）／半数保护剂量（PD_{50}）分析

（1）所有实验的 4~6 周龄的 PV 受体（cPVR）转基因远交（ICR）小鼠均在标准通风笼饲养。

（2）第 4 代（P_4）病毒储液用于动物接种（见"病毒分离、滴度测定及一步生长曲线绘制"）。

（3）用无血清培养基制备所有病毒储液、收集、病毒滴定及获得的基因组。

（4）通过腹腔内途径给小鼠接种。

（5）每种病毒剂量（1×10^7、1×10^8 和 1×10^9 pfu）感染 5 只小鼠进行 PD_{50} 测定。

（6）用 3 mL 无血清培养基稀释病毒，通过腹腔内注射使小鼠感染。

（7）观察小鼠 14 d 有无疾病迹象（皱褶皮毛和全身不适），并对出现双肢瘫痪或瘫痪的小鼠实施安乐死，以降低其获得食物和水的能力。

（8）14 d 后，用 Reed-Muench 法测定 PD_{50} 值。

3.4.2　攻毒保护分析

对先前感染突变体或存活（来自 PD_{50} 实验）1 个月后的小鼠进行攻毒试验，用 $5 \times PD_{50}$ 野生型脊髓灰质炎病毒通过腹腔内注射方法进行攻毒感染，与上述方法一样观察 14 d。

4　注　释

① AAA 密码子编码的赖氨酸被更改为 CGT 编码的精氨酸。这种基因逆转需要 2 个横向突变，这是非常低效的过程，因此对逆转进行了一些干预。

② 使用新的引物时，用硫酸镁滴定法测定反应效率。设置 3~100 μL 反应，并添加 0、1 和 2 μL 的 100 mmol/L $MgSO_4$。在琼脂糖凝胶上上样 10 μL 产物，检测反应效率。合并成功的反应管，沉淀出 DNA 进行凝胶纯化。

③ 将水、cDNA 和缓冲液混合在 1.7 mL 离心管中。在向反应液中加入酶之前，从离心管中取出 5 μL 并放在一边，这将作为"未酶切"样品。然后加入酶，在适当的温度下进行孵育，再从试管中取出 5 μL，这将作为"酶切"样品。

④ 克隆的 pMoVRA 和 pRLucRA 成功连接并转化后，会产生不同的菌落数。当把全部转化细胞涂板时，pMoVRA 克隆在 1 个培养板上产生大约 50 个菌落，而 pRLucRA 克

隆最多能产生 100 个菌落。

⑤病毒储液经多次冻融会使病毒滴度持续下降。要避免这种情况，需将制备的病毒储液小量分装并在 –80℃下保存。在确定效价或基因组拷贝后，切勿使用解冻超过 3 次的储液管。

⑥有两个理由可以解释为什么病毒在低 MOI 下传代很重要。第一是需要通过对突变区域进行测序来检查基因工程突变的稳定性；第二是用于产生准种。

参考文献

[1] Lauring AS, Jones JO, Andino R. 2010. Rationalizing the development of live attenuated virus vaccines. Nat Biotechnol, 28：573–579.

[2] Fischer WA, Chason KD, Brighton M, et al. 2014. Live attenuated influenza vaccine strains elicit a greater innate immune response than antigenically–matched seasonal influenza viruses during infection of human nasal epithelial cell cultures. Vaccine, 32：1761–1767.

[3] Weeks SA, Lee CA, Zhao Y, et al. 2012. A polymerase mechanism–based strategy for viral attenuation and vaccine development. J Biol Chem, 287：31618–31622.

[4] Vignuzzi M, Stone JK, Arnold JJ, et al. 2006. Quasispecies diversity determines pathogenesis through cooperative interactions in a viral population. Nature, 439：344–348.

[5] Gnädig NF, Beaucourt S, Campagnola G, et al. 2012. Coxsackievirus B3 mutator strains are attenuated in vivo. Proc Natl Acad Sci, 109：E2294–E2303.

[6] Vignuzzi M, Wendt E, Andino R. 2008. Engineering attenuated virus vaccines by con–trolling replication fidelity. Nat Med, 14：154–161.

[7] Korboukh VK, Lee CA, Acevedo A, et al. 2014. RNA virus population diversity：an optimum for maximal fitness and virulence. J Biol Chem, 289：29531–29544.

[8] Yang X, Smidansky ED, Maksimchuk KR, et al. 2012. Motif D of viral RNA–dependent RNA polymerases determines efficiency and fidelity of nucleotide addition. Structure, 20：1519–1527.

[9] Eigen M. 1971. Selforganization of matter and the evolution of biological macromolecules. Die Naturwissenschaften, 58：465–523.

[10] Domingo E, Holland JJ. 1997. RNA virus mutations and fitness for survival. Annu Rev Microbiol, 51：151–178.

[11] Eigen M, McCaskill J, Schuster P. 1988. Molecular Quasi–species. J Phys Chem, 92：6881–6891.

[12] Domingo E, Baranowski E, Ruiz–Jarabo CM, et al. 1998. Quasispecies structure and persistence of RNA viruses. Emerg Infect Dis, 4：521.

[13] Coffey LL, Vignuzzi M. 2010. Host alternation of chikungunya virus increases fitness while restricting population diversity and adaptability to novel selective pressures. J Virol, 85：1025–1035.

[14] Jin Z, Deval J, Johnson KA, et al. 2011. Characterization of the elongation complex of dengue virus RNA polymerase：assembly, kinetics of nucleotide incorporation, and fidelity. J Biol Chem, 286：2067–2077.

[15] Levi LI, Gnadig NF, Beaucourt S, et al. 2010. Fidelity variants of RNA dependent RNA polymerases uncover an indirect, mutagenic activity of amiloride compounds. PLoS Pathog, 6：e1001163.

[16] Hansen JL, Long AM, Schultz SC. 1997. Structure of the RNA-dependent RNA polymerase of poliovirus. Structure, 5：1109–1122.

[17] Ng KKS, Arnold JJ, Cameron CE. 2008. Structure-function relationships among RNA–dependent RNA polymerases. Curr Top Microbiol Immunol, 320：137–156.

[18] Malet I, Belnard M, Agut H, et al. 2003. From RNA to quasispecies：a DNA polymerase with proofreading activity is highly recommended for accurate assessment of viral diversity. J Virol Methods, 109：161–170.

[19] Brautigam CA, Steitz TA. 1998. Structural and functional insights provided by crystal structures of DNA polymerases and their substrate complexes. Curr Opin Struct Biol, 8：54–63.

[20] Castro C, Smidansky ED, Arnold JJ, et al. 2009. Nucleic acid polymerases use a general acid for nucleotidyl transfer. Nat Struct Mol Biol, 16：212–218.

[21] Castro C, Smidansky E, Maksimchuk KR, et al. 2007. Two proton transfers in the transition state for nucleotidyl transfer catalyzed by RNA–and DNA–dependent RNA and DNA polymerases. Proc Natl Acad Sci U S A, 104：4267–4272.

[22] Poch O, Sauvaget I, Delarue M, et al. 1989. Identification of four conserved motifs among the RNA-dependent polymerase encoding elements. EMBO J, 8：3867–3874.

[23] Herold J, Andino R. 2001. Poliovirus RNA replication requires genome circularization through a protein–protein bridge. Mol Cell, 7：581–591.

[24] Crotty S, Hix L, Sigal LJ, et al. 2002. Poliovirus pathogenesis in a new poliovirus receptor transgenic mouse model：age–dependent paralysis and a mucosal route of infection. J Gen Virol, 83：1707–1720.

第七章　BacMam 疫苗抗原递呈平台

Günther M. Keil，Reiko Pollin，Claudia Müller，Katrin Giesow，Horst Schirrmeier

摘　要：杆状病毒（BacMam virus）是基于苜蓿银纹夜蛾核型多角体病毒（Autographa californica multiple nuclear polyhedrosis virus，AcMNPV）来表达脊椎动物细胞活性蛋白的重组杆状病毒，越来越多地被用作动物病原体疫苗接种的基因递呈载体。目前存在不同的产生杆状病毒的方法，以及多种提高体内靶蛋白表达的转移载体。本文描述了一种转移载体，该载体含有一种昆虫细胞表达盒，由于可用于表达绿色荧光蛋白，因此该载体能够方便地监测杆状病毒的拯救、重组病毒的快速菌斑纯化以及重组病毒的效价测定，而且该载体在免疫接种及攻毒保护实验中，已经被证明可用于疫苗中的基因有效递呈。

关键词：BacMam 技术；杆状病毒转移质粒；绿色荧光蛋白表达；体外和体内转导

1　前　言

苜蓿银纹夜蛾核型多角体病毒（Autographa californica multiple nuclear polyhedrosis virus，AcMNPV）属于杆状病毒科的核多角体病毒属[1]。其双链 DNA 基因组大小约 134 kb，纯化后的病毒 DNA 具有传染性。在包膜病毒中，圆形基因组的大小决定了包裹 DNA 的杆状核衣壳的长度，从而使大型 DNA 序列能够整合到病毒基因组中[1]。在生物安全方面，杆状病毒载体被认为是安全的，因为它们的高效复制使其具有高度特异性的宿主范围，而且哺乳动物细胞中缺乏可检测到的 AcMNPV 启动子驱动的基因表达（见参考文献[2]综述）。自 20 世纪 80 年代初以来，AcMNPV 已成功用于在感染昆虫细胞中高水平合成和纯化蛋白质，其表达的异源开放阅读框（open reading frame，ORF）由杆状病毒多面体或 p10 启动子驱动[3]。在 19 世纪中期，Hofmann 等[4]及 Boyce 和 Buchner[5]等研究表明，具有调节相关蛋白表达的哺乳动物启动子重组 AcMNPV 适合输送到肝细胞并在肝细胞中表达基因。随着这些基础方法的发展，许多类型哺乳动物细胞、鸟类细胞[6]甚至鱼类细胞[7]都已经被报道可通过 BacMam 方法（也被称为 BacMam 技术）进行递送（见参考文献[8]综述）。

不同的商业化重组杆状病毒产生系统可轻易产生杆状病毒。这些基因传递载体具有广泛的体外宿主范围，适用于瞬时和稳定的基因转染，而且如果大量应用，比使用化学基因

转染技术更便宜 [2]。使用 BacMam 技术的报道越来越多，也反映出该技术具有很好的前景。尽管用杆状病毒直接接种可导致对包括流感病毒、猪繁殖和呼吸综合征病毒、猪圆环病毒 2 型、西尼罗河病毒、拉布病毒和丙型肝炎病毒等动物和人畜共患病病原体产生显著的体液和细胞介导免疫 [12]，但是令人想不到的是，到目前为止，关于该技术在免疫攻毒和病原体实验中应用的报告仍然还是不多 [9-11]。

用于疫苗接种的下一代 BacMam 载体的开发旨在通过增加抗原表达或在假病毒颗粒上显示特定配体来增强体内转导效率 [9, 12, 13]。

在这里，我们描述了基于 FastBacDual 系统（Invitrogen，Karlsruhe，德国）的杆状病毒的构建。其中使用了新的杆状病毒转移载体 pMamBac-CAGGS（图 7-1），该载体基于 pBacMamMCMVdual-ie [13]，而且含有强大的哺乳动物细胞活性 CAGGS 增强子 / 启动子元件 [14]。

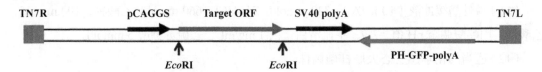

图 7-1　基于杆状病毒昆虫细胞表达载体 pFastBac-Dual 的转移质粒 pBacMamCAGGS 插入靶标 ORF 的示意图

图中展示了混合人类巨细胞病毒 / 鸡 β- 珠蛋白增强子 / 启动子元件（CAGGS）和控制目标 ORF 表达式的 SV40 多聚腺苷酸化（SV40 polyA）保守序列，以及靶标 ORF 两侧的 EcoRI 限制性内切酶切位点。此外，还描述了昆虫细胞活性的、多角体基因启动子（polyhedrin promoter，HP）调控的 GFP 表达盒（PH-GFP-poly A）。TN7R 和 TN7L 表示从转移质粒转位到杆状病毒质粒所需的序列。注意：本图并非按比例绘制。

为了便于分离、噬斑纯化和确定杆状病毒的效价，还将 pMamBac-CAGGS 转入昆虫限制性细胞，使多角体基因启动子驱动的绿色荧光蛋白（GFP）表达盒插入杆状病毒基因组中。因此，在感染重组病毒的昆虫细胞中会表达出 GFP 蛋白，可用荧光显微镜观察表达的 GFP，从而很容易地监测感染情况。然而，在脊椎动物细胞中，polyHE-drin 启动子并不活跃。

2　材　料

使用电导率小于 0.06 μS/cm 的超纯水和分析级试剂制备所有溶液。通过 121℃高压灭菌 20 min 或通过 0.2 μm 过滤装置过滤。使用无菌可拆卸设备进行细胞培养。对所有玻璃材料进行热消毒。使用分子生物学实验室标准设备。

2.1 克隆程序

（1）限制性内切酶 *Eco*RI 及 10× 反应缓冲液。

（2）质粒 pBacMam-CAGGS（作者可提供）。

（3）小牛肠碱性磷酸酶（CIP）及 10× 反应缓冲液。

（4）噬菌体 T4 DNA 连接酶。

（5）QIAquick 凝胶提取试剂盒（购自 Qiagen 公司，希尔登，德国）。

（6）60 mmol/L 乙二醇四乙酸（EGTA），pH 值 =7.0。

（7）TE 缓冲液：10 mmol/L Tris-HCl，1 mmol/L EDTA，pH 值 =7.5。

（8）TE- 饱和苯酚。

（9）氯仿异戊醇 24：1（*V/V*）。

（10）3 mol/L 醋酸钠（NaAc），用醋酸调整至 pH 值 =4.8。

（11）碱性酶缓冲液（10×TA）：330 mmol/L Tris-HCl，660 mmol/L 乙酸钾，100 mmol/L 乙酸镁，用醋酸调至 pH 值 =7.9，牛血清白蛋白 1 mg/mL，二硫苏糖醇 5 mmol/L。

（12）适当的化学感受态大肠杆菌菌株。

（13）LB- 培养基：溶解色氨酸 10 g，酵母提取物 5 g，NaCl 8 g/L。对于 LB 琼脂培养皿，加入 15 g 细菌琼脂。高压并在水浴锅中冷却到 56 ℃。将 10~15 mL 倒入 10 cm 培养皿中，凝固后倒置，4℃保存。添加氨苄青霉素使终浓度为 100 μg/mL。

（14）Qiagen 质粒小提试剂盒和质粒中提试剂盒（购自 Qiagen 公司，希尔登，德国）。

2.2 琼脂糖凝胶电泳

（1）50 倍浓缩 Tris 乙酸缓冲液（50×TAE）：2 mol/L Tris-HCl，0.25 mol/L NaAc，0.05 mol/L EDTA，用乙酸调节至 pH 值 =7.8。

（2）琼脂糖凝胶电泳。

（3）10 mg/mL EB 水溶液（见注释①）。

（4）琼脂糖凝胶电泳缓冲液为 1×3- 乙酸乙酯。在溶液中加入 EtBr，最终浓度为 100 ng/mL。

（5）DNA 上样缓冲液：40% 蔗糖，1 mmol/L EDTA（pH 值 =7.5），0.05% 溴酚蓝，0.1% SDS。

（6）合适的 DNA 分子量标记。

（7）琼脂糖凝胶电泳设备。

（8）紫外线透射仪（254 nm 和 302 nm）（见注释②）。

2.3　转移质粒转移到杆状病毒 Bacmid 中（Bac-to-Bac 表达系统，Invitrogen）

（1）大肠杆菌化学感受态细胞 DH10Bac（购自 Invitrogen 公司）。

（2）SOC 培养基（每份 100 mL）：2 g/L 胰蛋白酶原，0.5 g/L 酵母提取物，10 mmol/L NaCl，2.5 mmol/L KCl，10 mmol/L MgSO$_4$，10 mmol/L MgCl$_2$，20 mmol/L 葡萄糖。

（3）含有 10 μg/mL 四环素、50 μg/mL 卡那霉素、7 μg/mL 庆大霉素的 LB 培养基［见标题 2.1，步骤（13）］。

（4）使用 10 μg/mL 四环素、50 μg/mL 卡那霉素、7 μg/mL 庆大霉素的 LB 琼脂培养板［见 标题 2.1，步骤（13）］。对于蓝白斑选择，将 40 μL X-Gal（20 mg/mL）和 40 μL 100 mmol/L IPTG 均匀地涂在板上。

（5）溶液 1：10 mmol/L EDTA（pH 值 =8.0），20 mmol/L Tris HCl（pH 值 =8.0），50 mmol/L 葡萄糖。使用前加入 2 mg/mL 溶菌酶。

（6）溶液 2：0.2 mol/L NaOH，1% SDS，水溶液。

（7）溶液 3：3 mol/L 乙酸钠（pH 值 =4.8）。

（8）50 μg/mL RNase A 的 TE 缓冲液。

2.4　昆虫细胞培养

（1）在合适的一次性组织培养容器中，用无血清含 L- 谷氨酰胺的昆虫表达 Sf9 S2 培养基（PAA）培养粉纹夜蛾 High Five 昆虫细胞。

（2）在合适的一次性组织培养容器中，用含 10% 的胎牛血清的 Grace 昆虫培养基进行草地贪夜蛾细胞 SF9 细胞的培养。

（3）无血清 2 倍浓度 Grace 昆虫培养基。

（4）低熔点琼脂糖（2%）。

2.5　从 Bacmid DNA 中拯救 BacMam 病毒

（1）High Five 昆虫细胞。

（2）FuGENE HD 转染试剂（Roche 公司产品）。

（3）SF9 细胞。

2.6　用杆状病毒转导脊椎动物细胞

（1）脊椎动物细胞用适当的细胞培养基培养。

（2）PBS$^+$ 溶液，每 1 L 的 PBS 含 137 mmol/L NaCl，2.7 mmol/L KCl，6.5 mmol/L Na$_2$HPO$_4$，1.5 mmol/L KH$_2$PO$_4$，0.4 mmol/L CaCl$_2$，0.5 mmol/L MgCl$_2$，pH 值 =7.2。过滤消毒。PBS$^-$ 溶液不含 CaCl$_2$ 和 MgCl$_2$（见注释③）。

（3）1 mol/L 丁酸钠，pH 值 =7.0。

（4）带板式转子的低速离心机。

3 方 法

3.1 琼脂糖凝胶电泳

我们使用自制的琼脂糖凝胶装置进行电泳。不过，下面给出的设计要求可以很容易地适应其他装置。因此，可根据需要组装设备。

（1）将 3 g 琼脂糖放入 490 mL 水中，放入微波炉中煮至沸腾，然后放入水浴中冷却至 56℃，制备 0.6% 的凝胶。补充蒸发的水分（见注释④）。

（2）加 10 mL 50×TAE 和 5 μL 10 mg/mL 的 EtBr 溶液，放置到 56℃ 水中，直到使用。

（3）根据系统的具体情况倒凝胶（见注释⑤）。如限制性内切酶裂解反应使用约 5 mm 厚凝胶（长×宽 =6 cm×4 cm）。对于 DNA 片段的纯化，使用更大的凝胶（长×宽 = 25 cm×15 cm，5 mm 厚）可能更合适。使用大小合适的梳子。

（4）凝胶凝固后放入 0.1 μg /mL 溴化乙锭的电泳缓冲液，然后拔出梳子，用枪头将样品加入孔中。同时加入 DNA 分子量大小标记到 1 个孔中作为分子量大小参照。

（5）用小胶进行核酸电泳时，以 8 V/cm 的距离运行 25 min；用大胶进行核酸电泳时，以 4 V/cm 的距离运行 3~6 h（见注释⑥）。

（6）电泳后将凝胶置于紫外凝胶成像仪上使 DNA 片段可视化，仅用于记录时，波长选择 254 nm，需要切胶时，波长选择 302 nm。拍照并保存照片（见注释②）。

3.2 将目标 ORF 插入 BacMam 转移载体

据我们所知，在大量的 BacMam 转移质粒中，只有我们实验室开发的质粒携带表达 GFP 的表达盒。由于 GFP 表达受多角启动子的驱动，因此只能在昆虫细胞中表达[13]。到目前为止，我们还没有观察到该 GFP 表达盒的存在会对杆状病毒在昆虫细胞中的传播和感染性病毒的产量有任何负面影响。而绿色荧光蛋白在昆虫细胞中表达的优点是能监测病毒的拯救，易于进行噬斑的纯化和病毒滴度的快速测定。为了将目标 ORF 插入转移载体 pBacMamCAGGS 中（图 7-1），建议使用 *Eco*RI 酶切位点。

（1）用 QIAquick 凝胶提取试剂盒根据厂家说明书进行琼脂糖凝胶电泳，分离出两侧为 *Eco*RI 黏性末端或平末端的靶标 ORF DNA 片段。用 50 μL 5 mmol/L Tris-HCl/1 mmol/L EDTA（pH 值 7.0）洗脱 DNA。

（2）制备载体时，用 5 μL 10×*Eco*RI 反应缓冲液、5 U *Eco*RI 酶和 5 μg pBacMam-CAGGS 质粒（图 7-1）加至反应管中，添加水至 50 μL，37℃ 孵育 2 h。

（3）对于 5' 端的碱性磷酸酶（CIP）脱磷实验，添加 25 μL 10×CIP 缓冲液、174 μL

超纯水和 1 μL CIP。37℃孵育 30 min。再加入 1 μL CIP，在 56℃孵育 30 min。加入 50 μL 的 60 mmol/L EGTA，65℃孵育 30 min，使磷酸酶失活。加入 30 mL 10% SDS 和 1 μL 蛋白酶 K（10 mg/ mL），56℃孵育 30 min。

（4）在 DNA 样品中加入 300 μL 的 TE 饱和酚。用力摇动 20 ~30 s。在室温下将样品离心 2 min，使不同相分离（见注释⑦）。

（5）将水相转移到 1 个新的 1.5 mL 离心管中，加入 300 μL 1 : 1 的 TE 饱和酚 : 氯仿 - 异戊醇混合液。在室温下充分混合并离心样品 2 min，使不同相分离。

（6）将水相转移到 1.5 mL 离心管中并添加 1 mL 氯仿 - 异戊醇。将样品在室温下充分混合并离心 2 min，以分离各相。

（7）将水相转移到 1 个新的 1.5 mL 离心管中，并测定体积。加入 TE 使体积达到 360 μL，然后加入 40 μL 3 mol/L 醋酸钠（pH 值 =7.0），和 1 mL 100% 乙醇。充分混合，在 -80℃下孵育约 30 min。

（8）室温下离心 15 min 使沉淀的 DNA 颗粒化，取出乙醇，用 1 mL 70% 乙醇洗涤颗粒，离心 10 min，取出乙醇，在 56℃开管孵育，干燥 5 ~10 min。

（9）在 56℃孵育 15 min，将干燥的颗粒重新悬浮在 50 μL 的 TE 液中。

（10）在 1 个新的 1.5 mL 离心管中，用移液管吸取 5 μL 的纯化载体、24 μL 的纯化靶 ORF 片段、5 μL BSA、5 μL 10 × TA、5 μL 100 mmol/L DTT、5 μL 10 mmol/L ATP 和 0.1 U T4 连接酶（见注释⑧）。用 ddH$_2$O 调节至 50 μL，作为对照，制备相同的连接混合物，但使用 ddH$_2$O 代替纯化的目标 ORF 片段。37℃孵育 5 min，25℃孵育 1 h，4℃孵育过夜（见注释⑨）。

（11）为了转化具有化学活性的细菌，将新鲜解冻的等分试样在冰上孵育 5 min，并向说明书推荐数量的感受态细菌中加入 1~10 μL 的连接产物。在冰上孵育 20 min，然后在 42℃孵育 2 min，最后再在冰上孵育 5 min。

（12）每管加 200 μL LB 培养基、2 μL 1 mol/L KCl 和 2 μL 2 mol/L MgSO$_4$，37℃孵育 1 h，平板放在含有氨苄西林的 LB 琼脂培养皿上。在 30℃孵育过夜，如果菌落太小，则在 37℃孵育过夜（见注释⑩）。

（13）用无菌移液枪头、无菌牙签或接种环将 6~24 个（或更多）菌落（见注释⑪）与氨苄西林一起放入 3 mL LB 培养基中，并在旋转摇床上 37℃培养过夜。

（14）根据说明书使用 QIAgen 质粒小提试剂盒制备质粒 DNA。

（15）用 260 nm 紫外分光光度法测定 DNA 浓度。

（16）在推荐的缓冲液中用合适的酶切 5 ~20 μL 质粒 DNA 1~2 h，以确定靶 ORF 的方向是否正确。

（17）用 0.6% 琼脂糖凝胶电泳分离酶切产物，在 4 V/cm 下电泳 3 h，鉴定正确克隆。

（18）用 1 μL 从正确的克隆体中提取的质粒 DNA 转化具有化学感受态大肠杆菌，加入 50 mL 含有氨苄西林的 LB 中，在旋转摇床上培养过夜。

（19）用 QIAgen 质粒中提试剂盒按照说明书制备质粒 DNA。用 260 μm 紫外分光光度法测定 DNA 浓度（1 OD_{260} 对应的 DNA 浓度为 50 μg/mL），用合适的限制性内切酶消化 0.5 μg 质粒 DNA 2 h，再用 0.6% 琼脂糖凝胶电泳，验证制备的纯度。

（20）在离心管中添加 1.5 μg 合适的、纯化的 BacMam 转移质粒至 100 μL 化学感受态 DH10Bac 大肠杆菌，充分混合并在冰上静置 20 min。将离心管置于 42℃下 2 min，然后在冰上冷却 5 min。

（21）加入 900 μL SOC 培养基，在 37℃的旋转摇床上以 300 r/min 的速度培养 4 h。

（22）在 SOC 培养基中制备 10^{-3} 稀释液，并在 37℃、300 r/min 下培养过夜。

（23）将稀释 10^{-3}、10^{-4} 和 10^{-5} 的稀释液在 SOC 培养基（各 500 μL）中稀释过夜，并在 37℃、300 r/min 下培养 2 h。

（24）准备含有 IPTG 和 X-Gal 的琼脂培养皿。

（25）将 10^{-3}、10^{-4} 和 10^{-5} 稀释液的 200 μL 平板放在琼脂平板上。将培养皿在 37℃下培养 24 h，室温下再培养 1 d。

（26）挑取 4~6 个白色菌落到含有卡那霉素、庆大霉素、四环素的 3 mL LB 培养基中，在 37℃的旋转摇床上培养过夜。

（27）取 1 mL 过夜培养的细菌，在 4 500 $\times g$ 条件下离心 1 min。

（28）用 100 μL "溶液 1" 重新悬浮颗粒中的细菌，加入 100 μL "溶液 2" 并混匀。加入 150 μL "溶液 3"，充分混合，在冰上孵育 20~60 min。

（29）在 20 000 $\times g$ 的条件下离心 5 min，然后将超上清液转移到新的试管中。

（30）加入 1 mL 已在 -20℃预冷的 100% 乙醇，充分混合，在 -80℃下静置 15 min。

（31）以 20 000 $\times g$ 离心 10 min，弃上清液。

（32）用 1 mL 70% 乙醇清洗 DNA 颗粒。离心管在 20 000 $\times g$ 条件下离心 5 min，开管后在 56℃孵育约 10 min，使颗粒干燥 10 min。

（33）在 40 μL TE 缓冲液中，在 56℃下用 RNase A 溶解颗粒 5 min，然后在 1 400 r/min 的旋转摇床上 37℃摇动 30 min。

（34）测定 DNA 的 OD_{260} 和 OD_{280}，然后使用 260/280 比率最接近 2.0 的克隆来进行拯救病毒。

3.3 从转移载体 DNA 中拯救杆状病毒

（1）6 孔板的孔中加入 1 mL 昆虫表达培养基，接入 1 $\times 10^6$ High Five 细胞，细胞在 27℃下附着 1 h。

（2）吸取 5 μL Bacmid DNA 加到 95 μL 无菌水中，加入 6 μL Fugene HD 转染试剂。在室温下孵育 40 min。

（3）用细胞培养基洗涤培养物 1 次，用 1 mL 细胞培养基覆盖细胞。

（4）将 900 μL 细胞培养基加入到转染混合物中，轻轻混合，逐滴加入细胞中。27℃孵育 5 h，用 2 mL 新鲜细胞培养基替换上清液，27℃进一步孵育。

（5）每天监测转染的 High Five 细胞培养物，看是否有自体荧光细胞和 / 或病灶。在最佳条件下，约在转染后 24 h（见注释⑫）即可见单个自体荧光细胞（图 7-2）。

24 h后　　　　　48 h后　　　　　96 h后

图 7-2　转染质粒后的荧光显微镜观察

在用转移质粒 DNA 转染的 High Five 细胞中，自体荧光细胞的传播表明产生了包含要转移序列的杆状病毒。使用尼康荧光显微镜和 FITC 滤光片装置拍摄细胞。

3.4　杆状病毒的噬斑纯化

BAC 系统是基于已研究的大肠杆菌 F 因子。F 因子在大肠杆菌中的复制会受到严格控制。然而，F 质粒在每个细胞中保持 1~4 个拷贝[15]。此外，最近的报告表明，在昆虫细胞中，当外源蛋白表达干扰病毒复制时，可以自发地从 Bacmid 衍生的载体中切除 BAC 载体序列。总之，噬斑纯化是尽可能确定获得同源病毒分离必不可少的。

（1）当大量的转染细胞出现自发荧光时（通常在转染后 3 d），将 150 μL 被转染细胞培养上清液转移到离心管中，并制备 10^{-1} 和 10^{-2} 稀释液。将每个 7.5×10^5 SF9 细胞接种在 2 mL Grace 昆虫培养基中，将 10% 胎牛血清接种到 6 孔板的孔中，使细胞贴附 20～30 min，每个孔中接入每个稀释度 100 μL 稀释液，27℃孵育 1~2 h。

（2）将 2% 低熔点琼脂糖在微波炉中加热，水浴冷却至 45℃。在使用之前直接按照 1：1 比例将低熔点琼脂糖和 20% FCS 双倍浓度 Grace 昆虫培养基混合，然后放置在室温平衡（见注释⑬）。

（3）从感染的 SF9 细胞中取出上清液，将等量的琼脂糖和 2× 培养基混合，快速而温和地覆盖细胞，每孔 2.5 mL。

（4）在覆盖层固化后（室温下约 10 min），在 27℃下培养，然后荧光显微镜下观察自发荧光在培养板中的位置。

（5）通常 3 d 后，用记号笔（如 EDDING 404 黑色）从下方沿着物镜（见注释⑭）将位于板底部的分散的自动荧光板圈起来。使用 Gilson P1000 移液枪头（体积至 50 μL）从单个斑块中吸取细胞，并用 1 mL SF9 培养基冲洗到离心管中。摇晃 30 min 或反复冻融以释放所选感染细胞中的病毒。

（6）将 1.25×10^6 SF9 细胞加到 4 mL 培养基中，接种到 25 cm^2 组织培养瓶中，然后加入 1 mL 噬斑分离物。在 27℃下培养 5~7 d，直到完全出现 CPE。

（7）为了测定效价，将 BacMam 制备液从 10^{-1} 稀释至 10^{-8}，并将 100 μL 的每种稀释液转移到 96 孔板的孔中。制备 4~6 个平行，在 25 μL Grace 昆虫培养基中加入约 1.4×10^4 的 SF9 细胞至病毒稀释液中。27℃孵育 3~5 d，用自荧光细胞测定孔，用 Spearman 和 Kärber[16] 算法计算 TCID$_{50}$。

3.5　靶蛋白在脊椎动物细胞中的表达验证

在大规模培养和免疫动物前，应通过单个杆状病毒噬斑分离株验证靶蛋白的表达。这可通过将其转化常用的细胞系，如 HEK 293T、Vero、BHK、Hela 以及其他被报道可有效转化的细胞系[8]，然后使用免疫印迹法、间接免疫荧光法、酶联免疫吸附法等检测来抗原。需要确定每个细胞系的最佳转导条件，不过下述程序应该可作为一种适用于大多数哺乳动物细胞系（图 7-3）的类似方案。

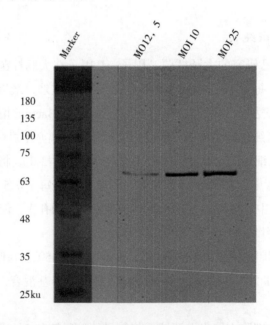

图 7-3　BacMam 转导效率的测定

用表达兔出血性疾病病毒蛋白 60（VP60）的 BacMam/RHDV_VP60 在指定的 MOI 转导兔肾细胞（RK13）。经 10% 聚丙烯酰胺凝胶电泳（SDS-PAGE）分离，传代 24 h 后收获细胞，裂解蛋白质并转移到硝化纤维素膜上。VP60 的表达是用多克隆兔抗 VP60 血清作为一抗孵育，用过氧化物酶标记的抗兔 IgG 血清作为二抗，然后用超敏型化学发光试剂盒（SuperSignal West Pico Chemoluminescent Kit，购自 Pierce 公司）根据说明书检测信号。

（1）将种子细胞接种到培养板中，细胞密度为细胞经培养 24 h 后融合即可（见注释⑮）。

（2）去除培养基，用 PBS⁺ 冲洗细胞 2 次（见注释⑯）。在 PBS 中每个细胞添加 25 个 $TCID_{50}$ 杆状病毒。在 6 个孔板中，最终体积应为每个孔 2 mL，使用其他规格的培养板时最终体积应相应减少。

（3）$600 \times g$ 离心培养板，27℃离心 1 h。如果没有带盘状转子的离心机，在旋转摇床上 25~27℃下低速培养 4~6 h。

（4）用添加有 5 mmol/L 丁酸钠[13]的正常细胞培养基替换接种物，并在正常条件下培养 24 ~48 h（见注释⑰）。

（5）去除培养基，用 PBS 洗涤单细胞层 2 次，按照设想的检测方法处理细胞。

3.6　大规模生产和浓缩用于体内实验的病毒杆菌

（1）在 35 mL 培养基中，以 0.1 的感染复数感染 10^7 个脱落的 SF9 细胞，细胞培养液加入细胞培养瓶中，生长面积为 150 ~162.5 cm²。在 27℃下孵育，直到 CPE 全部出现（通常 6~8 d）。

（2）将培养瓶的感染物转移到 50 mL 离心管中，$4\,000 \times g$ 离心 20 min。如果能行，从多个管中收集上清液，取出一份小份进行测定。然后将 7.5 mL 25% 蔗糖覆盖在 PBS⁻ 缓冲液上，填充到 Beckman SW32 转子超离心管中，加入 25 mL 受感染的培养上清液。在 25 000 r/min 下 4℃离心 90 min。

（3）小心地先吸出培养基，然后吸蔗糖垫。向颗粒中加入 1 mL PBS⁺，用封口膜密封试管，然后在冰上放置过夜。

（4）重新悬浮颗粒并使用双均质器小心地均质。匀浆 10 次就够了。分装后在 -70℃下储存。

（5）在 40 W 的超声波水浴中解冻等分试样，超声 5 s（见注释⑱）。与超速离心前的样品一起测定，计算回收率，通常回收率为 50% 左右。

3.7　体内转导

杆状病毒可作为疫苗的传递载体已经在如小鼠[12]、鸡[17]或猪[10]体内得到了证明。不同的动物，免疫剂量不一样。猪疫苗接种的剂量在 10^7 个感染单位，每 15 d 给予 1 次肌内注射（i.m.），总共注射 3 次，而用于小鼠或者鸡的疫苗，接种剂量为 10^9 个感染单位，每 3 周免疫肌内注射 1 次，总共免疫 2 次。

由于疫苗接种 / 攻毒实验的方案明显依赖于疾病、目标动物和实验室的特殊性，因此一般的操作说明似乎不合适（见注释⑲）。

在下面描述的疫苗接种 / 攻毒保护实验的示例中，在第 0 天、第 7 天和第 12 天用 5×10^8 pfu BacMam/VP60（图 7-4）对兔子进行免疫，然后在第 42 天用致死剂量 RHDV

进行攻毒。所有接种疫苗的动物均产生 VP60 特异性血清抗体，并在致死性攻毒感染中存活，证明了 BacMam 病毒具有安全递呈载体疫苗的潜力。

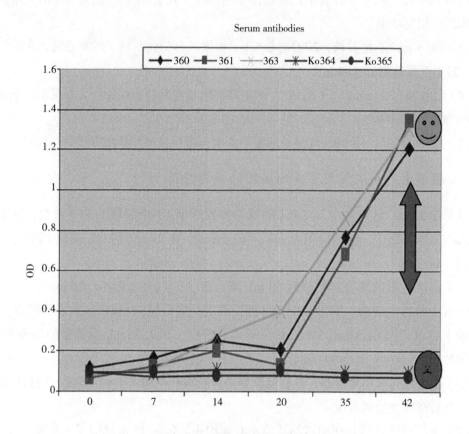

图 7-4　杆状病毒疫苗接种对兔 RHDV 的保护作用

在第 0 天、第 7 天和第 12 天（360、#361 和 #363）接种 5×10^8 pfu BacMam/VP60，或不接种（#364 和 365），然后在第 42 天用致死剂量 RHDV（红色双箭头）攻毒感染。动物在指定的日期被采血，并使用内部间接 ELISA[18] 对 VP60 特异性抗体进行定量检测。在接受攻毒感染后，所有接种疫苗的兔子都存活了下来（绿色的微笑表情符号），而未接种疫苗的兔子则在 2~3 d 内死亡（红色的表情符号）。

4　注　释

① 溴化乙锭被认为是一种诱变剂，其粉末吸入后毒性很强。因此，将其视为有害物质，应在通风柜下制备溴化乙锭溶液，并在操作时戴手套。

② 短波紫外线对眼睛有伤害。检查或切割透光器上的 DNA 碎片时，请戴上护目镜或面罩，以防损坏眼睛。

③ 确保 PBS⁺ 含有钙和镁。在市售 PBS 溶液中，一般都不含钙和镁。不能高压灭菌，因为高温高压可能形成不溶性 Ca^{2+} 复合物。

④ 不要用锥形烧瓶煮沸琼脂糖凝胶，因为暴沸可能导致过热，形成的烟囱效应可能导致琼脂糖溶液溅射。使用玻璃烧杯更安全。

⑤ 凝胶表面的气泡不太好看。可以用打火机或本生灯的火焰去除，也可以用牙签、移液器枪头等挑除。

⑥ 电泳时间取决于样品的 DNA 片段大小（VP60）。容易辨别的 DNA 片段需要电泳时间更短，而复杂的片段组成则需要电泳更长的时间。

⑦ 除非另有说明，否则离心 1.5 mL 离心管的离心力大小为（16 000~20 000）×g。

⑧ 使用 1 U T4 连接酶进行黏性末端的连接。

⑨ 通常 4℃下过夜培养质粒连接产物，而非通常用的 16℃下过夜培养。

⑩ 将培养皿在 37℃孵育过夜可能会产生大量氨苄青霉素抗性菌落，这些菌落会耗尽抗生素并使未转化细菌生长。

⑪ 要分析的克隆数取决于对照培养板和目的培养板上生长的克隆数。例如，如果后者包含 30 个菌落，而对照组包含 5 个菌落，则理论上足以测试 6 个克隆，以确保插入物的方向正确。

⑫ 如果昆虫细胞中目标蛋白的低水平表达[13]干扰了杆状病毒的复制，那么自发荧光细胞的出现可能会延迟。但是，如果 3 d 后没有自体荧光细胞出现，至少应重复杆状病毒质粒的制备和转染。虽然我们不经常这样做，但最好用空载体作为阳性对照。

⑬ 如果室内温度为 20℃左右，那么给定的水浴温度才能使用；而如果在明显较高的室内温度下操作时，必须降低水浴温度，以避免 SF9 培养物的热损伤。

⑭ 要想看到记号笔的笔尖，需要稍微打开可见光。

⑮ 如果要用免疫印迹法或抗原酶联免疫吸附试验检测，通常用 6 孔板；而如果要用免疫荧光检测，一般是用 24 孔板。

⑯ 必须使用含有钙离子和镁离子的 PBS。否则，大多数细胞类型将在随后的培养过程中脱落。

⑰ 对于某些细胞来说，丁酸盐在长时间培养后是有毒的。在出现细胞病变的最初迹象后，应使用常规细胞培养基取代含有丁酸盐的培养基。

⑱ 浓缩的杆状病毒产物往往形成聚集体，可使用超声波驱散病毒聚集物。不过，超声时间过长会降低病毒的生物活性。

⑲ 如果打算使用佐剂，则需要清楚其对转导效果的影响。我们使用了包被病毒活疫苗推荐的佐剂产品后，发现该佐剂可使杆状病毒完全失活。

致　谢

本工作得到了欧盟卓越网络、EPIZONE（EU Network of Excellence，EPIZONE，项目号 FOOD-CT-2006-016236）和欧洲 ASFORCE 研究项目（非洲猪瘟研究工作，项目号

311931）和 IDT Biologika 的支持。

参考文献

[1] Herniou EA, Arif BM, Becnel JJ, et al. 2011. Baculoviridae virus taxonomy. In: King AMQ, Adams MJ, Carstens EB, Lefkowitz EJ (eds) Ninth report of the international committee on taxonomy of viruses. Elsevier, Oxford, pp 163–174.

[2] Kost TA, Condreay JP, Ames RS, et al. 2007. Implementation of BacMam virus gene delivery in a drug discovery setting. Drug Discov Today, 12：396–401.

[3] Smith GE, Summers MD, Fraser MJ. 1983. Production of human beta interferon in insect cells infected with a baculovirus expression vector. Mol Cell Biol, 3：2156–2165.

[4] Hofmann C, Sandig V, Jennings G, et al. 1995. Efficient gene transfer into human hepatocytes by baculovirus vectors. Proc Natl Acad Sci U S A, 92：10099–10103.

[5] Boyce FM, Bucher NL. 1996. Baculovirus–mediated gene transfer into mammalian cells. Proc Natl Acad Sci U S A, 93：2348–2352.

[6] Song J, Liang C, Chen X. 2006. Transduction of avian cells with recombinant baculovirus. J Virol Methods, 13：157–162.

[7] Leisy DJ, Lewis TD, Leong JA, et al. 2003. Transduction of cultured fish cells with recombinant baculoviruses. J Gen Virol, 84：1173–1178.

[8] Kost TA, Condreay JP. 2002. Recombinant baculoviruses as mammalian cell gene-delivery vectors. Trends Biotechnol, 20：173–180.

[9] Brun A, Albina E, Barret T, et al. 2008. Antigen delivery systems for veterinary vaccine development viral–vector based delivery systems. Vaccine, 2：6508–6528.

[10] Argilaguet JM, Pérez-Martín E, López S, et al. 2013. BacMam immunization partially protects pigs against sublethal challenge with African swine fever virus. Antiviral Res, 98：61–65.

[11] Zhang J, Chen XW, Tong TZ, et al. 2014. BacMam virus–based surface display of the infectious bronchitis virus (IBV) S1 glycoprotein confers strong protection against virulent IBV challenge in chickens. Vaccine, 32：664–670.

[12] Wu Q, Yu F, Xu J, et al. 2014. Rabies-virus-glycoprotein-pseudotyped recombinant baculovirus vaccine confers complete protection against lethal rabies virus challenge in a mouse model. Vet Microbiol, 171：93–101.

[13] Keil GM, Klopfleisch C, Giesow K, et al. 2009. Novel vectors for simultaneous high-level dual protein expression in vertebrates and insect cells by recombinant baculoviruses. J Virol

Methods, 160 : 132-137.

[14] Niwa H, Yamamura K, Miyazaki J. 1991. Efficient selection for high-expression transfectants with a novel eukaryotic vector. Gene, 108 : 193-200.

[15] Kim U J, Shizuya H, deJong PJ, Birren B, Simon MI. 1992. Stable propagation of cosmid sized human DNA inserts in an F factor based vector. Nucleic Acids Res, 20 : 1083-1085.

[16] Finney DJ. 1964. The Spearman-Kärber method. In : Finney DJ (ed) Statistical methods in biological assay. Charles Griffin, London, pp 524-530.

[17] Wu Q, Fang L, Wu X, et al. 2009. A pseudo-type baculovirus-mediated vaccine confers protective immunity against lethal challenge with H5N1 avian influenza virus in mice and chickens. Mol Immunol, 46 : 2210-2217.

[18] Schirrmeier H, Reimann I, Källner B, et al. 1999. Pathogenic, antigenic and molecular properties of rabbit haemorrhagic disease virus (RHDV) isolated from vaccinated rabbits : detection and characterization of antigenic variants. Arch Virol, 144 : 719-735.

第八章　复制缺陷型腺病毒载体疫苗的实验室规模生产

Susan J. Morris, Alison V. Turner, Nicola Green, George M. Warimwe

摘　要: 复制缺陷型腺病毒是一种有效的疫苗开发平台,广泛用于人和动物候选疫苗,主要是因为它们具有很好的安全性和免疫原性。在本章中,我们描述了一种可在任何实验室中进行 GLP 大规模生产复制缺陷型腺病毒载体疫苗的方法,用于动物模型的临床前研究,包括用于兽医应用于大型目标动物的决定性实验研究。我们以人 5 型腺病毒(HAdV5)为例,但该方法可以很容易地适应与来自不同来源的其他腺病毒血清型一起使用。

关键词: 人 5 型腺病毒载体;转染;HEK293 细胞;种子库

1　前　言

复制缺陷的人 5 型腺病毒(Replication-deficient human adenovirus serotype 5,HAdV5)载体是用于基因治疗和疫苗的常见载体,其可将外源基因传递到不同细胞中。例如,基于 HAdV5 的疫苗是预防主要牲畜疾病(如口蹄疫和小反刍兽)的主要候选疫苗,而基于 HAdV5 的许可疫苗产品 ONRAB®,目前正被用于野生动物的狂犬病预防。大量有关 HAdV5 生物学、免疫学和安全性的信息以及动物体内抗 HAdV5 抗体水平低使这种病毒成为兽医疾病疫苗的理想候选。

在这里,我们描述了一种方法,可在任何实验室大规模生产缺乏复制的 HAdV5 载体疫苗,用于小型动物的临床前研究,以及用于牛等大型目标动物的最终实验研究。该方法使用人胚胎肾 293(HEK293)细胞,该细胞已被转入了剪切的 HAdV5 DNA[1]。HEK293 细胞表达来自腺病毒的 *E1* 基因,以补充腺病毒载体生长必需的缺失 E1,否则复制缺陷[2]。分子克隆技术,如重组技术,可以很容易地操纵腺病毒基因组,使任何外源基因都可以很容易地插入到 *E1* 基因座中,并在细菌中扩增出 DNA。由于线性腺病毒基因组 DNA 具有传染性[3],通过阳离子脂质体复合物的转染可将腺病毒基因组 DNA 插入 HEK293 细胞中,产生病毒颗粒,从而可从细胞裂解液中获取、繁殖和纯化出病毒。

2 材　料

使用超纯分子生物学级水制备所有材料，该水通过净化去离子水制备，在 25℃下的灵敏度为 18 MΩ。所有材料应为组织培养级材料；可分成小份，然后在 –20℃下储存。

2.1 HEK293A 细胞生长培养基成分

（1）DMEM 培养基，含有高葡萄糖和丙酮酸盐。

（2）200 mmol/L L - 谷氨酰胺。

（3）100× 青霉素 / 链霉素（P/S）溶液（10 000 U 青霉素 - G 和 10 mg 链霉素 /mL）。

（4）胎牛血清（FBS）。

（5）制备 D 10：用青霉素 / 链霉素（D10 ± PS）和不加青霉素 / 链霉素（D10 ± PS）。在 37℃水浴中解冻 1 份 FCS、L - 谷氨酰胺和 P/S（如果需要）。在 1 瓶 500 mL 的 DMEM 中加入 50 mL 的 FCS，得到 10% 的最终浓度，加入 10 mL 的 L - 谷氨酰胺，得到 4 mmol/L 的最终浓度，如果需要，加入 5 mL 的 P/S，得到 100 U 的青霉素，至 0.1 mg/mL 链霉素的最终浓度。生长培养基可在 4℃下储存 1 个月。

2.2 HEK 293S 细胞生长培养基成分

（1）CD293 培养基（Life Technologies 公司产品）。

（2）200 mmol/L L - 谷氨酰胺。

（3）CD293 培养基的制备：在 37℃水浴中解冻 1 份等份分装的 L - 谷氨酰胺。在 500 mL 的 CD293 培养基中加入 20 mL L - 谷氨酰胺，得到 8 mmol/L 的最终浓度。生长培养基可在 4℃下保存 1 个月。

2.3 其他培养试剂

（1）磷酸盐缓冲盐水（PBS），不含 Ca^{2+} 和 Mg^{2+}。

（2）胰蛋白酶 TrypLE^{TM} Express（Life Technologies 公司产品）。

2.4 渗透试剂

（1）含谷氨酰胺和 HEPES 的 Opti-MEM，不含酚红（Life Technologies 公司产品）。

（2）转染试剂脂质体 Lipofectamine 2000（Life Technologies 公司产品）。

2.5 细胞裂解和全能核酸酶（Benzonase）处理

（1）裂解缓冲液（10 mmol/L Tris-HCl，1 mmol/L $MgCl_2$，pH 值 =7.8）：制备 1 mol/L Tris-HCl 溶液，pH 值 =7.8，或使用 Sigma- 货号 T-2569-100 mL 预制溶液；制备 1 mol/L $mgCl_2$ 溶

液。向 500 mL 量筒中加入 5 mL 1 mol/L Tris-HCl（pH 值 =7.8）储备溶液和 0.5 mL 1 mol/L $MgCl_2$ 溶液。用 18 MΩ 的水补充至 500 mL，然后用消毒杯过滤消毒。分份放入 II 级生物安全柜中，室温保存。

（2）25 U/μL 全能核酸酶（Benzonase），纯度 >99%（默克公司产品）。

2.6　氯化铯（CsCl）纯化试剂的制备

（1）用 pH 值 =7.8 的 10 mmol/L Tris 制备 1.25 g/mL 密度 CsCl 溶液：向容量瓶中添加 166.89 g CsCl。添加 5 mL 1 mol/L Tris-HCl（pH 值 =7.8）溶液，并用 18 MΩ 水将体积补充至 500 mL。过滤消毒。

（2）在 10 mmol/L Tris（pH 值 =7.8）中制备 1.35 g/mL 密度 CsCl：向容量瓶中添加 233.65 g CsCl。添加 5 mL 1 mol/L Tris-HCl（pH 值 =7.8）溶液，并用 18 MΩ 水将体积补充至 500 mL。过滤消毒。

（3）制备储存缓冲液（10 mmol/L Tris，7.5%*W/V* 蔗糖，pH 值 =7.8）：称取 75 g 蔗糖，转移到 1 L 量筒中。添加 18 MΩ 水至约 800 mL。然后添加 10 mL 1 mol/L Tris HCl，pH 值 =7.8。用封口膜封住量筒顶部，反复翻转量筒，直到蔗糖完全溶解。最后，调整容量至 1 000 mL，过滤消毒，4℃保存。

3　方　法

对于腺病毒载体的产生，有几种复制缺陷的 HADV5 载体可用作起始材料。Life Technologies 公司提供目标质粒 pAd/CMV/ V5-DEST™，可编码 1 个复制缺陷（E1/E3 缺失）的 HAdV5 基因组，该基因组可以使用兼容的进入克隆和标准的 Gateway 克隆反应来设计，以在 E1 位点插入任何选择的抗原。或者，加的夫大学（University of Cardiff）Adz 提供的含有各种改良的 HAdV5 基因组的细菌人工染色体（BAC），可以很容易地使用标准重组技术（Adz 提供的技术方案）进行基因工程操作，在 E1 基因座插入任何选择的抗原。这些 BAC 衍生载体包含 1 个自剪切盒，因此不需要进行下面的标题 3.1 中用于转染互补细胞的基因组线性化。

复制缺陷的 HAdV5 病毒的产生依赖于由 E1 基因编码的病毒激活因子的反式表达。人胚胎肾（HEK）293 细胞和 PerC.6 细胞是常见的 E1 互补细胞系，用于生产复制缺陷型腺病毒。在以下操作方案中，我们使用贴壁（HEK293A）或悬浮（HEK293S）HEK293 细胞来产生 HAdV5 载体（有关使用此细胞系的信息，请参见注释①和注释②）。应该注意的是，由于 PerC.6 细胞表达 E1 基因的表达盒中仅含有较少与 HAdV5 基因组的侧翼同源性的序列，因此降低了生产过程中产生具有复制能力病毒的风险。

3.1 从质粒或 BCA DNA 中切除 HAdV5 基因组

（1）腺病毒需要线性化 DNA 基因组来开始复制和基因组的包装。可通过限制性酶从质粒或 BAC 中酶切消化切除 HAdV5 基因组。混合以下组分：6 μg pAd/CMV/V5-DEST™ 质粒或 BCA（见注释③），10 μL 10 × 限制性酶缓冲液，20 U PacI 限制性酶。在无菌的分子生物学级水中，总含量可达 100 μL（此处所述的量足以用于转染 1 × T25 培养瓶中的细胞）。

（2）将反应物在 37℃孵育 2 ~3 h，然后将反应物 65℃加热 25 min，使限制性酶失活。将 10 μL 的反应产物移入单独的 1.5 mL 离心管中，通过 1% 琼脂糖凝胶电泳，确认已经从质粒骨架中切除了 HAdV5 基因组。不过，一些 BAC 衍生载体含有自切盒，因此不需要使用限制性酶切基因组。

3.2 HEK293A 细胞的转染

本方案描述了细胞的转染和随后的传代，以获得复制缺陷的 HAdV5 载体。当细胞达到 80% ~ 90% 的融合度时，细胞被转到较大的组织培养瓶中 1 次或 2 次，这样做可维持细胞对 E1 基因的反式表达，对病毒拯救至关重要（见注释②）。

（1）在转染前 24 h，将 2.3 × 10⁶ HEK293A 细胞接种到 T25 细胞瓶中，用总体积为 5mL 的 D10+PS 培养基。

（2）在转染当天，预先将一小份（每次转染 1 mL）Opti-MEM（用于制备 DNA- 脂质体胺复合物）加热到室温，并预先将一小份（10 mL/T25 培养瓶）Opti-MEM（用于细胞清洗 / 培养基替换）加热到 37℃。此外，预热 D10-PS 培养基（每个 T25 培养瓶约 5 mL）至 37℃。

（3）准备：含有 85 μL 线性化基因组（见子标题 3.2 的第一步）的无菌 2 mL 螺旋盖管 +215 μL Opti-MEM。1 个无菌的 2 mL 螺旋盖管，含有 30 μL 脂质体 -2000+270 μL Opti-MEM。

（4）轻轻摇匀离心管，在室温下孵育 5 min。

（5）混合 2 个离心管的液体物，将 DNA 添加到脂质体中，反之亦然。轻轻拍打离心管以混合，并在室温下培养至少 20 min。

（6）在培养过程中，将培养基从细胞瓶中取出，用 Opti-MEM 洗涤 2 次。在每个培养瓶中加入 1.4 mL Opti-MEM。

（7）20 min 后，将 600 μL DNA/ 脂质复合物添加到培养瓶中，轻轻倾斜培养瓶混合，以确保转染混合物覆盖所有细胞。

（8）将细胞置于 37℃、5% 的 CO_2 细胞培养箱中。

（9）4~6 h 后，用 5 mL D10-PS 替换转染培养基，并在 37℃、5% 的 CO_2 细胞培养箱

中培养。

3.3 传代细胞以维持细胞活力并促进病毒拯救

（1）转染后48 h，用光学显微镜检查转染细胞。此时的细胞应该是汇合的，并且开始显得拥挤。一些细胞病变效应（CPE）的迹象可能已经开始明显（图8-1）。

（2）将胰蛋白酶、PBS和D10+PS预热至37℃。细胞在这个阶段比较脆弱，必须非常温和地进行处理。

（3）将所有培养基从T25培养瓶转移到1个新的T75培养瓶中，并用5 mL PBS仔细清洗细胞，这里应将液体对准培养瓶顶部，轻轻滴出，以防细胞被吹掉。

（4）加入2 mL胰蛋白酶，将培养瓶置于37℃下，直到细胞从培养瓶表面脱落（约2 min）。

（5）向培养瓶中添加10 mL D10+PS，旋转以确保所有细胞悬浮在培养基中并转移到T75培养瓶中。

（6）将T75培养瓶在37℃、5% CO_2细胞培养箱中培养。细胞大约需要48 h才能达到融合。观察CPE的外观，应在细胞通过48~72 h后开始出现（见注释④和注释⑤）。即使没有明显的CPE，除了分裂细胞外，还可储存一些材料，用于在6孔板上测定滴度。通常会有一些病毒存在，滴定法应该可以让病毒长出来。

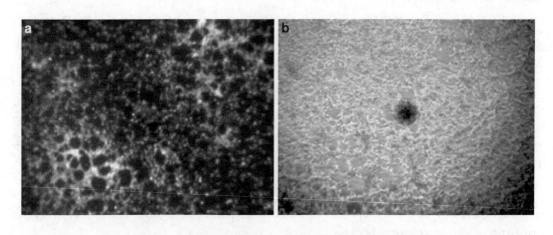

图8-1 腺病毒在HEK293A细胞中生长的细胞病变效应

（a）荧光灯下观察到的表达GFP的腺病毒载体产生的CPE。（b）光镜下观察腺病毒载体CPE。

3.4 腺病毒感染细胞的采集

（1）一旦观察到完整的CPE，就可以收获腺病毒。显示CPE的细胞应轻轻地从培养瓶上脱落。将细胞和培养基转移到无菌的50 mL离心管中。

（2）1 500×g 离心 5 min 使细胞沉淀聚集，然后将上清液吸至废液缸中。

（3）在 2 mL 溶解缓冲液中重新悬浮细胞沉淀（见注释⑥）。

（4）将悬浮液冻融 3 次，然后在的 4℃温度下 1 500×g 离心 5 min，使细胞碎片沉淀并在 −20℃下保存。这被称为转染储液。

3.5　种子储液的制备

为了制备可用于扩增的种子病毒储液，使用连续稀释的转染储液来感染 6 孔板中的细胞。这样就可以在 48~72 h 内收获到 1 个出现完全且均匀 CPE 的孔。在此之前不要收获细胞，因为病毒仍处于复制的早期阶段，感染病毒的产量将很低（见注释⑤）。

（1）感染前 24 h，用 HEK293A 细胞接种 6 孔培养板，细胞密度为 $7.5×10^5$ 细胞/孔。

（2）感染当天，用 2 mL 新鲜 D10+PS 培养基替换培养基。

（3）在第一个孔内加入 200 μL 的转染储备细胞裂解液，前后左右摇动平板，使病毒均匀分布。

（4）从第一个孔中取 200 μL 培养基，加入第二个孔，重复混合步骤。

（5）对其余 4 个孔重复步骤（4）。

（6）将板置于 37℃、5% 的 CO_2 细胞培养箱中培养 48~72 h。

（7）用细胞提取器和 2 mL 血清学移液枪从均匀显示的 CPE 孔中收集细胞和培养基。将材料转移到 2 mL 离心管中。

（8）冻融样品 2 次。

（9）使用微量离心机室温下以 16 627×g 离心 1 min，使细胞聚集沉淀。

（10）将上清液转移到一个新的 2 mL 螺旋盖管中。

（11）取 50 μL 材料，移入新的 2 mL 离心管中，作为试验感染材料。

（12）在 −20℃下冷冻所有样品，直到需要进行批量制备。

3.6　滴定种子储液以确定散装制剂的接种物

对于大规模的预处理，可能需要更大的接种量。以类似于上述方式在 T25 细胞瓶中生成种子储液。加入 500 μL 转染储液到 4.5 mL 培养基中，使用总体积为 5 mL，然后在感染细胞之前进行 2 倍稀释。

（1）感染前 24 h，接种 6 孔培养板，培养 HEK293A 细胞，密度为 $7.5×10^5$ 细胞/孔。

（2）将 6 个 2 mL 螺纹管按 1~6 号进行编号，并在 15 mL 离心管上贴上"原液预制"标签。

（3）用血清学移液枪将 15 mL D10+PS 培养基置于 15 mL 离心管中，并贴上"培养基"标签。

（4）向"原液预制"管中添加 30 μL 的种子储备溶解液。向"培养基"管中加入 3 970 μL 培养基。

（5）轻轻翻转 10 次，避免产生气泡。

（6）从"原液预制"管中取出 2 mL，并添加到 1 号管中。

（7）将 2 mL 培养基加入母管。

（8）轻轻翻转 10 次，避免产生气泡。从"原液预制"管中取出 2 mL，并添加到 2 号管中。

（9）对 3~6 号管重复上述步骤。

（10）使用带有无滤芯枪头的抽吸器从 6 孔板的孔中吸取培养基。进行此操作时，保持平板平整，不要用尖端接触孔底，以免损坏细胞层。

（11）用 2 mL 血清学移液管除去 6 号管的内容物，并放置在 6 孔板的 6 号孔中。使用相同的移液管继续操作其余的离心管。

（12）将细胞置于 37℃，5% 的 CO_2 细胞培养箱中培养。

（13）监测 48~72 h 内的 CPE 外观，并利用该信息确定表 8-1 所述的批量病毒制备接种量。

表 8-1　根据种子库的滴定量，不同型号的培养瓶所需接种量不同

孔号	孔内病毒量（μL）	加到 T75 培养瓶的病毒量（μL）[a]	加到 T150 培养瓶的病毒量（μL）[a]	加到多层培养瓶的病毒量（μL）[a]	加到 3L 摇瓶的病毒量（mL）
1	15	120	240	2 400	12
2	7.5	60	120	1 200	6
3	3.75	30	60	600	3
4	1.88	15	30	300	1.5
5	0.94	7.5	15	150	0.75
6	0.47	4	8	75	0.375

[a] 体积是基于每个培养瓶相同的细胞数。

3.7　分装病毒制备物感染贴壁 HEK293A 细胞或悬浮 HEK293S 细胞

有许多不同型号的培养血可用于制备一系列腺病毒载体储液。其中一些所需的培养 / 收获条件如表 8-2 所示。在这里，我们概述使用多层细胞培养瓶 M 和 3 L 摇瓶的步骤。

表 8-2　细胞数量、培养基体积和不同大小的制备物收集腺病毒的详细信息

培养瓶类型	细胞类型[a]	总细胞数（×10⁸）	培养基体积（mL）	细胞裂解液体积（mL）	反复冻融管的体积（mL）	反复冻融时间（min）	估计总产量（有感染性单位）[b]
T75 培养瓶	A	0.1	20	0.4	2	10	1×10^8
T175 培养瓶	A	0.2	40	0.8	5	10	2×10^8

（续表）

培养瓶类型	细胞类型[a]	总细胞数（×10^8）	培养基体积（mL）	细胞裂解液体积（mL）	反复冻融管的体积（mL）	反复冻融时间（min）	估计总产量（有感染性单位）[b]
多层细胞培养瓶 M	A	6	500	15	50	20	（5~50）×10^{10}
850 mL 转瓶	S	1.5	300	6	50	20	—
500 mL 摇瓶	S	1	200	4	15	20	—
1 L 摇瓶	S	2	400	8	50	30	（1.5~3）×10^{12}
3 L 摇瓶	S	8	1600	80	50	30	（5~10）×10^{12}

[a]A 指的是 HEK293 贴壁细胞，S 指的是 HEK293 悬浮细胞；
[b]这是估计的产量，取决于细胞状态、抗原性质和收获时间等各种因素。

3.7.1　多层细胞培养瓶中 HEK293A 细胞感染散装病毒制备物

本方案在 5×（10^{10}~10^{11}）感染单位范围内纯化后，产生最终产量的批量病毒制备物。

（1）制备 HEK293A 细胞的多层细胞培养瓶（多层细胞培养瓶 M；Corning 公司产品），使细胞在感染时达到 70%~80% 融合。我们建议每个培养瓶接种 2×10^8 个细胞，用于接种后 72 h 使用。

（2）感染当天，将 500 mL 的 D10+PS 培养基瓶预热至 37℃。

（3）将所需量的预制种子储备溶解液（根据试验感染计算）添加到 50 mL 离心管中。

（4）用血清学移液管，加入 30 mL 预热的 D10+PS 到含有所需量的预热的离心管中，并轻轻倒置 10 次混合。避免产生气泡。

（5）用血清学移液管将离心管内容物加入培养基瓶中，轻轻倒置 10 次混合。

（6）小心地从多层培养瓶中取出培养基并丢弃（见注释⑦）。

（7）向培养瓶中重新注入含有预制储液细胞裂解液的培养基。通过将培养瓶倾斜倒 60° 左右，然后倾斜培养基瓶，使培养基倒入颈部的空气坝中来完成。这样可以最大限度地减少气泡的形成以及对细胞的冲洗。培养瓶应填充到颈部顶部 5 mm 以内，以防止形成气泡。

（8）在 37℃、5% 的 CO_2 条件下培养培养瓶，并在 24 ~72 h 内监测 CPE 的外观。当感染细胞显示最佳 CPE 时（不早于 48 h，见注释⑧），收集感染细胞。

（9）轻敲多层细胞培养瓶侧面，使细胞脱落，然后小心地将培养基和细胞倒入 2 个 250 mL 的聚丙烯离心瓶中（见注释⑦）。

（10）1 500×g 离心 5 min，4℃。弃上清液。

（11）用 250 mL PBS（含 Ca^{2+} 和 Mg^{2+} 的 PBS）重新注满多层细胞培养瓶，轻敲培养瓶的侧面以除去所以剩余的细胞。

（12）将 PBS 倒入含有细胞颗粒的离心瓶中，然后按照步骤（10）离心使细胞聚集沉淀。

（13）弃上清液，将细胞沉底重新悬浮在 15 mL 裂解缓冲液中。将细胞裂解液转移到 50 mL 离心管中，继续进行标题 3.4 的步骤（1）（见注释⑥）。

3.7.2 大体积病毒制剂 3L 摇瓶中 HEK293S 细胞的感染

本方案纯化后产生的批量病毒制剂最终产量在 5×10^{12} 至 1×10^{13} 感染单位范围内。我们发现，在实验室规模上每批疫苗用 5 个 3L 摇瓶是可以控制的。在进行批处理前，我们建议确定收取时间。这可以通过如下所述方法接种 3L 摇瓶并在 72 h 内取样来完成。每个时间点的病毒产量应通过标题中 3.5 概述的滴定方法确定。

（1）将 8×10^8 HEK293S 细胞接种到 3L 摇瓶中，最终体积为 760 mL CD293 培养基。在接种前确保细胞在对数期 $[(1 \sim 2) \times 10^6$ 细胞 /mL$]$ 生长，以确保病毒载体的最大生长。

（2）感染当天，将 1 L CD293 培养基在 250 mL 瓶中预热至 37℃。

（3）将所需量的花前种子储备溶解液（根据试验感染计算）添加到 50 mL 离心管中。

（4）用血清学移液管，用预先加热的 CD293 培养基将接种物的总体积补充到 40 mL，然后轻轻倒置 10 次混合。

（5）旋转细胞培养物以确保细胞均匀分布，然后将接种物添加到摇瓶中并轻轻旋转。

（6）将培养瓶在 37℃、8% 的 CO_2 和 150 r/min 的转速下培养 3 h，然后再添加 800 mL 预热的 CD293 培养基。

（7）将培养瓶在 37℃、8% 的 CO_2 中以 150 r/min 的转速培养，并在 24 ~72 h 内监测 CPE 的外观。在预定的收获时间收获受感染的细胞。

（8）用 1 500 ×g 的离心力在 4℃下离心 5 min，弃上清液。

（9）将细胞沉淀重新悬浮在 80 mL 裂解缓冲液中，并将细胞裂解液转移到 250 mL 离心管中，然后继续进行标题 3.4 的步骤（1）（见注释⑥）。

3.8 重组腺病毒的纯化

用于研究目的的兽医疫苗可能不需要进一步纯化。许多研究人员使用粗的溶解物进行免疫测定。我们在这里经常使用和描述的是传统纯化 HAdV5 的方法，即先不连续的 CsCl 梯度离心，然后是等比重的 CsCl 梯度离心。其他方法方法还有用于小规模制剂的腺病毒纯试剂盒（Puresyn 公司产品）或用于大规模制剂的 ViraBind™ 试剂盒（Cell Biolabs 公司产品）和阴离子交换色谱法 [4, 5]。这些方法已被广泛描述，而且与本章概述的批量制备方法兼容。

3.8.1 细胞裂解及核酸酶处理

大多数腺病毒载体与细胞相关。因此，需要进行细胞裂解使病毒从细胞和细胞碎片中释放出来。这可通过在 –80℃ 的裂解缓冲液中或在干冰浴中反复冻融细胞颗粒来实现。不同的初始细胞体积的裂解条件见表 8-2。

对于需要纯化的病毒载体，在第一次冻融后应增加额外步骤。全能核酸酶（Benzonase）是一种内切酶，它能将所有污染的游离核酸减少到长度在 3~5 个碱基之间的寡核苷酸。加入全能核酸酶降低了细胞溶解过程中 DNA 释放导致样品黏稠的可能性，而且还避免了 DNA 结合导致的腺病毒聚集。

（1）在工业乙醇 / 干冰浴或 80℃ 冷冻机中冷冻，从标题 3.3 中步骤（2）获得的细胞裂解物。

（2）在 37℃ 水浴中解冻细胞溶解物。

（3）每 1 mL 细胞裂解液中加入 250 U 核酸酶，轻轻地将离心管倒置 10 次，使其充分混合。将离心管放入旋转搅混合器中，在室温下培养 1 h（见注释⑨）。

（4）再重复冻融（工业乙醇 / 干冰浴和 37℃ 水浴）2 次。解冻时，在 37℃ 下保持最短时间。

（5）在 4℃ 下，以 1 500×g 离心 5 min，使细胞碎片沉淀。

3.8.2　CsCl 梯度纯化

（1）使用前将少量 CsCl 充分混合。

（2）使用 5 mL 血清学移液管，在 14 mL Beckman 超纯管（Beckman 公司产品，货号：344060）中建立相关数量（每个多层培养瓶用 3 管）的 CsCl 梯度。

（3）使用 5 mL 移液管向离心管中添加 3.5 mL 1.25 g/mLCsCl 溶液。

（4）取 4 mL 1.35 g/mLCsCl 溶液于 5 mL 移液管中，用此移液管将 1.25 g/mLCsCl 溶液与 3.5 mL 1.35 g/mL CsCl 溶液垫在一起。移液管的移液速度应非常慢，不要添加最后的 0.5 mL。这样，管子中就不会产生气泡，要有气泡可能会破坏界面。确保两个溶液之间的界面可见。界面对这种离心方法至关重要，因为离心过程中界面保持完整，会限制腺病毒迁移。

（5）将标题 3.3 中的细胞裂解液上清液均匀地添加到每个含有梯度 CsCl 的离心管中。添加样品时，注意不要破坏界面。可通过缓慢地将样品添加到离心管的侧面来避免。如果需要，用裂解缓冲液加满离心管。为防止离心管发生故障，将离心管填充到顶部 3 mm 以内是很重要的。将离心管放置在 SW40 Ti 转子（Beckman Coulter 公司产品）的桶中，并使用天平对其进行平衡。

（6）用 Beckman 超速离心机于 110 000×g，4℃ 离心 2 h。

（7）使用无菌镊子取下管子，将管子放在夹架上，放在 1 个装有适当消毒剂的烧杯上方，以便进行废物处理（见注释⑩）。靠近管中心可看到两条病毒带，上带为不完整病毒，下带为完整病毒（图 8-2）。

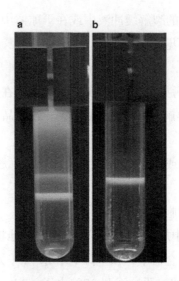

图 8-2　氯化铯梯度纯化第一、第二步后的带状图

（a）通常在 2 h 离心步骤后形成病毒带型，下带是正确形成的腺病毒，而上带中含有无 DNA 的病毒衣壳；（b）通常在 16 h 离心步骤后形成病毒带型，观察到的带含有成熟腺病毒。

（8）在 14 mL Beckman Coulter 超速离心管中建立第二个 CsCl 梯度。用 10 mL 血清学移液管，在每根离心管中加入 6 mL 1.35 g/mLCsCl。

（9）使用 19 G 针头和 5 mL 注射器，轻轻扭转针头并将其推过离心管壁，在第一个离心步骤中穿过离心管约 5 mm。进行此操作时，小心不要将另一只手放在管子的另一侧，以免受伤。

（10）一旦针进入管内，轻轻拉动注射器，使斜角朝上，以取出下带。将用过的离心管放入消毒液烧杯中。对所有管子重复上述步骤操作。

（11）将病毒上清液在第二步离心步骤设置的离心管之间分离（见注释⑪）。如果需要，用溶解缓冲液加满管子。重要的是要将离心管填充到顶部 3 mm 以内，以防止管发生故障。用溶解缓冲液平衡离心管，放入 SW40 Ti 转子和离心机的桶中，160 000 ×g，静置 16~18 h。

（12）用镊子取出离心管，放在夹紧架上。可以看到 2 个波段。但是，如果添加到第二梯度的病毒非常纯，则可能不存在上带。使用 19G 针和 5 mL 注射器取出最下面的带。可将其安全放置在一侧，直接装入透析盒（3~12 mL 和 0.5~3 mL，Thermo Fisher 公司产品，货号分别为 66453 和 66455）或用于装载到 PD10 柱（GE Healthcare 公司产品）上进行脱盐。

（13）通过透析盒脱盐，用预冷的储存缓冲液预湿透析盒。使用针和注射器将纯化病毒带添加到透析盒中。将透析盒放入装有 500 mL 冷藏缓冲液的烧杯中，盖上箔纸并放在磁性搅拌板上。透析 90 min，每 30 min 更换 1 次缓冲液。

（14）从透析盒中取出病毒并将其等分成适当的体积。在 –80℃下储存。

3.9 滴定和质量控制分析

HAdV5 病毒载体制备的最后一步是对原料进行质量控制分析和滴定。病毒载体滴定是在 HEK293 细胞中进行的，可以通过噬斑形成分析[6] 或免疫染色来完成，例如使用 QuickTiter™——腺病毒滴定免疫分析试剂盒（Cell Biolabs 产品）。这些分析给出了制剂中存在的感染性病毒的数量，并在前面进行了广泛的描述。通过分光光度分析[7, 8]，然后计算出的病毒粒子感染率，也可以确定病毒粒子的数量。对于 HAdV5 病毒载体制剂，该比率应低于 100。

我们的常规质量控制分析，包括使用与启动子和多聚体信号结合的引物，对插入的抗原进行侧翼到侧翼的 PCR；使用抗原特异性引物对插入的抗原进行 ID PCR，以及在胰蛋白酶大豆肉汤培养基上进行无菌检验。

在 HEK293 细胞中生长的 HAdV5，由于与细胞基因组内的腺病毒基因组序列重组，能够产生复制能力强的腺病毒。可通过定量的 PCR[9] 或生长在正常的非许可细胞系（如 HeLa 细胞或 A549 细胞）上来确定。

4 注 释

① HEK293A 细胞非常松散地吸附在塑料容器上。不要用移液管直接对着细胞，因为这样会导致细胞从细胞瓶表面脱落。

② HEK293A 细胞融合度最多只允许达到 80%，即保持在生长的对数阶段，因为细胞表达病毒生长所需的蛋白质，一旦它们开始达到平台期，这些蛋白质的水平就会降低，病毒生长也会受到影响。HEK293A 细胞是通过剪切的 HAdV5 DNA 转化人类胚胎肾细胞的永生化系。这些细胞含有腺病毒基因组的 E1a 和 E1b 区域，它们在反式中补充了重组腺病毒中 E1 区域的缺失。细胞分裂时组成性表达腺病毒 E1 蛋白（E1a 和 E1b）。当它们融合时，包括 E1 在内的总蛋白表达减少。在它们的自然生命周期中，腺病毒在各个阶段都表达 E1 蛋白，因此这些蛋白对病毒的成功拯救极其重要。因此，细胞不能在常规的传代过程中达到融合，而且准备进行转染时的种子密度也应适当降低。

③ 腺病毒基因组质粒较大（约 35 kb），因此需要小心处理。移液管应非常轻柔，以防止剪切 DNA。

④ 通过细胞病变效应（CPE）观察时，通常拯救出的病毒在第 7 天或第 8 天（即在 T75 培养瓶中继代培养约 5 d 后）的 CPE 很明显。然而，在某些情况下，病毒只有在培养基和细胞进一步进入 T150 培养瓶后才得以拯救。重要的因素是保持培养细胞的健康，必要时可进行亚培养。

⑤ 腺病毒可产生过量的衣壳蛋白。这些衣壳蛋白与细胞表面蛋白质结合，使细胞从

细胞瓶脱落，然后衣壳蛋白与细胞表面蛋白质分离。感染后不到 24 h 漂浮的细胞可以证明这一点，这通常被误认为是 CPE。如果在 24 h 内观察到大量 CPE，则应丢弃该制剂，因为病毒产量将很低。

⑥ 细胞裂解会导致蛋白酶从细胞中释放出来，从而降解蛋白质。重要的是，被降解的蛋白包括传染性所需的腺病毒衣壳蛋白。为了降低蛋白酶活性，一旦细胞被溶解，应确保样品保持冷冻，并尽可能短时间在 37℃ 下培养。

⑦ 在将接种物倒入瓶中或收毒时，用 70% 乙醇小心地清洁多层细胞培养瓶瓶颈部周围，以减少污染风险。

⑧ 不要在 48 h 之前收多层细胞培养瓶。如果在此之前出现大量 CPE，培养细胞至 48 h，然后重新检查多层细胞培养瓶，或者丢弃多层细胞培养瓶并使用较小的接种物重新感染。我们在 24 h 内尝试了多次收毒，当 CPE 看起来很好，但在 CsCl 梯度上纯化时产量非常低。

⑨ 全能核酸酶的最佳培养温度为 37℃。然而，考虑到病毒稳定性和酶活性之间的关系，选择在室温进行酶切。

⑩ 拿一张黑色卡片放在夹子支架后面可有助于观察条带，特别是当条带不亮的时候。

⑪ 不要把从第一个 CsCl 梯度的病毒加载过多到第二个 CsCl 梯度上，因为这会导致病毒聚集。

致　谢

在威康信托战略奖项目（Wellcome Trust Strategic Award Project）的资助下，牛津大学 Jenner 研究所的病毒载体核心部（Viral Vector Core Facility）和临床生物制造部（Clinical Biomanufacturing Facility）已经优化了上述方法。

参考文献

[1] Graham FL, Smiley J, Russell WC, et al. 1977. Characteristics of a human cell line transformed by DNA from human adenovirus type 5. J Gen Virol, 36：59–74.

[2] He TC, Zhou S, da Costa LT, Yu J, et al. 1998. A simplified system for generating recombinant adenoviruses. Proc Natl Acad Sci U S A 95：2509–2514.

[3] Challberg MD, Kelly TJ Jr. 1979. Adenovirus DNA replication in vitro. Proc Natl Acad Sci U S A, 76：655–659.

[4] Eglon MN, Duffy AM, O'Brien T, et al. 2009. Purification of adenoviral vectors by combined anion exchange and gel filtration chromatography. J Gene Med, 11：978–989.

[5] Green AP, Huang JJ, Scott MO, et al. 2002. A new scalable method for the purification of

recombinant adenovirus vectors. Hum Gene Ther, 13：1921-1934.

[6] Tollefson AE, Kuppuswamy M, Shashkova EV, et al. 2007. Preparation and titration of CsCl-banded adenovirus stocks. Methods Mol Med, 130：223-235.

[7] Maizel JV Jr, White DO, Scharff MD. 1968. The polypeptides of adenovirus. I. Evidence for multiple protein components in the virion and a comparison of types 2, 7A, and 12. Virology, 36：115-125.

[8] Sweeney JA, Hennessey JP Jr. 2002. Evaluation of accuracy and precision of adenovirus absorp-tivity at 260 nm under conditions of complete DNA disruption. Virology, 295：284-288.

[9] Green MR, Sambrook J. 2012. Molecular cloning：a laboratory manual. Cold Spring Harbour Laboratory Press, Cold Spring Harbour, NY.

第九章　改良型痘苗病毒安卡拉株（MVA）编码蓝舌病病毒蛋白 VP2、NS1 和 VP7 重组疫苗的制备

Alejandro Marín-López，Javier Ortego

摘　要：改良型痘苗病毒安卡拉株（MVA）由于在哺乳动物细胞中缺乏复制能力，且外源/异种基因表达量高，被广泛用作实验疫苗载体。重组 MVA（rMVA）被用作蛋白质生产平台和载体，用于大量生产针对传染病和其他疾病的疫苗。该病毒的特征兼具多个理想的要素，如高水平的生物安全性、在接种疫苗后激活适当的先天免疫介质能力，以及提供大量异源性抗原能力。蓝舌病病毒（BTV）是一种环状病毒（Orbivirus），可通过库蠓的叮咬传播给家畜和野生反刍动物。本章以环状病毒为例，描述编码 VP2、NS1 和 VP7 蛋白的 rMVAs 产生方法。该方案包括在转移质粒中克隆 *VP2*、*NS1* 和 *VP7 BTV*-4 基因，构建重组 MVAs、病毒储液滴度测定、免疫荧光和放射标记分析 rMVA 感染细胞后蛋白表达以及病毒的纯化。

关键词：重组修饰痘苗病毒安卡拉株；蓝舌病病毒；病毒载体疫苗；VP2 蛋白；NS1 蛋白；VP7 蛋白

1　前　言

表达外源基因的痘苗病毒是生产重组蛋白[1]的强大载体。改良型痘苗病毒安卡拉株（MVA）是从安卡拉绒毛膜尿囊病毒（CVA）中分离得到的，在鸡胚成纤维细胞传代 500 多次后分离得到。在这样连续的传代之后，病毒基因组发生了几次大的缺失和大量的小突变，导致该病毒在人类和大多数其他哺乳动物细胞中复制缺陷，致病性严重减弱[2-4]。使这些病毒载体表现出良好的安全性（该载体可用于一级生物安全）、对外来表达抗原具有显著免疫原性以及诱导保护性免疫反应的能力。痘病毒可以容纳大量的外来 DNA 片段，它们在受感染细胞的细胞质内进行复制，这样即可消除病毒在宿主 DNA[3]中持续存在和与宿主基因组整合的风险。MVA 作为一种安全的天花疫苗和一种表达载体正在被广泛研究，用于生产针对其他传染病和癌症的疫苗。表达免疫原性病毒蛋白的重组 MVA （rMVA）可诱导体液免疫和细胞免疫[1, 6]。

痘病毒具有诱导Ⅰ型和Ⅱ型干扰素表达的能力，并能表达与宿主抗病毒机制相互作用的可溶性受体，从而拮抗宿主的抗病毒免疫反应。由于 rMVA 基因组的缺失，病毒拮抗剂的表达可被降到最低，这有助于提高该病毒载体作为疫苗的免疫原性。Ⅰ型干扰素可能起到先天免疫系统和适应性免疫系统之间的联系作用，将包括体液免疫和细胞免疫反应联系起来[7, 8]。MVA 已被用于构建许多来自不同类型环状病毒[3]表达不同蛋白的载体疫苗。转移质粒 pSC11[9] 被设计用于将目的基因（这里我们使用来自蓝舌病毒的基因）置于痘苗病毒（VV）早期/晚期启动子 p7.5 的控制之下。最后，pSC11 的 TK 基因序列与野生型 MVA 的 TK 基因序列可在敏感细胞上进行同源重组，产生 rMVAs。在我们的实验室中，所有这些重组载体都已在 IFNAR(–/–) 小鼠中作为潜在疫苗进行了测试[10-15]。我们从 BTV-4 中设计了表达 VP2、NS1 和 VP7 蛋白的 rMVAs。IFNAR(–/–) 小鼠接种 DNA-VP2、-NS1、-VP7/rMVA-VP2、-NS1、-VP7 作为异源激发/增强接种策略，达到了 VP2、NS1 和 VP7 特异性抗体的显著水平，包括对 BTV-4 具有中和活性的抗体。表达 BTV-4 的 VP2、NS1 和 VP7 蛋白的疫苗组合，对同源 BTV-4 的致死剂量具有完全保护作用，对异种 BTV-8 和 BTV-1 的致死剂量的病毒具有交叉保护作用，提示 DNA/rMVA-VP2、-NS1、-VP7 标记疫苗是一种具有应用前景的 BTV[14] 多血清型候选疫苗。

本工作详细介绍了用于生成编码 BTV-4 蛋白 VP2、VP7 和 NS1 的 rMVAs 的方法。此外，本章还介绍了通过免疫荧光法、放射标记法、免疫沉淀法和 SDS-PAGE 分析感染 rMVAs 的 DF-1 细胞中 BTV 蛋白表达的方法。

2　材　料

（1）BTV 血清型 4（SPA2004/01）。

（2）改良型痘苗病毒安卡拉株（MVA），（由西班牙马德里 CSIC 生物技术中心 Francisco Rodrí Guez 教授提供）。

（3）肾上皮细胞提取自非洲绿猴肾细胞（Vero 细胞，ATCC，货号：CCL - 81）。

（4）鸡胚成纤维细胞（DF-1 细胞，ATCC，货号：CRL-12203）。

（5）不含血清和抗生素的 DMEM 培养基。

（6）含有 2 mmol/L 谷氨酰胺、10% 胎牛血清（FCS）和 1% 青霉素/链霉素的完全 DMEM 培养基。

（7）TRI Reagent Solution（Ambion 公司产品）。

（8）10×RT 缓冲液，25 mmol/L $MgCl_2$，0.1 mol/L DTT（Life Technologies 公司产品）。

（9）SuperScript® Ⅲ Reverse Transcriptase 逆转录酶（200 U/μL，Life Technologies 公司产品）。

（10）RNaseOUT™（40 U/μL，Life Technologies 公司产品）。

（11）10×PCR Buffer Ⅱ，10 mmol/L dNTPs，特异性引物（VS 和 RS）（表 9–1）（Life Technologies 公司产品）。

表 9–1　用于扩增 BTV 基因的引物

基因	正向 / 反向	序列
VP2	VS	5′-CG<u>CCCGGG</u>ATGAACTAGGCATCCCAG-3′
	RS	5′-CGCCCGGGCATACGTTGAGAAGTTTTGTTA-3′
NS1	VS	5′-CG<u>CCCGGG</u>ATGGAGCGCTTTTTGAGAAAATAC-3′
	RS	5′-CGCCCGGGCTAATACTCCATCCACATCTG-3′
VP5	VS	5′-CG<u>CCCGGG</u>ATGGGTAAAGTCATACGATC-3′
	RS	5′-CG<u>CCCGGG</u>TCAAGCATTTCGTAAGAAGAG-3′
VP7	VS	5′-CG<u>CCCGGG</u>ATGGACACTATCGTCGCAAG-3′
	RS	5′-CG<u>CCCGGG</u>CTACACATAGCGCGCGCGTGC-3′

下划线为 SmaI 限制性酶切位点。

（12）Ampli Taq DNA 聚合酶（1.25 U / 50 μL，Life Technologies 公司产品）。

（13）1% 琼脂糖凝胶：Tris- 乙酸电泳缓冲液（TAE）和 1% 琼脂糖。

（14）Midori Green DNA 染料（Nippon Genetics Europe GmbH 产品）。

（15）凝胶纯化试剂盒 Qiaex Ⅱ Gel Extraction Kit（Qiagen 公司产品）。

（16）pSC11 质粒（由西班牙马德里 CSIC 生物技术中心 Francisco RodríGuez 教授慷慨提供）。

（17）SmaI 限制性内切酶，碱性磷酸酶（SAP）以及 T4 连接酶。

（18）LB 琼脂平板和培养基。

（19）氨苄青霉素钠盐。

（20）柱式质粒中提试剂盒 QIAprep® Spin Miniprep Kit（Qiagen 公司产品）。

（21）Lipofectamine® 转染试剂（Invitrogen 公司产品）。

（22）Noble 琼脂：Difco Noble 琼脂（DB 公司产品），高压溶于蒸馏水。

（23）X-Gal（5- 溴 - 4- 氯 - 3 - 吲哚基 -β- d - 吡喃半乳糖）。

（24）完全 DMEM-0.6 % Noble 琼脂半乳糖苷（0.4 μg/μL）（完全 DMEM- 琼脂 -X-Gal）。

（25）10% 甲醛。

（26）结晶紫，溶于 80% 甲醇中。

（27）丙酮 – 甲醇溶液（40% / 60%）。

（28）1 × 磷酸盐缓冲液（1×PBS）。

（29）封闭液：20% FCS 溶于 1×PBS。

（30）小鼠抗 BTV-4 多克隆抗体。

（31）Alexa Fluor® 594 山羊抗小鼠 IgG (H + L)（Invitrogen 公司产品）。

（32）ProLong Gold 抗淬灭封片剂（Life Technologies 公司产品）。

（33）RIPA 裂解液：50 mmol/L Tris-HCl（pH 值 =7.4），300 mmol/L NaCl，0.5% 去氧胆酸钠，1% Triton X-100，蛋白酶抑制剂。

（34）无甲硫氨酸 DMEM 细胞培养基。

（35）[^{35}S] 甲硫氨酸（800 Ci/mmol，Amersham 公司产品）。

（36）Dynabeads® 蛋白 G 系统（Life Technologies 公司产品）。

（37）SDS-PAGE 缓冲液：0.125 mol/L Tris-HCl，4% SDS，20% V/V 甘油，0.2 mol/L DTT，0.02% 溴酚蓝，pH 值 =6.8。

（38）36% 蔗糖垫层的蔗糖梯度。

（39）SW28 超速离心管（50 mL）。

3　方　法

下述方法描述了编码 BTV-4 VP2、NS1 和 VP7 蛋白的重组 MVAs 的产生、阳性重组病毒的筛选、病毒库的生长和定量、用免疫荧光法和放射标记法分析 BTV 蛋白的表达、免疫沉淀和 SDS-PAGE 分析病毒感染 DF-1 细胞中的表达以及从感染 DF-1 细胞中纯化 MVAs。

3.1　克隆 BTV-4 VP2、NS1 和 VP7 基因以产生重组 MVAs

从 BTV-4 感染细胞的总 RNA 中扩增出与 VP2、NS1 和 VP7 蛋白相对应的片段 2、5 和 7。由于 pSC11 仅包含唯一的限制位点 *Sma*I，因此要获得 MVA 转移质粒 pSC11-VP2、pSC11-NS1 和 pSC11-VP7，必须在 PCR 产物的 5′ 端和 3′ 端引入限制位点 *Sma*I。

（1）用感染复数（MOI）1 的 BTV 血清型 4（BTV-4）感染 24 孔板中融合的单层 Vero 细胞（1.67×10^4 细胞 / 孔）。

（2）将病毒在 37℃、5% CO_2 培养箱中吸附 1.5 h，除去培养基，每孔加入 1 mL 完全 DMEM，37℃ 孵育 24 h。

（3）在感染后 24 h（h.p.i），当观察到明显的细胞病变效应（CPE）时，按照制造商推荐的方法，除去上清液，用 TRI Reagent 溶液从感染细胞中提取总 RNA（见注释①）。

（4）回收的 RNA 可以小份分装保存在 –80℃，以备后续处理。在这个温度下储存的 RNA 在很长一段时间内（超过一年）是稳定的。

（5）将 5 μg RNA 中加入 1 μL 浓度为 2 μmol/L 的 BTV 基因特异性反向引物（RS）（表 9–1）和 1 μL 10 mmol/L 混合 dNTP 中，最后总体积为 10 μL。通过加热到 65℃ 5min 使 RNA 变性，然后迅速在冰上冷却。

（6）在 PCR 管中加入下列试剂：2 μL 10 × RT buffer，4 μL 25 mmol/L MgCl$_2$，2 μL 0.1 mol/L DTT，1 μL RNaseOUT^{TM}（40 U/μL），以及 1 μL SuperScript$^®$ Ⅲ Reverse Transcriptase（200 U/μL）。

（7）将反应在 50℃下孵育 1 h。然后，在 85℃下加热 5 min，使逆转录酶失活。

（8）所制备的 cDNA 可立即用于 PCR，或在 4℃条件下短期保存，也可在 –20℃条件下长期稳定保存。

（9）通过 PCR 扩增 VP2、NS1 和 VP7 cDNAs。使用 10 × 10 μL PCR 缓冲Ⅱ，2 μL 10 mmol/L dNTP，2 μL 含有 Sma I 位点的特异性引物（正向和反向）（表 9–1），4 μL 25 mmol/L MgCl$_2$ 溶液，0.6 μL AmpliTaq DNA 聚合酶（1.25 U/50 μL）和 5 μL 互补 DNA 模板，终体积为 100 μL。

（10）PCR 反应扩增条件：94℃ 2 min（1 ×）；94 ℃ 45 s，55 ℃ 1 min，72 ℃ 2 min（30 ×）；94 ℃ 15 min（1 ×）。

（11）在 1% 琼脂糖凝胶上用 Midori green DNA 染料或其他染料分析 PCR 产物，用 Qiaex Ⅱ凝胶提取试剂盒纯化 PCR 产物。

（12）将质粒 pSC11 和纯化的 PCR 产物 VP2、NS1、VP7（5′端和 3′端含限制性位点 Sma I）按制造商说明书使用限制性酶 Sma I 逐个酶切消化。

（13）按照厂家建议的方法，用碱性磷酸酶（SAP）对消化后的 pSC11 进行去磷酸化，以防止质粒自结合。

（14）用 Qiaex Ⅱ凝胶提取试剂盒对 PCR 产物及酶解去磷质粒进行纯化。

（15）按照用 T4 连接酶按照厂家说明书，将纯化的酶切 VP2、NS1、VP7 产物与纯化的质粒 pSC11 酶切产物，以载体与插入物摩尔比为 1∶3 进行 16 ℃连接过夜。

（16）将连接产物转化到化学感受态细胞 DH10B 中，然后在含 100 μg /mL 的氨苄青霉素的 LB 琼脂板上培养生长。

（17）第二天，挑取单个菌落，在含氨苄青霉素的 LB 中培养生长。按照 QIAprep Miniprep 质粒中提试剂盒说明书提取质粒，通过测序分析克隆的 VP2、NS1 和 VP7 基因在转移质粒 pSC11 中的存在情况和正确定位（见注释②）。

3.2 重组 MVAs 的构建

下一步是重组 MVAs 的产生（图 9–1）。MVA 转移质粒 pSC11-VP2、pSC11-NS1 和 pSC11-VP7 应该包含 VP2、NS1 和 VP7 BTV 基因，他们在痘苗病毒（VV）的早期 / 晚期启动子 p7.5 的控制下，目的基因两侧是 MVA 的胸苷激酶（TK）序列。用 MVA 感染细胞，然后用 pSC-11 质粒转染，即可产生重组病毒。

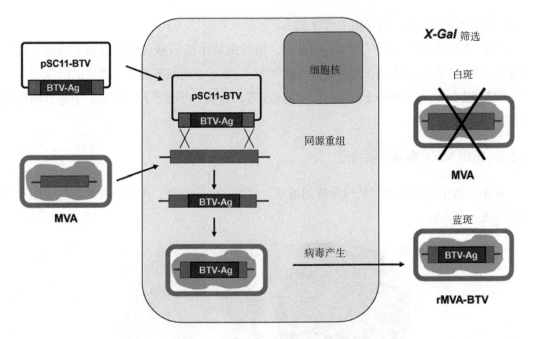

图 9-1　重组 MVA 生成的一般过程

　　将 BTV-4 基因 VP2、NS1、VP7 克隆到痘苗转移质粒 pSC11 中的 p7.5 启动子下游。DF-1 细胞感染 MVA 病毒（MOI 0.01 pfu/ 细胞）。吸附后分别转染 pSC11-VP2、pSC11-NS1、pSC11-VP7 质粒。重组 MVA 病毒是通过胸苷激酶位点的同源重组产生的，可以使用 LacZ 标记进行分析。

3.2.1　分别用 MVA wt 和 pSC11 质粒感染、转染 DF-1 细胞

　　（1）感染前 1 d 将 2 mL 的完全 DMEM 接种 DF-1 细胞置于 35 mm 培养板或 6 孔板中。

　　（2）感染和转染要求 DF-1 细胞的融合度达到 60%~80%。

　　（3）将 100 μL MVA 野生型（wt）病毒加至不含血清和抗生素的 DMEM 中，使感染复数为 0.1 或 1。

　　（4）37℃、5% CO_2 培养箱中孵育 1.5 h，病毒吸附后，用 pSC11-VP2、pSC11-NS1 和 pSC11-VP7 质粒转染 DF-1 感染细胞。

　　（5）混合 2 μg 质粒到 50 μL 不含血清和抗生素 DMEM 中。将 9 μL Lipofectamine 转染试剂加至 250 μL 不含血清和抗生素的 DMEM 中，混合含质粒 DMEM 与含 Lipofectamine 转染试剂的 DMEM，在室温下放置孵育 30 min。

　　（6）在脂质体与质粒复合物中加入 0.7 mL 血清和不含抗生素的 DMEM。全部加入细胞，总体积约为 1 mL。

　　（7）37℃、5% CO_2 培养箱中孵育 5 h，每 30 min 摇匀 1 次。

　　（8）去除脂质体与质粒复合物，加入 1 mL 完全的 DMEM。

（9）37℃、5% CO_2 培养箱中孵育 72 h。

（10）当细胞病变效应（CPE）明显时，通过刮取单层细胞获得细胞和上清液（见注释③）。进行 3 次反复冻融，超声处理 2 次（每次 10 s），使细胞破碎并释放出病毒。

（11）以 2 500 ×g 离心 1 min，上清液用于噬斑分析，筛选重组 MVAs，上述具体操作如图 9-1 所示。

3.2.2　重组 MVA 病毒菌斑纯化

在本步骤中，我们会尝试尽量找到清晰、分离良好的空斑，用于分离和筛选重组克隆病毒（图 9-2）。

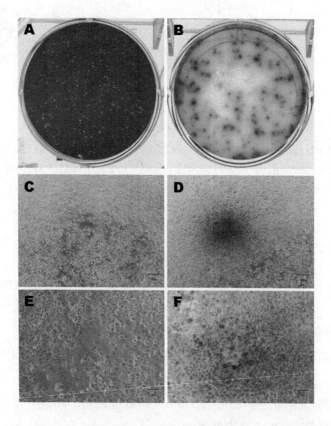

图 9-2　DF-1 细胞上 rMVA-VP2 和野生型 MVA 形成的噬斑

用 100 pfu/ 孔的 rMVA-VP2（b、d、f）或 MVA-wt（c、e）感染 DF-1 细胞，感染 72 h 后，测定滴度（a）或将含有 X-Gal 的 Noble 琼脂的 0.6% DMEM 加到单层细胞（b~f）。白色噬斑为 MVA-wt，暗斑为 rMVA-VP2。

（1）将 DF-1 细胞接种到 6 孔板中，孵育至 80% 融合度。

（2）对感染后转染 DF-1 细胞的细胞上清液进行 10 倍稀释，稀释度从未稀释至 10^{-7}（见注释④），然后感染细胞。

（3）让病毒在 37 ℃吸附 1 h。

（4）去除上清液，加入 1.5 mL 完全 DMEM。

（5）37℃、5% CO_2 培养箱中孵育 72 h。

（6）移除培养基，并在单层上加入完全的 DMEM - 琼脂 -X - Gal（见注释⑤）。

（7）让覆盖层凝固。

（8）37℃孵育 8 h。

（9）只选择分离良好的蓝色噬斑，每个克隆大约挑取 6 个（见注释⑥）。选择噬斑时，将移液器的尖端插入覆盖在斑块上的琼脂层中，并将琼脂吸入枪头中。将其转移到 1 个含有 0.5 mL 完全 DMEM 的离心管中，上下吹吸几次，以确保琼脂不留在枪头尖端。

（10）进行 3 个循环的解冻 - 冷冻和超声波破碎。

（11）重复这个克隆过程中的步骤（9）和步骤（10）大约 6 次。

（12）用 DF-1 细胞扩增克隆的噬斑。

3.3　病毒工作库的制备与滴定

（1）在 175 cm^2 的培养瓶中传代 DF-1 细胞，使其在 1 d 或 2 d 内融合。

（2）去除旧培养基，加入新鲜培养基，以 0.1 MOI 接种种子病毒原液（见注释⑦），37 ℃孵育 DF-1 细胞 2~3 d，直至所有细胞出现清晰的 CPE。通常，大多数细胞都会漂浮。

（3）取出部分培养基（见注释⑧），分离细胞单层，在 –80℃条件下进行 3 次解冻 - 冷冻，将培养基和破碎的细胞转移到新的离心管中。

（4）在冰水浴管中进行 2 次声波破碎，每次 10 s。我们通常准备 1 mL 的量。储存于 –80℃。

（5）在病毒滴定前 1 d 或 2 d，在 6 孔板中制备 DF-1 细胞，用于噬斑分析。

（6）将病毒在 37℃水浴中解冻，在完全 DMEM 培养基中 10 倍稀释。每个稀释必须完全混合，不同稀释度的离心管之间操作时必须更换枪头（见注释④）。每个孔吸入每个稀释度的病毒 100 µL。

（7）37 ℃吸附病毒 1.5 h，每 15~20 min 轻轻翻转 1 次。

（8）从高稀释孔至低稀释孔将培养基抽吸出，然后从高稀释孔至低稀释孔各加入 1.5 mL 完全 DMEM 培养基，37℃、5% CO_2 细胞培养箱中孵育 3 d。

（9）用 1 mL 10% 甲醛固定培养板 30 min。除去液体，加入 1% 结晶紫染色单层细胞，统计噬斑数，计算病毒滴度（见注释⑨）。

3.4　蛋白表达分析

有多种方法可以分析感染 rMVAs 的 DF-1 细胞中 BTV 蛋白的表达。我们实验室最常用的方法是免疫荧光法（图 9-3）和免疫沉淀法（图 9-4）。

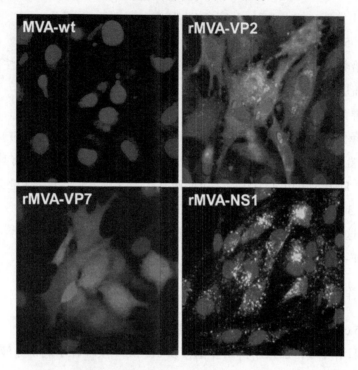

图 9-3 免疫荧光染色分析 BTV-4 VP2、NS1 和 VP7 的表达

用含有 BTV-4 VP2、NS1 或 VP7 基因的重组 MVA 感染 DF-1 细胞。在 24 h 时，用小鼠 BTV-4 特异性多克隆抗血清固定，然后进行免疫荧光分析细胞。

3.4.1 免疫荧光分析

（1）将盖玻片置于 24 孔板中，铺入 DF-1 细胞，直到它们达到 80% 的融合。

（2）用 MOI 为 1 的 rMVAs 病毒感染感染细胞。

（3）感染 24 h 后，用丙酮 - 甲醇固定感染细胞，-20℃保存 20 min。

（4）吸出丙酮 - 甲醇，用 1 mL 1 × PBS 洗涤 1 次（见注释⑩）。

（5）用 1 mL 封闭液孵育已固定的细胞 1 h。

（6）除去封闭液，加入一抗。我们使用小鼠抗 BTV-4 多克隆抗体，在封闭液中以 1 : 500 或 1 : 1 000 稀释（视血清的不同而定，见注释⑪）。一般每孔加入 250 μL。4℃或室温孵育 3 h。

（7）吸出多克隆抗体，用 1 × PBS 洗涤 3 次，每次 10 min，摇匀为佳。

（8）加入 Alexa Fluor®594 标记的羊抗鼠 IgG (H + L) 二抗，在封闭液中以 1 : 1 000 稀释。室温下暗室孵育 30 min。

（9）吸出二抗，用 1 × PBS 洗涤 3 次，每次 10 min，摇匀为佳。

（10）将 ProLong Gold 抗淬灭封片剂加在玻片上，并用免疫荧光显微镜观察。

3.4.2　通过放射标记、免疫沉淀和 SDS-PAGE 分析 BTV 蛋白的表达

放射标记和免疫沉淀法有助于分析 BTV 蛋白的表达。VP2 蛋白含有构象表位，BTV 特异性的多克隆抗体不能通过免疫印迹识别变性蛋白。VP2、NS1 和 VP7 可通过来自 BTV 或 MVA-VP2、MVA-NS1 和 MVA-VP7 感染细胞的 BTV 特异性多克隆抗体免疫沉淀（图 9-4）。

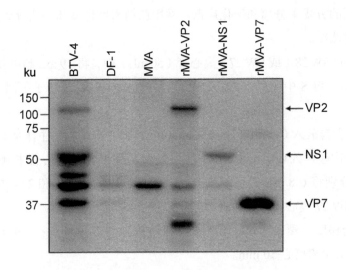

图 9-4　放射标记、免疫沉淀、SDS-PAGE 分析 BTV 蛋白表达

采用 BTV-4 特异性多克隆抗体免疫沉淀分离 [^{35}S] 标记的甲硫氨酸标记 BTV 蛋白。然后用 SDS-PAGE 分析感染 rMVA-VP2、rMVA-NS1 或 rMVA-VP7 的 DF-1 细胞中 BTV 蛋白的表达。

（1）用 MVA-VP2、MVA-NS1 或 MVA-VP7 感染 35 mm 培养皿中的 DF-1 细胞，MOI 为 1。

（2）病毒吸附 90 min 后，去除培养基，用 1×PBS 轻轻洗培养细胞单层 1 次，然后再用蛋氨酸缺乏培养基洗涤 1 次。

（3）加入 1.5 mL 缺乏蛋氨酸的新鲜培养基，培养 60 min。

（4）饥饿期结束时，更换培养基并添加含有 [^{35}S] 蛋氨酸（100 μCi/mL）的培养基。

（5）将细胞在 37℃培养 16 h。

（6）培养结束后，取出标记培养基，用 1×PBS 冲洗细胞 2 次。

（7）在每个培养皿中加入 300 μL RIPA 裂解缓冲液。

（8）把培养皿放在冰上 10 min。

（9）将细胞裂解液收集到微管中。旋涡 5 s，在冰上再孵育 10 min。

（10）以 8 050×g 离心 10 min，去除细胞碎片和细胞核。

（11）将上清液转移到新的离心管中，然后再在冰上放置或在 –20℃下储存。

（12）根据制造商推荐的方案，用 10 μL 特异性 BTV-4 小鼠多克隆抗体免疫沉淀 BTV 蛋白。

（13）免疫沉淀后，将磁珠在 SDS-PAGE 缓冲液中煮沸，直接在 SDS-PAGE 上鉴定蛋白质。

3.5 蔗糖梯度纯化 rMVAs

可通过不同的方式来分离和纯化病毒。常用蔗糖密度梯度离心法分离病毒，然后使用蔗糖垫进行病毒浓缩。

（1）在无菌的 SW 28（或 SW 27）离心管（50 mL）中，将 19 mL 超声裂解液加到 19 mL 36% 蔗糖缓冲液（PBS 中）的上方。4℃、30 000 ×g（SW 28 转子）离心 90 min。吸弃上清液。

（2）将病毒颗粒放入 0.5 mL PBS 1 × T150 培养瓶中悬浮（见注释⑫）。

（3）进行 1 次超声处理 1 min。并于前一天在无菌 SW 27 离心管中制备 24%~40% 连续蔗糖梯度。分别将 6.8 mL 密度梯度 40%、36%、32%、28% 和 24% 的蔗糖小心分别分层加到无菌 SW 27 离心管中，放在冰箱里过夜。

（4）在蔗糖梯度上覆盖 1 mL 超声的病毒颗粒，在 26 000 ×g（如果用 SW 27 转子，则为 11 500 ×g），4℃离心 50 min。

（5）观察病毒在管中央附近呈乳白色带状。将条带上方的蔗糖抽出丢弃。用无菌吸管小心地将病毒带（约 10 mL）吸到无菌管中保存。

（6）从蔗糖梯度底部的颗粒中收集聚集的病毒，然后从试管中吸出剩余的蔗糖。通过向离心管中加入 1 mL 的 1 mmol/L Tris-Cl（pH 值 =9.0），上下吹打悬浮病毒颗粒。

（7）将悬浮的病毒颗粒超声 1 min，按照步骤（5）和步骤（6）的方法，重新收集病毒条带，最后将步骤（6）的病毒汇总到一起，加入 2 倍体积的 1 mmol/L Tris-Cl（pH 值 =9.0），混合。转移到无菌的 SW 27 离心管中（见注释⑬）。

（8）4℃、32 900 ×g 离心 60 min，吸弃上清液，1 mL 的 1 mmol/L Tris-Cl（pH 值 =9.0），悬浮病毒团块。超声处理，然后分装，每份 200~250 μL。储存于 –80℃。

4 注 释

① 我们发现 1 mL 的 TRI Reagent 溶液可裂解（5~10）× 10^6 细胞。

② 测序时，使用位于 *Sma*I 限制位点下游第 214 个核苷酸的质粒特异性引物：pSC11-A(VS): GTGGTGATTGTGACTAGCGTAG 进行反应。

③ MVA 感染后引起的 CPE 由液泡形成，液泡不断向胞质扩散。使用自动移液器很容易破坏单层细胞，将上清液转移到新的试管中，方便病毒处理。重要的是应设置阴性

对照（用 MVA wt 和 MVA wt + Lipofectamine 感染细胞）和阳性对照（重组质粒 pSC11 + Lipofectamine）。

④ 通常将 20 μL 病毒储液加到 180 μL 完全培养基中进行稀释，并先后吸出 20 μL 前 1 个稀释度病毒到 180 μL 完全培养基中进行下一个稀释，直到稀释 10^{-7}。

⑤ 为了使细胞扩散，我们使用琼脂和培养基的比例为 1 ： 1。不要尝试在同一时间做太多的孔，因为琼脂糖 -DMEM 混合物可能会凝固。

⑥ 建议用光学显微镜证实噬斑的存在。

⑦ 为了获得高的病毒滴度，可使用低 MOI 进行感染，这样可避免对细胞的迅速损伤。

⑧ 每个培养瓶通常维持 4 mL 培养基。

⑨ 中间稀液度的噬斑计数比较方便，因为 MVA 噬斑尺寸较小，比较容易计数。

⑩ 在此步骤中，可以停止操作，用保存在 1×PBS 中的玻片可在 4℃下保存至少 1 个月。

⑪ 为了找到最佳稀释方法，常用做法是将血清稀释十倍。

⑫ 在这个阶段，对于某些实验分析，例如分离 DNA，病毒已经足够纯净了。

⑬ 总体积为 60 mL 左右，足够填充 2 个 SW 27 离心管。如果体积较小，则可用 1 mmol/L 的 Tris-HCl（pH 值 = 9.0）填充离心管。

参考文献

[1] Sutter G，Staib C. 2003. Vaccinia vectors as candidate vaccines：the development of modified vaccinia virus Ankara for antigen delivery. Curr Drug Targets Infect Disord，3：263–271.

[2] Melamed S，Wyatt LS，Kastenmayer RJ，et al. 2013. Attenuation and immunogenicity of host–range extended modified vaccinia virus Ankara recombinants. Vaccine，31：4569–4577.

[3] Calvo-Pinilla E，Castillo–Olivares J，Jabbar T，et al. 2014. Recombinant vaccines against bluetongue virus. Virus Res，182：78–86.

[4] Esteban M. 2009. Attenuated poxvirus vectors MVA and NYVAC as promising vaccine candidates against HIV/AIDS. Hum Vaccin，5：867–871.

[5] Garcia–Arriaza J，Esteban M. 2014. Enhancing poxvirus vectors vaccine immunogenicity. Hum Vaccin Immunother，10：2235–2245.

[6] Ramirez JC，Gherardi MM，Esteban M. 2000. Biology of attenuated modified vaccinia virus Ankara recombinant vector in mice：virus fate and activation of B-and T-cell immune

responses in comparison with the Western Reserve strain and advantages as a vaccine. J Virol, 74 : 923–933.

[7] Le Bon A, Durand V, Kamphuis E, et al. 2006. Direct stimulation of T cells by type I IFN enhances the CD8⁺ T cell response during cross–priming. J Immunol, 176 : 4682–4689.

[8] Tough DF. 2004. Type I interferon as a link between innate and adaptive immunity through dendritic cell stimulation. Leuk Lymphoma, 45 : 257–264.

[9] Chakrabarti S, Brechling K, Moss B. 1985. Vaccinia virus expression vector : coexpression of beta–galactosidase provides visual screening of recombinant virus plaques. Mol Cell Biol, 5 : 3403–3409.

[10] Calvo–Pinilla E, de la Poza F, Gubbins S, et al. 2014. Vaccination of mice with a modified Vaccinia Ankara (MVA) virus expressing the African horse sickness virus (AHSV) capsid protein VP2 induces virus neutralising antibodies that confer protection against AHSV upon passive immunisation. Virus Res, 180 : 23–30.

[11] Ortego J, de la Poza F, Marin-Lopez A. 2014. Interferon alpha/beta receptor knockout mice as a model to study bluetongue virus infection. Virus Res, 182 : 35–42.

[12] de la Poza F, Calvo-Pinilla E, Lopez-Gil E, et al. 2013. Ns1 is a key protein in the vaccine com-position to protect Ifnar(−/−) mice against infection with multiple serotypes of African horse sickness virus. PLoS One, 8 : e70197.

[13] Jabbar TK, Calvo-Pinilla E, Mateos F, et al. 2013. Protection of IFNAR (−/−) mice against bluetongue virus serotype 8, by heterologous (DNA/rMVA) and homologous (rMVA/rMVA) vaccination, expressing outer-capsid protein VP2. PLoS One, 8 : e60574.

[14] Calvo-Pinilla E, Navasa N, Anguita J, et al. 2012. Multiserotype protection elicited by a combinatorial prime-boost vaccination strategy against bluetongue virus. PLoS One, 7 : e34735.

[15] Calvo-Pinilla E, Rodríguez-Calvo T, Sevilla N, et al. 2009. Heterologous prime boost vaccination with DNA and recombinant modified vaccinia virus Ankara protects IFNAR(−/−) mice against lethal bluetongue infection. Vaccine, 28 : 437–445.

第十章 用作疫苗及基因敲除功能研究的山羊痘病毒载体制备

Hani Boshra，Jingxin Cao，Shawn Babiuk

摘　要：通过基因敲除和基因插入来操纵山羊痘病毒基因组，已成为阐明山羊痘病毒各基因功能以及开发基于山羊痘病毒重组疫苗的一个越来越有价值的研究工具。同源重组技术以特定的感兴趣的病毒基因为目标，产生山羊痘病毒敲除病毒（KO）。该技术也可以用来插入感兴趣的基因。本章描述了一种产生病毒基因敲除的方法。本技术将用到质粒，该质粒编码将发生同源重组的区域的侧翼序列，然后插入 1 个用于重组病毒可视化的 EGFP 报告基因，以及可作为阳性选择标记的大肠杆菌 gpt 基因。如果要再插入 1 个基因，可通过在质粒的侧翼区域之间插入 1 个用痘病毒启动子控制表达的目的基因来实现。

关键词：山羊痘病毒；重组病毒；大肠杆菌 gpt 选择；EGFP；病毒滴定

1　前　言

山羊痘病毒属由绵羊痘病毒（*Sheep pox virus*，SPPV）、山羊痘病毒（*Goat pox* virus，GTPV）和牛结节性皮疹病毒（*Lumpy skin disease virus*，LSDV）组成。绵羊痘和山羊痘在非洲（不包括南非）以及中东和亚洲流行，而牛结节性皮疹病在整个非洲流行[1]。所有的山羊痘病毒都具有高度的序列同源性[2, 3]。绵羊痘和山羊痘感染绵羊和山羊，虽然有些分离株可同时感染绵羊和山羊，但是一般二者对宿主有偏好；而牛结节性皮疹病则感染牛。一旦感染到各自的宿主，这些病毒就会引起临床症状，如发热、心率加快、鼻腔和黏膜分泌物增多，在严重病例中，还会形成影响大部分皮肤表面的皮肤斑疹[4~6]。绵羊痘和山羊痘的死亡率各不相同，但均可以达到 90% 以上，而由牛结节性皮疹病引起的死亡率较低，但可以接近 50%。伴随这些疾病相关的高发病率和死亡率，使这些疾病成为了畜牧业特别关注的地方性问题[7]。针对绵羊痘和山羊痘以及牛结节性皮疹病已研制出弱毒疫苗[4, 8, 9]；这些弱毒疫苗虽然在预防暴发疾病方面有效，但其致弱机制尚不清楚。重组病毒专门针对疑似毒力因子的基因并使其失活，一旦被开发出来并被证明是有效的，就可以作为疫苗使用。到目前为止，已对几个 LSDV、SPPV 和 GTPV 分离株的完整基因组进行了测序并标注 [2]；此外，利用重组技术进行病毒基因缺失也被证明是阐明痘病毒基因组中单个基因作用的一个很有实用的工具 [10]。之前已有文章已经证明了可通过操纵痘病毒基因组，对羊痘病毒 kelch 样基因 SPPV-019 进行基因敲除，并进一步证明该基因可影响病毒毒力 [11]。用同源重组产生基因敲除的原理和方法对所有痘病毒 [10] 都是一样的（见注释①）。不同痘病毒重组的方法的主要差异，是用于生长病毒的宿主细胞和用于同源重组的 DNA 靶序列不同而已。

除了需要生产更有效的山羊痘病毒疫苗之外，在过去的 10 年中，重组山羊痘病毒被用作高效的疫苗载体，表达其他非相关反刍动物疾病的外来抗原。在实验环境中，以山羊痘病毒为基础的疫苗已被证明可以预防蓝舌病病毒（*Bluetongue virus*，BTV）[12, 13]：裂谷热病毒（*Rift valley fever virus*，RVFV）[14, 15]、小反刍兽疫病毒（*Peste des petits ruminants virus*，PPRV）[16] 和牛瘟病毒（*Rinder-pest virus*，RV）[17-19]。这些疫苗的设计基于同源重组原理，靶向病毒的胸苷激酶（thymidine kinase，TK）基因，通过基因重组将靶标抗原插入病毒基因组。本章将介绍产生这些重组病毒的方法，并将描述如何进行包括报告基因，如增强型绿色荧光蛋白（EGFP）和阳性选择标记大肠杆菌鸟嘌呤磷酸核糖转移酶（gpt）的插入 [10]。本方法使用的选择性培养基包括嘌呤代谢抑制剂霉酚酸和氨基蝶呤；当生长在黄嘌呤存在下时，黄嘌呤可以通过 gpt 代谢成鸟嘌呤 [20]。在该方法中，*gpt* 基因两侧将有各有一个 7.5K 痘苗病毒早 / 晚期启动子，在去除选择压力后，可通过重组缺失去除 *gpt* 基因。

2　材　料

除特别注明外，所有试剂和溶液均按制造商说明配制。有关细胞培养使用的所有试剂均已预先经过无菌处理，或已使用 0.22 μm 注射器 / 过滤瓶盖过滤器无菌处理。此外，所有细胞培养均采用无菌技术，并在专门为细胞培养设计的生物安全柜中进行。

2.1　细胞系

OA3.T 细胞从 ATCC 获得，用添加 10% 胎牛血清（FBS）、1 × 青霉素 / 链霉素和 1 × 非必需氨基酸（NEAA）的 DMEM 培养基培养。除非另有说明，细胞用 Costar/Corning 公司生产的 6 孔细胞培养板，37 ℃、5% CO_2 培养箱中培养。本方法中使用的培养基和试剂均来自 Wisent 公司（加拿大圣布鲁诺）。不过应该指出的是，本方法可以接受从多种不同的制造商生产的试剂。

2.2　山羊痘病毒毒株

根据不同的实验目的，可以使用不同的毒株，包括山羊痘病毒野生毒力毒株和或减毒毒株均可（见注释②）。不管是野生毒力毒株还是减毒毒株，都建议在克隆之前，对目的基因和所需的侧翼基因序列进行测序，以确保目标序列与转移载体的侧翼序列方向相同。

2.3　转移载体质粒构建

质粒构建使用上一部分描述的序列进行，将编码目的基因的开放阅读框（ORF）（见注释③和注释④）、EGFP 和 gpt 串联合成（图 10-1），然后连到病毒编码目的靶基因侧翼。表 10-1 描述了用于功能性和 / 或致弱的潜在 LSDV 基因靶标。

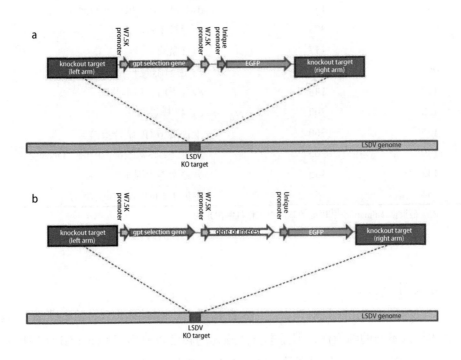

图 10-1　用于产生山羊痘病毒重组病毒的穿梭载体示意图

（a）通过克隆包含以下分子的插入片段，将病毒基因作为基因敲除目标：筛选基因及报告基因（本例中为 gpt 和 EGFP）；痘苗病毒早期 / 晚期启动子 7.5K，既可表达 gpt 又可表达目的基因，随后还可删除 gpt 基因；侧翼序列（红色），编码用于敲除特定病毒基因的 5′ 端和 3′ 端（靶向左 / 右臂敲除）。（b）穿梭载体还可能包含 1 个需要表达的目的基因。

表 10-1　从牛结节性皮疹病毒（LSDV）基因组选择开放阅读框（ORF）[a]

LSDV ORF 编号	氨基酸长度	推测的功能 / 同源基因
003	240	定位于 ER 的凋亡调节因子
005	170	IL-10
006	231	IL-1 受体

（续表）

LSDV ORF 编号	氨基酸长度	推测的功能 / 同源基因
009	230	α - 鹅膏蕈碱敏感蛋白
011	381	G 蛋白偶联趋化因子受体
013	341	IL-1 受体
014	89	eIF2α- 样 PKR 抑制剂
015	161	IL-18 结合蛋白
026	302	丝氨酸 / 苏氨酸蛋白激酶；病毒装配
034	177	dsRNA 结合 PKR 抑制剂
057	373	病毒粒子核心蛋白
066	177	胸苷激酶
067	198	宿主范围蛋白
117	148	融合蛋白，病毒装配
128	300	CD47 样蛋白
135	360	干扰素 α / β 结合蛋白
139	305	丝氨酸 / 苏氨酸蛋白激酶，DNA 复制
142	135	分泌型毒力因子
154	240	定位于 ER 的凋亡调节因子

ᵃ 表中 ORFs 是根据 Tulman 等 [2] 以前的基因组工作推断出来的。

2.4 转染试剂

虽然在以前的重组山羊痘病毒研究中，已描述了使用不同类型的转染试剂，可将不同的转移载体导入不同的细胞株，但是本方法描述的转染将使用 X-treme GENE HP DNA 转染试剂（Roche Diagnostics 公司产品，Mannheim，德国；见注释⑤）。

2.5 缓冲液及培养基

（1）所有涉及洗涤细胞的步骤均使用无钙无镁磷酸盐缓冲盐水（PBS）（Wisent 公司产品，加拿大）；不过应该指出的是，PBS 也可以从其他的制造商购买。

（2）转染程序包括使用优化的低血清培养基。可使用 Opti-MEM（Invitrogen/Life Technologies 公司产品，美国）与转染试剂孵育（见注释⑥）。

（3）对于 gpt 选择试剂，从 EMD Millipore 公司购买 500 × 霉酚酸溶液和 100 × 氨基蝶呤（含黄嘌呤和次黄嘌呤）。除培养基外，在使用前先用注射器过滤选择性培养基。

（4）使用含有选择性化学物质的半固体培养基（霉酚酸）筛选和纯化重组山羊痘病毒。本方法中使用的半固态培养基是 ClonaCell（StemCell Technologies 公司产品）。但是，应该注意的是，也可以使用 DMEM/ 羧甲基纤维素（CMC）培养基。

3 方 法

3.1 LSDV 感染转染后的 OA3.T 细胞（整个过程示意图见图 10-2）

在转染前 24 h，将 OA3.T 细胞接种在 6 孔板中，使其达到 60% ~70% 融合度。细胞在 DMEM/ 10% 胎牛血清中培养，并添加 1 × 青霉素 / 链霉素和 1 × 非必需氨基酸（NEAA）。

（1）加入 LSDV 前，检查细胞状态，确保融合至 70%~ 80%。

（2）取下培养基，每个孔加入 1 mL 新鲜培养基（DMEM/1 × 青霉素 / 链霉素）。

（3）添加 1 000 TCID$_{50}$（100 μL 的 10^4 TCID$_{50}$ /mL 病毒储液）山羊痘病毒（或使用 MOI 0.1 病毒感染量）。37 ℃孵育 4 h。

（4）取出培养基，每个孔加入 2 mL 新鲜培养基（DMEM/1 × 青霉素 / 链霉素）。

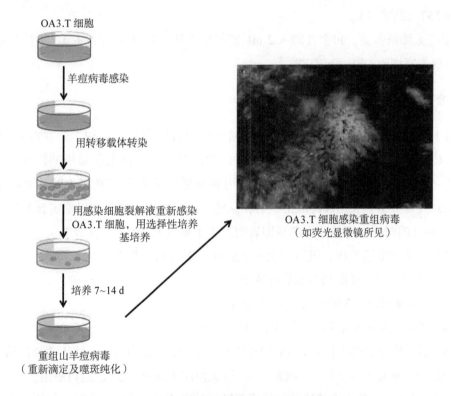

图 10-2 重组羊痘病毒产生过程示意图

OA3.T 细胞将含有目的基因的转移载体和重组所需的元件转染细胞（图 10-1）。转染转移载体后，细胞在选择性培养基中培养，然后感染目标羊痘病毒毒株（即 LSDV、SPPV 或 GTPV）。重组病毒噬斑可以用荧光显微镜观察到，然后将其分离并纯化，直到分离出单个重组病毒噬斑。

3.2 转染 OA3.T 细胞

（1）转染当天，提前 1 h 将 1 管 X-treme GENE HP 转染试剂加热至室温，同时加入 10 mL Opti-MEM。

（2）用 1×PBS 洗涤细胞。去除 PBS，然后向在 6 孔板的每个孔中加入 800 μL Opti-MEM。37 ℃孵育。

（3）在无菌离心管中加入 100 μL Opti-MEM 和 1 μg 的质粒 DNA。

（4）在另 1 个无菌离心管中加入 100 μL Opti-MEM，然后加入 4 μL X-treme GENE HP 转染试剂。注意，使用转染试剂前应涡旋彻底混匀。

（5）将 2 个离心管放置在室温 10 min。

（6）将含有 X-treme GENE 试剂离心管中的溶液移到含有质粒 DNA 的离心管中。

（7）室温孵育 30 min。

（8）将转染试剂 / 质粒 DNA 混合物滴入 6 孔板的 1 个孔中。

（9）37 ℃孵育 4 h。

（10）去除培养基。每个孔加入 2 mL 新鲜培养基。37 ℃孵育 4~6 d，通过荧光绿色斑块的出现观察细胞 CPE 和 EGFP。

3.3 重组病毒的筛选

（1）用选择性培养基替换培养基：DMEM/ 10% 胎牛血清，加 1× 青霉素 / 链霉素、1× 非必需氨基酸（NEAA）和 1×gpt 选择性试剂（注：使用前需检测培养基 pH 值），孵育 5~6 d。注意，在 3~4 d 内，应该就可在显微镜下看到荧光斑（即 EGFP 的表达）。当观察到大量 EGFP 表达和噬斑形成时，从感染孔中收集上清液。根据实验条件，也可能需要 7~14 d 的时间。绿色荧光噬斑即表明产生了重组 LSDV（见注释⑦）。

（2）取出细胞培养板，进行 2 次冻融循环（即将培养板在 –80 ℃冷冻，37 ℃解冻）。这一步可将病毒颗粒释放到细胞裂解液中。

（3）取出裂解液，3 000 ×g 离心 15 min。

（4）将上清液放入无菌冷冻管中，–80℃保存。

（5）通过培养物感染新的 OA3.T 细胞来提高重组病毒的效价。使用选择性培养基在 6 孔板中培养。重复步骤（1）~ 步骤（5），这次使用 100 μL 上清液进行感染。

（6）6~7 d 后，收集上清液。这将用于随后的噬斑纯化和 gpt 删除（见注释⑧）。

3.4 单个重组斑块的分离

（1）在 1 个新的培养板中接种 OA3.T 细胞，如前所述，每个孔用 1 mL 选择性培养基。

（2）用从上述感染／转染步骤中收取的100 μL病毒储液上清液感染第一个孔的细胞。第二个孔用100 μL选择性培养基10倍稀释的病毒感染。

（3）使用100 μL稀释的上清液进行另一个10倍稀释，然后添加到第3个孔。

（4）37℃孵育4 h，在此期间，37℃加热半固态培养基瓶。

（5）孵育4 h后，吸出培养板上所有孔的上清液。每个孔加入3 mL半固态培养基。

（6）37℃孵育7~14 d。4 d后检查噬斑的外观，监测噬斑大小。标准荧光显微镜可用于识别较小的斑块，而用蓝色光源可观察较大的噬斑（见注释⑨）。

（7）当噬斑直径至少为1~2 mm时，用黑色记号笔在每个培养板的底部标记要挑选的空斑。如果可能的话，试着分离出至少5个分离良好的噬斑。

（8）分别挑取每个噬斑，用无菌刀片或手术刀切断100 μL或200 μL无菌微量枪头，切口位置大约离枪尖顶部5 mm（见注释⑩）。

（9）将切好的枪尖对着噬斑上方，用移液器吸出半固态培养基块。分别插入含500 μL选择性培养基的无菌离心管中。

（10）将离心管涡旋几次，然后保存在4℃。

（11）如标题3.2所述，准备1个新的OA3.T细胞6孔板。

（12）从离心管中取出100 μL的培养液，用于再感染细胞，如前所述。

（13）孵育7~14 d，直到荧光显微镜观察到明显的噬斑形成。

（14）收集包含扩增重组病毒的上清液，如步骤（5）~步骤（8）所述（见注释11）。

（15）利用靶向病毒（即敲除）基因5'和3'以及侧翼序列的特异性引物，通过PCR对重组病毒进行分析。

3.5　通过选择性压力去除 *gpt* 基因

（1）使用不含选择剂的培养基（10% FBS/DMEM/1 × 青霉素／链霉素）将OA3.T细胞接种在6孔板中，使细胞融合率在80%~ 90%。

（2）第二天，用每孔体积为1mL不含选择剂的新鲜培养基替换旧的培养基。

（3）使用上一步获得的重组病毒储液，第一孔中加入100 μL病毒液，接下来的4个孔加入100倍梯度系列稀释病毒，最后1个孔不加入病毒。

（4）37 ℃孵育4 h。

（5）用不含选择剂的新鲜培养基代替培养基。

（6）孵育7~14 d，直到荧光显微镜观察到明显的噬斑形成。

（7）确定观察到斑块形成的稀释程度最高的孔。

（8）取出培养板，进行2次冻融循环（即将培养板在 –80 ℃冷冻，37 ℃解冻）。这一步将病毒颗粒释放到细胞裂解液中。

（9）将裂解液取出，以3 000 × *g* 离心15 min。

（10）收集上清液。保持 10 μL PCR。请参阅本部分步骤（12）的 PCR 条件。

（11）重复本节中的步骤（1）～步骤（10）。当 PCR 检测 gpt 为阴性时，可确定出不含 gpt 的重组病毒。

（12）gpt 筛选 PCR 条件：37 个循环反应，其中 95℃变性 1 min，55℃退火 30 s，72℃延伸 1 min；最后在 72℃下运行 5 min。

（13）检测 gpt 选择标记的引物：引物 1（5′-ATGAGCGAAAAATACATCGTCACC-3′）；引物 2（5′-TTAGCGACCGGAGATTGGCGGGA-3′）。

（14）此时也可以通过 PCR 确认重组目的基因是否存在，使用特异性靶向目的基因的引物和特定的条件来进行 PCR 扩增。然后可以通过 Western blotting 或酶测定（如果可能）重组目的蛋白的表达。

4　注　释

① 本方法经修改后，可用于其他影响动物痘病毒的重组病毒构建和筛选，只要使用这些目标病毒可复制的细胞系，然后使用特定目标痘病毒 DNA 插入序列来设计质粒即可。例如，用 Vero 细胞替换 OA3.Ts 细胞即可产生骆驼痘敲除病毒。

② 由于山羊痘病毒具有极强的传染性，所有涉及 LSDV、SPPV、GTPV 的操作均应在非流行国家的生物安全三级农业实验室和流行国家的生物安全二级实验室进行。

③ 任何目的基因的克隆都应该编码完整的开放阅读框（ORF），即包括起始密码子和终止密码子，因为痘病毒不能进行 RNA 剪接。ORFs 还应该由痘病毒启动子驱动，任何一种痘病毒启动子均可。

④ 值得注意的是，在基因敲除研究中，插入另外的目的基因也可以采用类似的策略。早期的技术描述了限制性片段克隆技术，而基因合成公司（我们使用的是金斯瑞生物公司，Piscataway，USA）可以合成整个结构。

⑤ 也可以使用其他转染试剂，如 JetPEI（Polyplus Transfection 公司产品）或 Lipofectin（Invitrogen 公司产品）或 Lipofectamine（Invitrogen 公司产品），前提是使用前已对 OA3.T 细胞的质粒转染条件进行了优化。

⑥ 在转染步骤中使用无血清的 DMEM 也是可以的。

⑦ 需要强调的是，在这一步，并不是所有的绿色荧光细胞都含有重组病毒；事实上，我们观察到的大多数 EGFP 都是由山羊痘病毒聚合酶在反式表达的 EGFP 引起的。重组病毒只占观察到的 EGFP 的一小部分，并且只有经过额外的 gpt 选择步骤才能扩增。

⑧ 进行基因敲除研究，如果失活的基因可能对病毒复制至关重要。那么在后续步骤中将看不到 EGFP 斑。为了克服这个问题，应构建组成表达启动子（如 CMV 或 CAG）目的基因真核表达质粒，OA3.T 细胞应转染构建好的目的基因表达质粒，然后再进行山羊痘病毒目的基因的敲除。

⑨ 这一步骤的主要目的是确定需要哪种重组病毒稀释才能产生间隔良好的噬斑，以便更容易地纯化出单个噬斑。如果 10 倍稀释后仍有大量的 EGFP 斑存在，建议重复这一步骤，再进行几次 10 倍稀释。

⑩ 应该强调的是，所有步骤都应该在生物安全柜中进行无菌操作。

⑪ 所有产生的病毒（包括中间产生／扩增步骤产生的病毒）均可在 −80℃保存；建议将中间产物保存到最终获得重组病毒，并经 PCR 证实确实已经成功获得了重组病毒。

参考文献

[1]　Boshra H, Truong T, Nfon C, et al. 2013. Capripoxvirus–vectored vaccines against livestock diseases in Africa. Antiviral Res, doi：10.1016/j.antiviral.2013.02.016.

[2]　Tulman ER, Afonso CL, Lu Z, et al. 2001. Genome of lumpy skin disease virus. J Virol, 75：7122–7130. doi：10.1128/ JVI.75.15.7122–7130.2001.

[3]　Tulman ER, Afonso CL, Lu Z, et al. 2002. The genomes of sheeppox and goatpox viruses. J Virol, 76：6054–6061.

[4]　Babiuk S, Bowden TR, Boyle DB, et al. 2008. Capripoxviruses：an emerging worldwide threat to sheep, goats and cattle. Transbound Emerg Dis 55：263–272. doi：10.1111/ j.1865–1682.2008.01043.x

[5]　Bhanuprakash V, Indrani BK, Hosamani M, et al. 2006. The current status of sheep pox disease. Comp Immunol Microbiol Infect Dis 29：27–60. doi：10.1016/j.cimid.2005.12.001.

[6]　Bowden TR, Babiuk SL, Parkyn GR, et al. 2008. Capripoxvirus tissue tropism and shedding：a quantitative study in experimentally infected sheep and goats. Virology, 371：380– 393. doi：10.1016/j.virol.2007.10.002.

[7]　African Union International Bureau for Animal Resources. 2012. Impact of livestock diseases in Africa, May.

[8]　Davies FG, Mbugwa G. 1985. The alterations in pathogenicity and immunogenicity of a Kenya sheep and goat pox virus on serial passage in bovine foetal muscle cell cultures. J Comp Pathol, 95：565–572.

[9]　Kitching RP. 2003. Vaccines for lumpy skin disease, sheep pox and goat pox. Dev Biol (Basel), 114：161–167.

[10]　Johnston JB, McFadden G. 2004.Technical knockout：understanding poxvirus pathogenesis by selectively deleting viral immunomodulatory genes. Cell Microbiol, 6：695–705. doi：10.1111/j.1462–5822.2004.00423.x.

[11] Balinsky CA, Delhon G, Afonso CL, et al. 2007. Sheeppox virus kelch-like gene SPPV-019 affects virus virulence. J Virol, 81：11392–11401, JVI.01093–07 [pii].

[12] Perrin A, Albina E, Breard E, et al. 2007. Recombinant capripoxviruses expressing proteins of bluetongue virus：evaluation of immune responses and protection in small ruminants. Vaccine, 25：6774–6783. doi：10.1016/j. vaccine.2007.06.052.

[13] Wade–Evans AM, Romero CH, Mellor P, et al. 1996. Expression of the major core structural protein (VP7) of bluetongue virus, by a recombinant capripox virus, provides partial protection of sheep against a virulent heterotypic bluetongue virus challenge. Virology, 220：227–231. doi：10.1006/viro.1996.0306.

[14] Soi RK, Rurangirwa FR, McGuire TC, et al. 2010. Protection of sheep against Rift Valley fever virus and sheep poxvirus with a recombinant capripoxvirus vaccine. Clin Vaccine Immunol, 17：1842–1849.

[15] Wallace DB, Ellis CE, Espach A, et al. 2006. Protective immune responses induced by different recombinant vaccine regimes to Rift Valley fever. Vaccine, 24：7181–7189. doi：10.1016/j.vaccine.2006.06.041, S0264–410X(06)00769–9 [pii].

[16] Romero CH, Barrett T, Kitching RP, et al. 1995. Protection of goats against peste des petits ruminants with recombinant capripoxviruses expressing the fusion and haemagglutinin protein genes of rinderpest virus. Vaccine, 13：36–40.

[17] Romero CH, Barrett T, Kitching RP, et al. 1994. Protection of cattle against rinderpest and lumpy skin disease with a recombinant capripoxvirus expressing the fusion protein gene of rinderpest virus. Vet Rec, 135：152–154.

[18] Romero CH, Barrett T, Chamberlain RW, et al. 1994. Recombinant capripoxvirus expressing the hemagglutinin protein gene of rinderpest virus：protection of cattle against rinderpest and lumpy skin disease viruses. Virology, 204：425–429. doi：10.1006/viro.1994.1548.

[19] Romero CH, Barrett T, Evans SA, et al. 1993. Single capripoxvirus recombinant vaccine for the protection of cattle against rinderpest and lumpy skin disease. Vaccine, 11：737–742.

[20] Mulligan RC, Berg P. 1981. Selection for animal cells that express the Escherichia coli gene coding for xanthine-guanine phosphoribosyl-transferase. Proc Natl Acad Sci U S A, 78：2072–2076.

第十一章 重组猪痘病毒用于研制兽用疫苗

Hong-Jie Fan，Hui-Xing Lin

摘 要：痘病毒载体已被广泛应用于多种重要的人类和动物疫病的疫苗开发，其中一些疫苗已获得许可并得到广泛使用。猪痘病毒（Swinepox，SPV）因其对重组 DNA 具有较大的包装能力、宿主范围特异性强且能诱导适当的免疫应答能力，非常适合用于开发重组疫苗。

关键词：猪痘病毒；同源重组；疫苗

1 前 言

猪痘病毒（*Swinepox virus*，SPV）是猪痘病毒属（*Suipoxvirus*）的唯一成员，是猪痘病毒科脊索病毒亚科（Chordopoxvirinae）8 个属之一。SPV 只感染猪[1]，并在棘皮层的表皮角质形成细胞中复制，皮肤以外的组织很少受到影响。SPV 导致的猪痘是一种全球性疾病，与恶劣的卫生条件有关[2-5]。猪痘的临床症状：发病猪会产生轻微发热和局部淋巴结发炎[6]，未观察到全身感染和病毒血症。成年猪通常会发展成一种温和的自限性猪痘，其皮肤损伤位于无毛的皮肤区域，但仍局限于病毒进入部位[5, 7]。肉眼可见的皮肤病变会经过特征性痘病毒病变阶段，伴随非常短的囊泡期，一般不会有液体渗出[8]。

SPV 具有 1 个 146 kb 的双链 DNA 基因组[9]，可以容纳大量的额外 DNA；因此，可以同时表达插入的多个外源基因，这就为制备一种多因子疫苗提供了方法[10]。SPV 在受感染细胞的细胞质内复制，而其基因不会整合到宿主基因组中，因此这就消除了插入突变的可能性。SPV 的宿主范围特异性及其诱导保护免疫的能力，激发了人们将其作为宿主范围受限疫苗载体的兴趣[1, 11, 12]。

2 材 料

根据《分子克隆实验指南》[13] 所述的方法，制备 SDS-PAGE 凝胶、电泳缓冲液和免疫印迹组分等。用超纯水和分析级试剂配制所有溶液。在处理废物时，应严格遵守所有废物处理规定。

2.1 细菌和质粒

pUC19 质粒骨架和宿主大肠杆菌（*E.coli*）DH5α 购自 Takara 生物科技有限公司（大连，中国）。

（1）以 LB 培养基（胰蛋白胨 10.0 g/L，酵母提取物 5.0 g/L，NaCl 10.0 g/L）为大肠杆菌生长培养基。将 25 g 混合物溶解在 1 L 蒸馏水中，并将 pH 值调整为 7.2。121℃高压灭菌 15 min，4~8℃保存，避免光直接照射。

（2）大肠杆菌通常在 37℃的 LB 培养基或 LB 琼脂平板（含 1.5% 琼脂，*m/v*）上培养。根据需要向细菌培养物中添加氨苄西林（100 mg/L）。

（3）限制性内切酶 *Eco*RⅠ、*Kpn*Ⅰ、*Xho*Ⅰ、*Hind*Ⅲ、*Not*Ⅰ、*Sal*Ⅰ以及 *Bam*HⅠ。

2.2 病毒、细胞及培养基

野生型猪痘病毒（wtSPV、Kasza 株、VR-363™）和无 PCV 猪肾 PK-15 细胞（CCL-33™）购自美国菌种保藏中心（ATCC）。

（1）用含 10% 胎牛血清（FBS）的 EMEM 培养基培养 PK-15 细胞，在 37℃、5% CO_2 的培养箱中培养。

（2）将培养的 PK-15 细胞在 37℃下感染 3~4 d，然后冻融 3 次，初步制备 SPV 病毒储液。

（3）病毒滴度是通过测定 PK-15 细胞上的噬斑形成单位（pfu）的数量来确定的。在含有 1.5% 甲基纤维素和 2%FBS 的 EMEM 培养基中进行噬斑分析，直到观察到可见噬斑。

（4）Hank's 平衡盐溶液（HBSS）。

3 方 法

根据《分子克隆实验室指南》[13] 所述的方法，进行基因扩增、质粒提取、质粒构建和鉴定过程。表 11-1 列出了本研究中使用的引物。在进行限制性酶切消化和产物连接之前，所有的 PCR 扩增 DNA 片段都先克隆到 T 载体（Takara 公司产品）中。

3.1 转移载体 pUSG11/P28Cap 的构建

构建带有 pUC19 质粒（Takara 公司产品）骨架的转移载体 pUSG11/P28Cap（图 11-1）。

（1）使用病毒 DNA 提取试剂盒（Geneaid 公司产品）提取 SPV 基因组 DNA。

（2）使用引物 LF1/LF2 和以下条件扩增左侧翼序列（LF），即 SPV016 上游 1.1 kb 的侧翼区域（GenBank：AF410153），其中包含来自 SPV 基因组 DNA 的 *SPV020*（见注释①）、*SPV019*、*SPV018* 和 *SPV017*：95℃预热 5 min；95℃变性 30 s，52℃退火 30 s，

72℃延伸 1 min，30 个循环；72℃最后延伸 5 min。

（3）用引物 RF1/RF2 对 SPV022（genbank:af410153）、*SPV021*（见注释①）和 *SPV020* 下游 1.4 kb 的侧翼序列（RF）进行扩增，扩增条件：预热至 95℃ 5 min；95℃变性 30 s；55℃退火 30 s；72℃延伸 90 s，30 个循环；72℃最后延伸 5 min。

（4）用 GaldVIEW（VAZEYE 生物技术有限公司产品）1.2% 琼脂糖凝胶电泳分析 LF 和 RF 的 PCR 产物，电压设为为 8 V/cm。在紫外线（UV）光下确认目的条带，将它们从凝胶中取出，然后切成小片。使用 DNA 纯化试剂盒（Geneaid 公司产品）从凝胶中提取 DNA。

（5）将 LF 和 RF 序列分别插入 pUC19 质粒的 *Eco*RⅠ-*Kpn*Ⅰ 和 *Xho*Ⅰ-*Hind*Ⅲ 位点，构建 pUS01 质粒。

（6）分别用 *Eco*RⅠ-*Kpn*Ⅰ 和 *Xho*Ⅰ-*Hind*Ⅲ 限制酶酶切消化，鉴定质粒 pUS01（图 11-2a）。

（7）用引物 rSPV1/rSPV2 对质粒 pUS01 进行 PCR 检测所有插入的基因 LF 和 RF（见注释②）。对 PCR 片段进行测序，以确保插入的序列中没有突变。

表 11-1　本研究所用的引物

引物	序列 (5′ - 3′)	酶切位点	靶标基因
LF1	*GAATTC*TAAATCTACTTCTTCAACGG	*Eco*RⅠ	*LF*
LF2	*GGTACC*TATAACTACTAGGTCCACAC	*Kpn*Ⅰ	
RF1	*CTCGAG*AGGCGATTATTTATGTTATTA	*Xho*Ⅰ	*RF*
RF2	*AAGCTT*ATTTTTATCCTATTGTTGTTC	*Hind*Ⅲ	
11G1	*GCGGCCGC*TTTACTTGTACAGCTCGTCCAT	*Not*Ⅰ	*P*11；*GFP*
11G2	*CTCGAG*ATATAGTAGAATTTCATTTTGTTTTTTTCTATGCTATAA ATGAACATGGTGAGCAAGGGCGAGGAG	*Xho*Ⅰ	
28M1	CAGATCTTTTTTTTTTTTTTTTTTTTTTTTGGCATATAAATGGTCGAC TCGAGAGCTCCCGGGGATCCATCGATGC		P28 启动子；MCS
28M2	*GCGGCCGC*ATCGATGGATCCCCGGGAGCTCTCGAGTCGACCA TTTATATGCCAAAAAAAAAAAAAAAAAAAAAAGATCT*GGTACC*	*Not*Ⅰ；*Kpn*Ⅰ	
CAP1	*GTCGAC*ATGACGTATCCAAGGAGGC	*Sal*Ⅰ	*cap*
CAP2	*CGCGGATCC*TTAAGGGTTAAGTGGG	*Bam*HⅠ	
rSPV1	GTGTGGACCTAGTAGTTATAGGTACCAG		所有插入的基因
rSPV2	GCAAAGACCCCAACGAGAA		

斜体字 = 限制性酶切位点

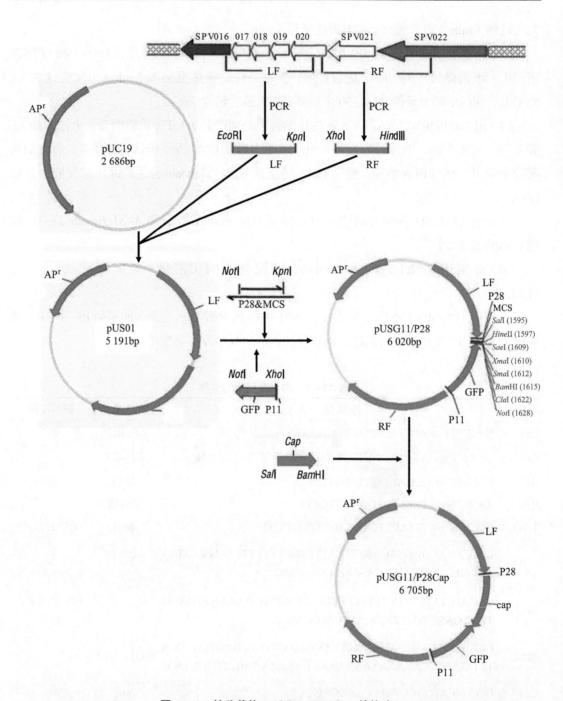

图 11-1 转移载体 pUSG11/P28Cap 的构建

LF 和 RF 分别表示 SPV 的左侧翼序列和右侧翼序列。P11 和 P28 为痘苗病毒（*Vaccinia virus*，VV）的启动子。质粒中还含有 GFP 报告基因。*cap* 基因为重组到 SPV 基因组的靶基因。

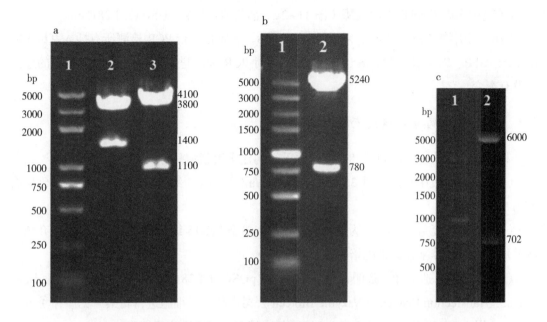

图 11-2　构建转移载体时产生的中间质粒限制性内切酶（RE）酶切鉴定

（a）对 pUS01 进行消化鉴定：1. DNA 分子标记；2. *Xho*I-*Hind*Ⅲ酶切；3. *Eco*RI-*Kpn*I酶切。（b）对 pUSG11/P28 进行酶切鉴定：1. DNA 分子标记；2. *Not*I-*Xho*I 酶切。（c）对 pUSG11/P28Cap 进行酶切消化鉴定：1. DNA 分子标记；2. *Sal*I-*Bam*HI酶切。

（8）利用引物 11G1/11G2，在 pEGFP-N1 质粒（Clontech 公司产品）上扩增 774 bp 的启动子 P11 序列和 GFP 基因序列，扩增条件：预热至 95℃ 5 min；95 ℃变性 30 s，54 ℃退火 30 s，72℃延伸 45 s，30 个循环；72℃最终延伸 5 min。

（9）从 P28MCS 中，通过对 28M1/28M2 的寡核苷酸进行退火处理，形成 1 个含有 P28 启动子序列的 78 bp DNA 片段和 1 个多克隆位点（MCS）。

（10）分别将 P11GFP 和 P28MCS 插入质粒 pUS01 的 *Not*I-*Xho*I 位点和 *Not*I-*Kpn*I 位点，构建质粒 pUSG11/P28。

（11）用 *Not*I-*Xho*I 限制性酶（图 11-2b）酶切消化，鉴定质粒 pUSG11/P28。

（12）用引物 rSPV1/rSPV2 对质粒 pUSG11/P28 进行 PCR 检测所有插入基因 LF、RF、P11GFP 和 P28MCS（见注释②）。对 PCR 片段进行测序，以确保插入的序列中没有任何突变。

（13）使用引物 CAP1/CAP2 从猪圆环病毒 2 型（Porcine circovirus type 2，PCV2）基因组 DNA 中扩增目标基因（感兴趣的基因）（见注释③），如 PCV2 的 702 bp *cap* 基因（GenBank: JN382185.2）。

（14）将 *cap* 基因插入质粒 pUSG11/P28 的 *Sal*I-*Bam*HI 位点，构建重组质粒 pUSG11/P28Cap。

（15）用 *Sal*I-*Bam*HI 限制性酶（图 11-2c）消化鉴定质粒 pUSG11/ P28Cap。

（16）用引物 rSPV1/rSPV2 对 pUSG11/ P28Cap 质粒进行 PCR 检测所有插入基因 LF、RF、P11GFP、P28MCS 和 *cap*（见注释②）。对 PCR 片段进行测序，以确保插入的序列中没有突变。

3.2　重组猪痘病毒的构建与纯化

利用 wtSPV 与 pUSG11/P28Cap 同源重组构建重组猪痘病毒 rSPV-Cap。

（1）在 6 孔板中每孔接种 3 mL（0.3×10^6/mL）PK-15 细胞，12~18 h 后，细胞融合率为 90%~95%。

（2）用感染复数（MOI）为 0.05 的 wtSPV 感染 PK-15 细胞单层；1~2 h 后，弃感染液，用无血清培养基代替细胞培养基。

（3）根据制造商的说明，用 4.0 μg 的 pUSG11/P28Cap 质粒，使用转染试剂 Exfect™Transfection Reagent（Vazyme Biotech 公司产品）对细胞进行转染（见注释④）。

（4）用 2.0% FBS 在 2 mL EMEM 培养基中培养 3~4 d 后收集细胞。

（5）通过 3 次反复冻融细胞悬浮液释放病毒。

（6）用细胞裂解液制备从 1：100~1：1 000 000 的连续 10 倍病毒稀释液（见注释⑤）。

（7）用每 1 个稀释液感染 6 孔板中生长的 PK-15 细胞，进一步纯化重组病毒。

（8）病毒吸附 2 h 后，吸弃感染液，用 Hank's 平衡盐溶液（HBSS）洗涤细胞 3 次。

（9）向每个孔中添加 3 mL 含有 1% 甲基纤维素的 EMEM 培养基，并在细胞培养箱中培养 3 d，直到荧光显微镜下可见绿色噬斑（图 11-3）。

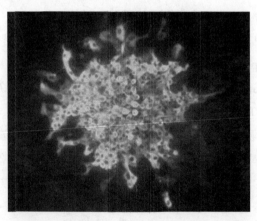

图 11-3　重组病毒在荧光显微镜下的绿色噬斑

（10）在 0.5 mL 不含 FBS 的 EMEM 培养基中重新悬浮染色噬斑周围的甲基纤维素团，通过三轮反复冻融释放重组病毒。

（11）重复步骤（8）~步骤（10）噬斑分离，直到给定孔中的所有噬斑点均为绿色

（见注释⑥）。

3.3　重组猪痘病毒的 PCR 分析

（1）使用商业化的 DNA 提取试剂盒（Geneaid 公司产品）提取 rSPV-Cap 基因组 DNA。

（2）用引物 CAP1/CAP2 扩增 rSPV-Cap DNA，检测 *cap* 基因是 1 个完整的 ORF（图 11-4）。

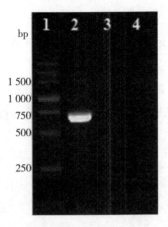

图 11-4　使用引物 CAP1/CAP2 对 rSPV-Cap 的 PCR 分析

1. DL5000 DNA 分子标记；2. rSPV-Cap；3. wtSPV；4. 未感染的 PK-15 细胞。

（3）用引物 rSPV1/rSPV2 扩增 rSPV-Cap 基因组 DNA，检测所有插入序列（见注释②）。

（4）对上述步骤（2）和步骤（3）的 PCR 片段进行测序，以确保 rSPV-Cap 中没有突变。

3.4　重组猪痘病毒的免疫印迹分析

（1）将 PK-15 细胞分别接种 rSPV-Cap 和 wtSPV（MOI=5），37℃接种约 60 h。

（2）将感染液倒掉，用 D'Hanks 清洗细胞 3 次。

（3）用十二烷基硫酸钠 - 聚丙烯酰胺凝胶电泳（SDS-PAGE）样品缓冲液悬浮细胞提取物（见注释⑦），100℃孵育 5 min 使其变性。

（4）在 12% SDS-PAGE 凝胶上电泳。初始电压为 80 V，约 30 min，然后为 120 V，约 45 min（见注释⑧）。

（5）电泳后，将凝胶浸泡在转移缓冲液中（10 mmol/L 3-［环己基氨基］-1- 丙磺酸，10％冰醋酸，pH 值 =11.0）5 min，以减少 Tris 和甘氨酸的含量。

（6）同时，用 100% 甲醇浸泡 PVDF 膜约 10 s，或直到膜的外观从不透明均匀地变为半透明（见注释⑨）。

（7）将 PVDF 膜在蒸馏水中清洗并储存在转移缓冲液中（见注释⑩）。

（8）将凝胶夹在一张 PVDF 膜和几张吸水纸之间（见注释⑪），将它们组装到转膜仪（GE Healthcare 公司产品）中，在转移缓冲液中以 $0.8\,A/cm^2$ 的速度电转 2 h。

（9）用 5%（*W/V*）脱脂牛奶溶解在 TBST（137 mmol/L NaCl，20 mmol/L Tris，0.1%Tween 20，pH 值 =7.6）中，室温下封闭膜 2 h。

（10）室温下用 Cap 单克隆抗体（TBS 稀释 1∶1 000）孵育膜 90 min，TBST 冲洗 3次，每次孵育 10 min。

（11）在室温下用 HRP 标记金黄色葡萄球菌蛋白 A（TBS 稀释 1∶5 000）进行免疫分析。

（12）添加二抗前用 TBST 冲洗膜 3 次，每次 10 min。

（13）用 3，3′- 二氨基联苯胺（DAB）底物孵育膜，直到观察到最佳显色（图 11-5）。

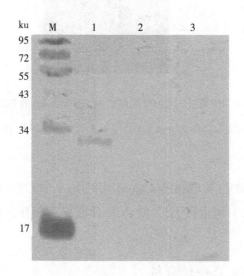

图 11-5　rSPV-Cap 的免疫印迹分析

M. 预染色蛋白分子量标记；1. rSPV-Cap 感染的 PK-15 细胞；2. wtSPV 感染的 PK-15 细胞；3. 未感染的 PK-15 细胞。

3.5　重组猪痘病毒免疫荧光分析

（1）将培养在 24 孔板上的 PK-15 细胞分别接种 rSPV-Cap 和 wtSPV（每孔约 15 pfu）。

（2）感染 72 h 后，用磷酸盐缓冲盐水（PBS）冲洗细胞 3 次，−20℃预冷的甲醇固定10 min。

（3）用含 Tween20 的 PBS（PBST）冲洗细胞 3 次，并在 PBST 中加入 10% 牛血清白

蛋白（BSA）进行阻断。

（4）用缓冲液（含1% BSA 的 PBST）稀释 Cap 单克隆抗体，在37℃孵育1 h。

（5）用 PBST 冲洗细胞3次，用 PBS 稀释的（1 : 50 000）罗丹明偶联二抗（山羊抗小鼠 IgG-R）稀释液孵育，37℃孵育30 min。

（6）用 PBST 冲洗细胞3次，荧光显微镜下检查所有孔（图11-6）。

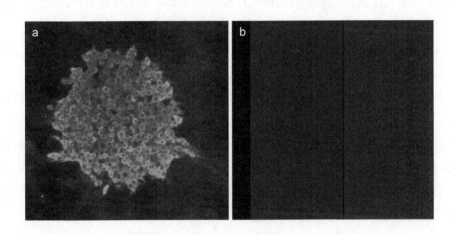

图 11-6　rSPV-Cap 间接免疫荧光分析

（a）rSPV-Cap 感染细胞可见红色荧光，荧光定位于细胞质。（b）wtSPV 感染细胞未见荧光。

3.6　rSPV-Cap 的遗传稳定性评价

（1）用 rSPV-Cap（100 μL）感染生长在 T25 细胞培养瓶中的 PK-15 细胞2 h。

（2）用 D'Hanks 液冲洗细胞3次，加入含2%胎牛血清的10 mL EMEM。

（3）将细胞在37℃、5% CO_2 培养箱中培养5 d，然后将细胞悬液反复冻融3次释放病毒。

（4）对裂解产物（见 标题3.3~3.5）进行 PCR、免疫印迹分析、免疫荧光分析，评价 rSPV-Cap 的遗传稳定性。

（5）重复评估超过30代。

3.7　rSPV-Cap 的复制能力评价

（1）用不添加胎牛血清的 EMEM 十倍系列稀释裂解液。

（2）使用每一个稀释倍数的稀释液感染生长在6孔板中的 PK-15 细胞。

（3）感染2 h后，向每个孔中加入3 mL 含有2%胎牛血清和1%甲基纤维素（Sigma-Aldrich 公司产品）的 EMEM。

（4）在5% CO_2 培养箱中37℃ 孵育3 d，荧光显微镜下计数绿色噬斑，用裂解液计算病毒滴度，评价每一代 rSPV-Cap 的复制能力。

（5）重复评估超过 30 代。

4 注 释

① 在 SPV 基因组[9]的 SPV20 和 SPV21 区域之间存在 1 个 366 bp 的非编码区域，选择该区域作为插入位点。外来基因的插入位点应该是非编码区或复制不需要的区域，如病毒胸苷激酶（TK）基因[14]。

② 引物 rSPV1/rSPV2 包含插入位点的侧翼序列，因此引物 rSPV1/rSPV2 扩增的 PCR 片段可以进行测序，以确保插入序列中没有任何突变。

③ 由于猪痘病毒载体可以容纳大量的额外 DNA，因此插入的多个基因可以同时表达，提供了一种多价疫苗方法。

④ 商用转染试剂种类繁多，不过其中一些对细胞是有毒性的。因此，应选择一种能将细胞毒性降到最低的试剂，每隔 12 h 观察 1 次细胞，并在一半细胞脱落前收集细胞。

⑤ 第一代重组猪痘病毒的效价通常不高；因此，在前两轮纯化过程中，可制备从 1∶10~1∶1 000 的连续十倍稀释液裂解液。

⑥ 经过 6 轮纯化，重组猪痘病毒在细胞悬液中纯度将超过 95%；经过 10 轮纯化，纯度将超过 99%。

⑦ 在冰上制备细胞提取物，或添加蛋白酶抑制剂，以防止蛋白质降解。

⑧ 蛋白质电泳的持续时间取决于靶蛋白的分子量。

⑨ 另外，如果使用硝酸纤维素膜，则直接进行以下步骤，因为硝酸纤维素膜不需要预润湿。

⑩ 薄膜必须始终保持湿润。如前所述，如果膜干了，须再用甲醇和水将其湿润。

⑪ 避免接触和折叠薄膜。为避免污染，应戴上手套并使用钝头钳处理滤纸和薄膜。

参考文献

[1] Tripathy DN. 1999. Swinepox virus as a vac-cine vector for swine pathogens. Adv Vet Med, 41：463–480.

[2] House JA, House CA. 1994. Swine pox. In：Leman AD, Straw BE, Mengeling WL, D'Allaire S, Taylor DJ (eds) Diseases of swine. Iowa State University Press, Ames, IA, pp 358–361.

[3] Medaglia ML, Pereira Ade C, Freitas TR, et al. 2011. Swinepox virus outbreak, Brazil, 201. Emerg Infect Dis, 17：1976–1978.

[4] Olufemi BE, Ayoade GO, Ikede BO, et al. 1981. Vet Rec 109：278–280.

[5]　Borst GH, Kimman TG, Gielkens AL, et al. 1990. Swine pox in Nigeria. Vet Rec, 127 : 61–63.

[6]　Moorkamp L, Beineke A, Kaim U, et al. 2008. Swinepox – skin disease with sporadic occurrence. Dtsch Tierarztl Wochenschr, 115 : 162–166.

[7]　Fallon GR. 1992. Swinepox in pigs in northern Western Australia. Aust Vet J ,69 : 233.

[8]　Munz E, Dumbell K. 1994. Swinepox. In : Coetzer JAW, Thomson GR, Tustin RC (eds) Infectious diseases of livestock. Oxford University Press, New York, NY, pp 627–629.

[9]　Afonso CL, Tulman ER, Lu Z, et al. 2002. The genome of swinepox virus. J Virol, 76 : 783–790.

[10]　Lin HX, Ma Z, Yang XQ, et al. 2014. A novel vaccine against Porcine circovirus type 2 (PCV2) and Streptococcus equi ssp. zooepidemicus (SEZ) co-infection. Vet Microbiol, 171 : 198–205.

[11]　Foley PL, Paul PS, Levings RL, et al. 1991. Swinepox virus as a vector for the delivery of immunogens. Ann N Y Acad Sci, 646 : 220–222.

[12]　Lin HX, Huang DY, Wang Y, et al. 2011. A novel vaccine against Streptococcus equi ssp. zooepidemicus infections : the recombinant swinepox virus expressing M-like protein. Vaccine, 29 : 7027–7034.

[13]　Green MR, Sambrook J. 2012. Molecular cloning : a laboratory manual. Cold Spring Harbor Laboratory Press, Cold Spring Harbor, NY.

[14]　Hahn J, Park SH, Song JY, et al. 2001. Construction of recombinant swinepox viruses and expression of the classical swine fever virus E2 protein. J Virol Methods, 93 : 49–56.

第十二章 重组羊口疮病毒（ORFV）的构建与筛选

Hanns-Joachim Rziha，Jörg Rohde，Ralf Amann

摘 要：羊口疮病毒（*Orf virus*，ORFV）是一种上皮性痘病毒，属于副痘病毒属。其中，高减毒、无致死性毒株 D1701-V 被认为是新型病毒载体疫苗的候选毒株。我们最近的研究表明，这些基于 ORFV 的重组病毒能够在对 ORFV 不耐受的各种宿主中诱导持久保护性的免疫。在本章中，我们描述了 ORFV 重组病毒的产生、筛选、繁殖和滴定的步骤，以及使用 PCR 或免疫组化染色的方法对转入的基因进行检测。

关键词：羊口疮病毒（ORFV）；副痘病毒；重组载体疫苗

1 前 言

痘病毒常被用作多种病毒载体。痘苗病毒（*Vaccinia virus*，VACV）是 30 多年前最早被设计用于表达外源基因的真核病毒之一[1, 2]，为重组病毒载体的普遍发展奠定了基础（参考文献[3]综述）。随着对痘病毒基因调控认识的增加以及分子生物学技术的发展，大大推动了包括 VACV、禽痘病毒和金丝雀痘病毒在内的痘病毒重组物的产生（参考文献[4]综述）。随后，重组痘病毒也成为对抗各种传染病、人类基因治疗和抗癌免疫治疗的有吸引力的活疫苗载体[5-7]。

使用重组痘病毒作为优秀的候选疫苗载体的理由主要有以下 6 种。一是痘病毒的稳定性；二是痘病毒庞大的基因组允许多种外源基因的灵活整合；三是痘病毒独特的细胞质基因表达方式，是独立于宿主细胞的机制；四是基本上没有整合到宿主基因组的风险以及随后的插入细胞基因失活的风险；五是重组分子在基因组中的突变率极低；六是痘病毒转入基因具有刺激持久特异性 B 细胞和 T 细胞免疫的能力。不过，一些具有复制能力的减毒 VACV 载体，在免疫后引起一些偶然但严重的并发症[6, 8]。由于在哺乳动物细胞中不能复制，高度减毒的 VACV 修饰痘苗病毒安卡拉株（MVA）和 NYVAC 株已被证明是很有希望的痘病毒载体，可供人类使用[4, 8, 9]。由于有人担心 MVA 或 NYVAC 的深度衰减可能是某些临床试验中观察到的免疫原性降低的原因，因此，已经产生了一些策略可用于增强它们的免疫原性[10-14]。

最近，副痘病毒属羊口疮病毒（ORFV）被公认为是一个有价值的新病毒载体系统，因为其兼具了安全重组病毒载体要求的几个重要特性：非常有限的宿主范围、不存在全身性的病毒传播、短期的载体特异性免疫，以及缺乏有效中和 ORFV 的血清抗体。这使其能够重复免疫，同时仍能兼具免疫调节特性，并对载体编码的外源性抗原产生强烈而持久的免疫应答[15, 16]。近年来，我们成功地使用了这种新型的病毒载体系统，该病毒载体系统是基于无致病性、Vero 细胞培养适应性高度减毒的 ORFV D1701-V 株。通过用外源基因替换病毒的 VEGF-E 基因来产生重组病毒，从而去除 ORFV 毒力基因[15, 17]。我们选择了原始的 VEGF-E 早期 ORFV 启动子作为转基因对照，它可在 ORFV DNA 复制前表达，并不需要产生 ORFV 重组体的传染性后代即可产生目标蛋白。因此，在 ORFV 的非受纳细胞中也可以实现转基因表达[18]。病毒为了适应非反刍动物细胞系 Vero 的生长，导致了额外的基因组缺失，很可能是导致 D1701-V[17]致病性大幅降低的原因。据报道，多种 D1701-V 重组物对多种不同的病毒感染具有良好的免疫保护作用[18-25]。

本章介绍了从毒株 D1701-V 或 D1701-VrV 中产生和筛选重组 ORFV 的最新方法。该方法包括两种不同的筛选技术以及用于重组 ORFV 产生、滴度测定和鉴定的优化程序。

由于痘病毒 DNA 不具有传染性，且大基因组不能有效地被细胞吸收，因此必须将目的基因置于特定的痘病毒启动子的控制之下，且两侧的侧翼必须是痘病毒基因组 DNA，方可进行同源重组产生痘病毒重组体。为此，亲本 ORFV 感染细胞后，大约在 ORFV DNA 开始复制的时间点，用转移质粒进行转染。由于太多细胞的感染最终会导致亲本 ORFV 太多，阻碍了新生重组病毒的有效选择，因此必须预先测试低感染复数，例如 MOI 为 0.01~0.2。因此，较低的 MOI 要求最高的转染率，从而使转移质粒 DNA 能够靶向足够多的受感染细胞。

通过分析不同的转染试剂和技术，包括脂质体、Fugene、磁珠转染试剂后发现，利用细胞核转染技术（Nucleofection）[26]可重复性地获得最佳重组率。以电穿孔技术为基础的核转染原理允许以细胞单层或单细胞悬液的形式高效转染不同类型的细胞，具有较高的细胞存活率。Nucleofection™ 核转染技术的原理是基于对传统的电穿孔技术的一个专利性突破（非病毒转染），利用细胞特异性的多脉冲技术，辅以专门的细胞特异性的核转试剂，不仅可以将外源底物，如 DNA、RNA、多肽、蛋白，抗体等，导入胞浆中，甚至可以将其直接导入细胞核内，从而对某些细胞获得最高可达到 99% 的转染效率，且无须依赖细胞分裂即可达到细胞转染的目的。据我们所知，有两种不同版本的核转染反应设备，一种是原始的 Amaxa 核转染仪，另一种是 CLB 转染系统，这两种装置使用的效果都很不错。

要使 ORFV 后代尽可能地达到最高滴度，即同时 ORFV 感染比标准的单层细胞感染更好。为此，可在生长培养基中混合所需数量的 ORFV 和所需数量的胰蛋白酶消化下来的细胞，然后直接接种到培养皿或培养瓶中。所有细胞都应定期检测，确保无支原体污染，当细胞处于最佳状态时，即可用于转染。

2 材 料

2.1 病毒及细胞培养

（1）病毒：致弱的 ORFV D1701-V 株以及之前介绍的 β - 半乳糖苷酶诱导表达的 D1701-VrV[18, 27]。

（2）Vero 细胞：非洲绿猴肾细胞系最初是从 ATCC（CCL - 81）中获得的。

（3）生长培养基：MEM 培养基，补充非必需氨基酸、L 谷氨酰胺，还应添加 5% 胎牛血清（FCS）、10^5 U/L 青霉素和 100 mg/L 链霉素。

（4）胰酶 -EDTA（VT）：0.125%（*W/V*）胰蛋白酶，0.025%（*W/V*）的 EDTA，0.4%（*W/V*）NaCl，0.01%（*W/V*）KCl，0.01%（*W/V*）KH_2PO_4，0.057%（*W/V*）Na_2HPO_4（见注释①和注释②）。

（5）胎牛血清（FCS）：无内毒素、无菌过滤，使用前 56℃灭活 30 min，然后存储在 –20℃。

（6）台盼蓝（TB）：PBS 中 0.25 %（*W/V*）台盼蓝。

（7）PBS：杜氏 PBS 缓冲液，磷酸盐缓冲盐水，不含 Mg^{2+} 和 Ca^{2+}。

（8）384 孔板：可用于荧光 Perkin-Elmer 公司荧光分析系统（OptiPlate）。

（9）多通道（12 道）储液器：最好带 "V" 形槽，可用于进行病毒和细胞溶解产物等的连续稀释和混合。

（10）细胞和转染试剂：细胞和转染试剂溶液及试管随试剂盒一起提供。

2.2 上层琼脂糖

（1）2 × MEM 或 2 × T199 培养基，不含酚红。

（2）低熔点（LMT）琼脂糖溶液：2%（*W/V*）琼脂糖溶液，在微波炉中加热至沸腾，再冷却到大约 37℃，分装成每管 6 mL，随后经高压灭菌法灭菌。这些分装的部分可以封闭存储在室温（见注释③）。

（3）BluoGal：储存液包含 30 mg/mL DMSO 溶液或 DMF（二甲基甲酰胺），用铝箔包起来避光存储在 –20℃。使用时稀释 100 倍即可获得 0.3 mg/mL 的最终浓度（见注释④）。

2.3 DNA

（1）用于细胞核转染的转移质粒，要求质粒质量要高且无内毒素。

（2）苯酚：分子生物学级 Tris 饱和苯酚。

（3）CIA：24 份氯仿和 1 份异戊醇的混合物。乙醇，核酸纯化级。

（4）Glycogen-blue：Life Technologies 公司产品。

（5）7.5 mol/L 乙酸铵：高压灭菌。

（6）Eppendorf 低温台式离心机。

（7）DNA 提取试剂盒：如 Epicentre 公司的 Master Pure DNA 提取试剂盒，包括溶解缓冲液、RNase 和蛋白酶 K 酶溶液。

（8）异丙醇。

（9）乙醇：无水乙醇和无菌 H_2O 配制 70%（V/V）乙醇，可在 $-20℃$ 下储存。

（10）建议 PCR 使用带滤芯的枪头，以防气溶胶污染。

2.4 免疫染色

（1）FALDH：16% 不含甲烷的甲醛，密封在玻璃安瓿中。

（2）TBST：可以用 $10 \times TBS$ 储液制备，TBS 含 0.5 mol/L Tris、1.5 mol/L NaCl（溶于 H_2O），用 HCl 调节 pH 值到 7.4~7.6。使用时按 1：10 稀释，然后添加 Tween 20 到最终浓度为 0.05%（V/V）。

（3）封闭溶液：TBST 加上 10% FCS 或 10% BSA（牛血清白蛋白）。

（4）过氧化物酶染色底物：每 1 mL 0.1 mol/L Tris-HCl（pH 值 =7.4）中含 1 mg DAB 或 DAB-black，使用前加入 0.01%（V/V）H_2O_2。

（5）载体 VIP 染色试剂盒（由 Vector Laboratories 提供）。

（6）Beta Blue 染色试剂盒（由 Novagen-Merck 公司提供）。

3 方 法

3.1 ORFV 感染细胞的核转染

为了获得最佳的转染效率，在前一天接种 Vero 细胞，使其生长成大约 80% 的融合单层。在胰蛋白酶（VT）消化后，通过台盼蓝来确定活细胞的数量，并在含 5%（V/V）FCS 的 MEM 中稀释细胞，以获得每毫升 1.5×10^6 个细胞。具体操作如下。

（1）在 37℃ 水浴中预孵育 VT 溶液。

（2）倒出过夜细胞培养基（T75 培养瓶）。

（3）用 5 mL PBS 或不含 FCS 的培养基（在 37℃ 下预热）清洗细胞层 1 次。

（4）用 2 mL VT 冲洗单层细胞，用移液管完全除去 VT。

（5）加入 1 mL 新鲜 VT，轻轻移动培养瓶，使 VT 溶液均匀分布在细胞层上。

（6）放置在 37℃ 培养箱中，直到细胞开始分离（见注释②）。

（7）当单层细胞开始分离时，在培养瓶侧面轻轻敲打有助于取出细胞。

（8）加入 0.5 mL 的胎牛血清，停止胰蛋白酶化，通过强烈冲洗培养皿一侧的溶液，使细胞悬浮。

（9）加入 3.5 mL 培养基，加上胎牛血清，再次用力悬浮细胞。

（10）去除 50 μL 细胞悬浮液，与 50 μL TB 溶液混合。

（11）用移液管将混合物移到血球计数板计数室边缘，盖上盖玻片，使悬浮液通过毛细管作用均匀分布。

（12）将培养箱置于光学显微镜下，在 4 个大的室中计数活的、未染色的细胞（见注释⑤）。

（13）对于每一次转染，用 3.0×10^5 噬斑形成单位（pfu）的 ORFV 株 D1701 VRV（MOI=0.2）感染 1 mL 含有 1.5×10^6 悬浮 Vero 细胞，并在 2 mL 离心管中持续缓慢旋转 2 h（见注释⑥）。

（14）准备 1 个 6 孔细胞培养板，每孔中加入 2.5 mL 含 5% FCS 的 MEM 用于细胞核转染。

（15）让核转染溶液平衡到室温。

（16）感染后 2 h［步骤（13）］，室温下将细胞病毒悬液以 $90 \times g$ 离心 10 min，并完全去除上清液（见注释⑦）。

（17）小心地用 0.1 mL 的核转染溶液重新悬浮细胞颗粒。

（18）立即加入 2 μg 质粒 DNA，轻轻混合并转移到核转染试剂盒中的试管中，避免出现气泡（见注释⑧）。

（19）盖上试管盖子并将其插入仪器的试管架中。

（20）为 Vero 细胞选择正确的脉冲程序并启动。

（21）完成脉冲后，从架上取下试管，用无菌巴斯德移液管在层流罩下添加 0.2~0.5 mL 预热培养基。

（22）将溶液轻轻转移回 6 孔细胞培养板的孔中，并在 37℃、5% CO_2 下培养。

（23）2~5 d 后，应确认出现高达 80% 的 CPE。

（24）培养基和从每个孔中分离出来的细胞被转移到无菌管中并放置在冰上。

（25）剩余在孔底的细胞通过 0.5 mL VT 处理并与步骤（24）中获得的培养基放一起。

（26）通过交替 3 次冷冻，然后在 37℃ 下在 –70℃ 下短暂解冻来破碎获得的核转染细胞溶解物（NL）。

（27）最好将 NL 在冰上超声波（100 W）破碎 5~7 次 20 s（间隔 10 s），以释放感染性病毒，并在 –70℃ 下储存直至使用。

3.2 LacZ 阴性重组病毒的筛选

以下程序描述了我们从表达亲本 β- 半乳糖苷酶的蓝色 ORFV D1701 VRV 开始筛选新重组病毒的原始方案 [18, 23, 24]。

（1）在冰上解冻细胞核转染溶解物（NL，如第 3.1 标题所述）。

（2）在冰上，使用 PBS 或培养基制备 5 种 NL 稀释液［1∶（4~2 500）］（见注释⑨）。

（3）按照标题 3.1 的说明，在 2 mL 含 5% FCS 的 MEM 中，加入 3×10^5 Vero 细胞到每个液新制备的 NL 稀释中。

（4）6 孔板的每个孔中加入 0.1 mL 每种 NL 稀释液并混合。留 1 个孔的细胞不添加病毒稀释液，作为非感染细胞阴性对照。

（5）在 37℃、5%CO$_2$ 培养箱中培养约 3 d 后，应可见病毒感染斑块。

（6）在 37℃水浴中预热 2 × MEM。

（7）对于 6 孔板的每个孔，需要 1.5~2.0 mL 琼脂糖覆盖层，即每个板必须制备 12 mL 琼脂糖培养基蓝色覆盖层。

（8）将 1 份 6 mL 的 LMT 琼脂糖煮沸，然后在水浴中平衡至约 37℃（见注释②）。

（9）与在 37℃下平衡的 6 mL 的 2 × MEM 充分混合，注意避免产生气泡。

（10）混合 0.12 mL BluoGal 储液以获得 0.3 mg/mL 最终浓度。

（11）小心地吸出培养基，注意不要让细胞变干，然后从每个孔的边缘慢慢地加入 2 mL 的琼脂糖覆盖层，再小心地移动细胞培养板，使琼脂糖覆盖层均匀地覆盖整个细胞单层。

（12）在室温下（见注释④）使覆盖层硬化一小段时间，然后在 5% 的 CO$_2$ 培养箱中 37℃孵育培养。

（13）4~48 h 后，应能看到蓝色亲本 D1701 VRV 斑块。

（14）潜在的新重组病毒噬斑的分离：在光学显微镜下识别单个无色噬斑，并用实验室标记笔在孔底标记。

（15）加入 0.2 mL PBS 到 48 孔板的每个孔中，用于挑取单个病毒噬斑。

（16）在无菌工作台中，用无菌的巴氏吸管等工具挑取病毒噬斑。

（17）将每个噬斑琼脂糖块转移到 48 孔板各个孔的 PBS 中。

（18）将 48 孔板在 4℃下培养过夜，以洗脱琼脂糖块中的病毒。

（19）第二天，制备新的 Vero 细胞（见标题 3.1）。向每个含有所选噬斑的孔中加入 0.5 mL 含 5% FCS 的 MEM 和 1×10^5 个细胞。

（20）将培养皿在 37 ℃、5% CO$_2$ 培养箱中培养 3~5 d，直到 CPE 或噬斑形成（见注释⑩）。

（21）将培养板反复冻融 3 次（−70℃，37℃），破碎细胞并释放病毒。

（22）从每个孔中收集培养基和细胞并储存在 −70℃下，直到用于 PCR 筛选（见标题

3.6）、病毒噬斑滴定病毒滴度（见标题 3.8）、X-Gal 染色以及通过重新分离白色噬斑进行其他噬斑的纯化（见注释⑪）。

对于 DNA 的制备，可以使用 0.1 mL 的细胞裂解物（见标题 3.5 和 3.6）。

3.3 基于荧光的阳性筛选

与标题 3.2 中所述的蓝白斑筛选相比，基于荧光的阳性选择具有以下几个优点：

- 价格便宜且不太费力，不需要含有特殊培养基（如 X-Gal）的琼脂糖覆盖层。
- 荧光信号检测时间更早、更快。
- 可通过有限稀释程序对新的荧光阳性重组病毒进行初步筛选，这显然也是更容易、更快的方式。"终点稀释"法策略可检测最好的噬斑挑取物的 NL 稀释度，该稀释度下，每孔仅含有来自 1 个荧光重组病毒感染粒子的单一噬斑。
- 可使用几种荧光颜色，这可能有助于多价载体的生成。各种荧光标记基因在市场上都有售，它们不但可以作为单独表达的标记基因或作为另一个目的基因的附加标记基因，而且也可以用于标记或融合外源基因。

完全按照标题 3.1 描述进行已感染了 D1701 VrV（moi=0.2）的 Vero 细胞的细胞核转染。在下面的程序中，我们描述了 ORFV 重组病毒的筛选，其中 D1701 VRV 的 *lacz* 基因被 *AcGFP* 基因取代。所用的转移质粒 pdV-*AcGFP* 含有 *AcGFP* 基因，该基因在 ORFV 的早期 VEGF-E 启动子的控制之下（见注释⑫）。

冻融和超声处理后，按如下所述稀释 NL 并筛选 AcGFP 阳性重组病毒。

（1）将新制备的 Vero 细胞（见标题 3.1）稀释至（a）每 1 mL 含 1×10^5 个细胞和（b）每 1 mL 含 1.5×10^5 个细胞。

（2）在多通道储液槽的槽中，将 1.0 mL 的 NL 与 2.0 mL 含有 5% FCS 和 3×10^5 个 Vero 细胞的 MEM 充分混合，制备 1∶3 的 NL 稀释液。

（3）在多通道储液槽的 2~12 槽中分别加入 2.0 mL 含有 5% FCS 和 3×10^5 个 Vero 细胞的 MEM。

（4）从含有 2.0 mL 细胞培养基的槽 1 转移 1.0 mL 到槽 2，充分混合，得到下 1 个 1∶3 的稀释液。

（5）重复 1∶3 稀释相同步骤，最后在槽 12 中稀释 1∶531 441。

（6）使用多通道移液器（12 个通道），可以很容易地将来自 1~12 槽中的 50 μL 不同稀释液转移到 384 孔板，如下所示：

第一排和第 2 排的 A 孔到 P 孔，即 32 孔板从槽 1 开始接受 1∶3 稀释。

（7）第 3 排和第 4 排的 A 孔到 P 孔接受第 2 槽的下 1 次稀释（1∶9 稀释），依此类推。

（8）以 A 孔至 P 孔结束，第 23 排和第 24 排的稀释度最高，来自槽 12（见注释⑬）。

（9）在 37℃、5% CO_2 培养箱中培养 24 h 后，可在荧光显微镜下观察培养板（见注释⑭）。

（10）记录下在最高 NL 稀释液中显示绿色荧光细胞的孔。

（11）继续培养直到病毒斑块形成（通常在接种后 72 h）。

（12）确定绿色噬斑与白色噬斑的数量比（荧光与亮场对比）。

（13）通过将培养基和细胞（每孔分离 30 μL 的 VT）转移到 48 孔板的单孔中（见注释⑮），获得显示绿斑比例最高的孔。

（14）如前所述反复冻融溶解物 3 次。

（15）向每个孔中加入 0.5 mL 含有 5% FCS 和 1×10^5 Vero 细胞的 MEM。

（16）在 37℃、5% 的 CO_2 培养箱中孵育，直到可以看到清晰的 CPE 和噬斑形成（通常在 72 h 后）。

（17）收取培养基和细胞（每孔用 0.1 mL VT 处理），反复冻融 3 次。

（18）使用 0.1 mL 制备 DNA（见标题 3.6），将其余的溶解物储存在 −70℃。

阴性选择：

不言而喻，上述选择程序可同样用于阴性选择。在这里应用亲本 D1701-V，例如表达荧光标记基因，并筛选新的非荧光重组 ORFV。由于一开始 ORFV 特定的 CPE 或 ORFV 噬斑并不总是明确可识别，因此，阴性选择可能需要一些专业知识才能筛选得到目标病毒。

3.4　从单个 ORFV 噬斑中提取 DNA 用于 PCR 分析

以下方法是根据 Pasamontes 等[28] 的方法改进而来，我们发现改进以后取得了成功，而且很可靠。不过，其他报告的方法或市售的 DNA 纯化试剂盒也可能是可用的。

当然，在操作时应严格考虑以下要点：

- 在专门进行 PCR 的空间内进行无菌操作，并建议使用专门用于 PCR 的带滤芯枪头。
- 使用专门为 PCR 保留的干净移液枪头，该枪头应从未被用于 DNA 模板制备。
- 必须格外注意防止携带的病毒或 DNA（质粒或病毒 DNA）污染。
- 所有使用的溶液必须专门用于 PCR，且分装成小量仅为一次性使用。
- 必须在通风橱中使用苯酚。

（1）将标题 3.2 或 3.3 中获得的 0.1 mL 噬斑病毒溶解物与 0.1 mL PCR 级超纯水混合。

（2）依次加入 0.1 mL 苯酚和 0.1 mL CIA，涡旋，在离心机中以 12 000 ×g 的速度离心 3~5 min。

（3）保存含有 DNA 的上清液，加入 0.2 mL CIA，涡旋并离心（见注释⑯）。

（4）重复步骤（3），取上清液，加入 1~3 μL 糖原蓝溶液（见注释⑯）。

（5）用乙醇沉淀 DNA（0.2 mL）。将乙醇与 0.1 mL 7.5 mol/L 氨基乙酸连续混合，并添加 0.6 mL 无水乙醇，混合并在冰上冷却 10~30 min。

（6）在离心机中以 10 000 r/min 的转速离心，4℃持续 20~30 min，倒出乙醇，用 0.2 mL 70%（*V/V*）乙醇清洗沉淀 2 次（见注释⑰）。

（7）在室温或 37℃条件下完全去除乙醇，并打开盖子干燥 DNA（见注释⑰）。

（8）将 DNA 完全溶解在 12 μL PCR 级超纯水中。

（9）按照标题 3.7 所述，使用含有 3 μL 100~500 ng 的 DNA 进行 PCR。

3.5 病毒 DNA 的快速制备

该方案改编自 Epicentre Biotechnol DNA 分离纯化试剂盒（Biozym Scientific 公司产品）。在我们看来，这种方法可重复获得大量高质量的 ORFV DNA，获得的 DNA 可用于其他 DNA 分析，如 Southern blotting。

从 6 孔细胞培养板的 1 个孔中取出的受感染细胞（每孔 1.0~1.5 mL 培养基对感染是有效的）进行病毒 DNA 提取；对于使用 48 孔或 96 孔细胞培养板中获得的较小细胞数，体积可按比例调整。

（1）当 CPE 达到约 80% 时收获细胞（见注释⑱）。

（2）将细胞和培养基转移到 2 mL 离心管中，保存在冰上。

（3）在 37℃下用 0.3 mL VT 胰蛋白酶消化剩余的细胞单层，彻底悬浮细胞并将其与步骤（2）中的相应培养基混合。

（4）通过短暂离心使细胞沉降并弃上清液。

（5）加入 1.0 mL PBS，涡旋重新完全悬浮细胞，再次离心。

（6）去除上清液，只留下一点点（约 50 μL），通过涡旋彻底悬浮细胞沉淀。

（7）加入已与蛋白酶 K（试剂盒自带）预先混合的 0.3 mL 溶解缓冲液，完全悬浮细胞颗粒（见注释⑲）。

（8）在 65℃下加热 15 min，每 5 min 倒置混合 1 次。

（9）在加入 1 μL RNase A（试剂盒带）之前，将裂解液平衡到 37℃，并在 37℃下再培养 30 min。

（10）放在冰上，加入 0.15 mL MPC 试剂（试剂盒自带），倒置完全混合。

（11）在离心机中 4℃、12 000×*g* 条件下离心 10 min。

（12）将无任何沉淀物的上清液转移到新的 1.5 mL 离心管中，并添加 0.5 mL 异丙醇。

（13）通过将离心管颠倒 30 次使 DNA 沉淀（可在 4℃下储存一整夜）。

（14）用 eppendorf 离心机在 4℃、12 000 g 条件下离心 10 min，然后倒出乙醇

（见注释⑰）。

（15）用 0.2 mL 70% 乙醇洗涤 DNA 颗粒 2 次，离心 5 min，然后如上所述方法去除乙醇（步骤⑭）。

（16）干燥 DNA 颗粒，直到乙醇完全蒸发（见注释⑰）。

（17）用 10~50 μL TE 试剂盒中的缓冲液溶解 DNA 颗粒，并在 4℃下过夜以完全溶解 DNA。用一个剪下来的黄色尖端彻底悬浮（见注释⑳），并测定 DNA 浓度。

3.6 PCR 筛选

通过聚合酶链反应（PCR）检测成功分离和纯化的新重组病毒，这些重组病毒可包括：新插入特异性外源目的基因；插入亲本病毒的特异性标记基因（在 D1701 VRV 中为 *Lac Z* 基因）；特有的 ORFV 毒株。这种 PCR 分析的结果如图 12–1 所示。

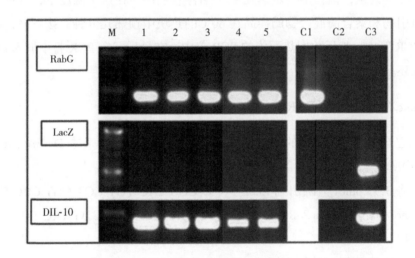

图 12–1 重组 ORFV 噬斑的 PCR 筛选

M 代表 1 kb 大小的 DNA 分子标记（BioLabs 公司产品）。通道 1~5 是直接从单个重组 ORFV 噬斑中提取的 DNA 的 PCR 产物，插入的狂犬病病毒 *G* 基因（RabG，433 bp）呈阳性，亲本 *LacZ* 基因（508 bp）呈阴性，ORFV 特异性 IL-10 基因（DIL-10，363 bp）呈阳性。对照组用 RabG 质粒 DNA（C1）、非感染细胞 DNA（C2）、LacZ 质粒 DNA（C3-LacZ）或 IL-10 质粒 DNA（C3-DIL-10）进行 PCR。

选择特定的 PCR 引物，扩增 300~700 bp 大小的内部基因片段，并对相应的基因进行敏感性和特异性的检测。我们建议建立能够检测少于 50 fg 插入基因的 PCR 方法。利用这种 PCR 的敏感性，在经数次细胞培养过程中传代生长后，我们在来自噬斑纯化的 ORFV 重组病毒中，还从未检测到亲本蓝色或荧光标记病毒，这些亲本病毒标记基因均为 PCR 阴性。关于该检测，我们建议通过 PCR 常规检测传代的重组病毒，以确定是否存在亲本病毒，并验证转基因插入的稳定性。

我们发现在大多数情况下，制备并使用已经含有凝胶上样染料的 2 倍浓度 *Taq* 聚合酶 PCR 混合物，最适合于筛选从潜在的重组病毒斑块或病毒裂解物中分离出的大量 DNA。唯一的例外是检测 D1701-VrV 的 *LacZ* 基因，该基因需要使用最高灵敏度的 Pfx 或 pfu 聚合酶才可以（见标题 3.6.1 中的技术流程）。

所选择的变性、退火和延伸扩增程序的时间取决于所使用的设备。由于 ORFV DNA 的 G+C 含量相对较高（平均 64%），我们建议第一个步骤从 98℃变性 2 min 开始，这有助于获得 ORFV DNA 的完全变性单链。后面的 35 个扩增循环包括 96℃下的变性、适当的退火温度和 72℃下使用 *Taq* 聚合酶的延伸等步骤。

采用热启动 PCR 来提高聚合酶链反应的性能，可提高特异性和靶向产量。目前，市场上有多种商品化的热启动 PCR 系统可以使用。这些方法避免了 DNA 聚合酶在低温下的延伸，并将非特异性扩增和引物二聚体的形成降至最低。使用所选的 PCR 仪也可达到类似的热启动效果，但在第一步达到 80℃后停止程序。在这个温度下，可将不含模板但已经含有引物和聚合酶混合物的样品在 80℃的热块中预热几分钟。接下来，将模板添加到每个 PCR 管中，然后放回热暂停的 PCR 仪中。在最后一个 PCR 管中加入 DNA 后，程序继续循环。

3.6.1　*LacZ* 基因特异性 PCR

我们已经建立了下面的 PCR 方法，用于灵敏地检测亲本 D1701 VRV（如标题 3.1~3.3 中所述）。

（1）将 3.95 pmol 上游引物 LacZ-F（5′-CGA TAC TGT CGT CGT CCC CTC AA-3′）和 4.13 pmol 下游引物 LacZ-R（5′-CAA CTC GCC GCA CAT CTG AAC T-3′）混合，制备出混合引物 LacZ-FR。

（2）每个 PCR 反应使用 1 μL LacZ-FR、1 μL PCR-H_2O、3 μL（约 100 ng）从 NL 或病毒溶解液中分离的模板 DNA 以及 5 μL 双倍浓缩 AccuPrime Ⅱ（Life Technologies 公司产品）。

（3）PCR 程序：98℃ 预变性 2 min；96℃变性 60 s，62℃退火 30 s，68℃延伸 90 s，35 个循环；68℃持续延伸 2 min。

（4）预期的扩增片段大小为 508 bp，如图 12-1，LacZ 所示。

3.6.2　ORFV- 特异性 IL-10 聚合酶链反应

阴性的 PCR 结果不能排除是由于在来自不同病毒分离株（见标题 3.1~3.3）的 DNA 质量差导致的。这可以通过使用 ORFV 特异性 PCR 来验证 ORFV DNA 的存在。ORFV 编码的功能性 IL-10 类似物（PP42）不存在于其他痘病毒中。我们发现，ovIL-10 特异性 PCR 对 D1701-V 非常敏感，这不能排除该 PCR 方法也适合其他的 ORFV 基因。

（1）通过将 4 pmol 的上游引物 DIL10-F（5′-CAC ATG CTC AGA GAA CTC AGG G-3′）与 4 pmol 下游引物 DIL10-R（5′-CGC TCA TGG CCT TGT AAA CAC C-3′）混合，获得引物混合物 DIL10-FR。

（2）根据 PCR 反应，将 3 μL DIL10-FR 与 100 ng TEM 板 DNA（2 μL）和 5 μL 2 × DreamTaq Green PCR Master Mix（Thermo Scientific-Fermentas 公司产品，见注释㉑）混合。

（3）PCR 程序：98℃ 预变性 2 min；96℃变性 30 s，65℃退火 30 s，72℃延伸 30 s，35 个循环；72℃持续延伸 2 min。

（4）预期的扩增片段大小为 363 bp，如图 12-1，DIL-10 所示。

3.7　浓缩 ORFV 制剂的生产

通过体外细胞培养繁殖获得的 ORFV 滴度，与 ORFV D1701-V 一样，一般都不会超过 10^6~10^7 pfu/mL。为了获得滴度更高的病毒储备，建议采用以下程序（见注释㉒）。

（1）将 Vero 细胞接种在 T175 培养瓶中，在 37℃、5% CO_2 条件下过夜培养，获得差不多完全融合的细胞单层，此时细胞数量达到大约 2×10^7。

（2）倒出培养基后，用 VT 短暂清洗细胞单层，然后再加入 2.0 mL VT，37℃孵育 3~5 min，直至细胞完全分离。

（3）加入 0.9 mL 的 FCS，用移液管吹打重新悬浮细胞。

（4）加入 1×10^7 pfu 病毒，最终对应 0.5 MOI，加入培养基至 9.0 mL，旋动培养瓶混匀。

（5）将病毒 - 细胞悬浮液分至 3 个 T150 培养瓶（每个 3 mL）。

（6）用含 5%FCS MEM 培育基填充至 40~50 mL。

（7）在 37℃、5% CO_2 下培养 3~4 d，直到 CPE 发展到大约 80%（见注释㉓）。

（8）轻敲培养瓶，取出感染细胞，将培养基加细胞倒入离心管（贝克曼公司产品，货号 JA-14，250 mL）。

（9）如果细胞仍保留在培养瓶中，添加 2.0 mL VT 并在 37℃下短时间培养。

（10）用步骤（8）中转移的培养基将胰蛋白酶消化下的细胞添加到离心管中。

（11）在（26 000~30 000）×g 和 4℃条件下离心 2 h，小心地去除上清液，不要干扰到颗粒。

（12）添加 1 mL PBS，并将离心管置于 4℃的倾斜位置过夜，以覆盖并完全分解颗粒。

（13）将粗病毒制剂转移到冰上的离心管中。

（14）反复冻融 3 次（-70℃，37℃）。

（15）将超声波装置的无菌棒浸入病毒悬液的上部，置于冰上，用 8~10 个脉冲

（每个 100 W，20 s）进行超声波处理，每个脉冲之间间隔 5~10 s。

（16）将棒浸入病毒悬液的下部，脉冲 4 次。

（17）在 4℃、500~700 ×g 条件下离心 5 min，以清除细胞碎片。

（18）把上清液放置在冰上。

（19）将沉淀悬浮在 1.0 mL PBS 中，并将其转移到 EP 离心管中。

（20）在超声波杯中再次超声（100 W），冰上超声 2 次 20 s（暂停 10 s）和 1 次 30 s。

（21）在 4℃、2 000 ×g 条件下离心 10 min，然后将此上清液与步骤（17）中的上清液混合。

（22）测定病毒滴度，应高于 10^8 pfu/mL。等份分装后在 –70℃下储存。

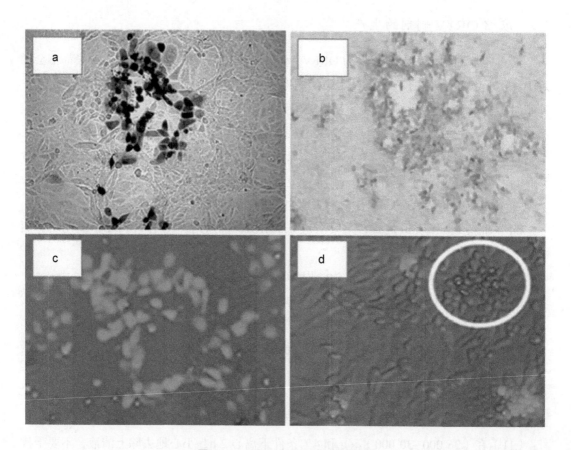

图 12-2　重组 ORFV 噬斑的鉴定

（a）用琼脂糖覆盖 X-Gal 染色法检测 D1701 VRV 的 *LacZ* 基因表达。（b）采用如 Amann 2013[24] 所述的特定 IPMA 方法检测重组病毒噬斑的 *RabG* 基因的表达。（c）如标题 3.3 所述，将 *LacZ* 基因与导致 D1701-V-AcGFP 绿色荧光重组病毒噬斑的 *AcGFP* 基因交换。（d）通过替代 *AcGFP* 基因获得非荧光白色重组病毒（圆形部分，显微镜放大 40 倍）。

3.8　ORFV 菌斑滴定法

采用经典的病毒噬斑滴定法测定衍生重组病毒 D1701-V 的效价。在使用前一天进行 Vero 细胞铺板，然后按照标题 3.1 的说明进行准备（见注释㉔）。

（1）在冰上用培养基制备 1.0 mL 从 $1:10^2$ 至 $1:10^8$ 的 10 倍稀释度病毒稀释液。

（2）用移液管将 0.1 mL 每种稀释液移入 48 孔板第 1~7 行（6 倍）的 A~F 孔中。

（3）培养板孔 8A~8F 代表未感染的对照组，只有细胞。

（4）用移液管将 0.5 mL 细胞悬液（MEM 中含有 5×10^4 个细胞，外加 5% FCS）移到每个孔中。

（5）通过小心地手动吹吸将病毒稀释液混合，然后在 37℃、5% CO_2 下培养。

（6）3~4 d 后，可计数噬斑数量，并计算平均噬斑形成单位滴度。

（7）对于额外的病毒斑染色，去除培养基，用 PBS 小心地清洗 1 次细胞，注意不要破坏细胞单层。然后按照标题 3.9 的说明进行。

3.9　感染细胞及病毒噬斑的免疫染色

选择适当的特异性抗体对感染的细胞进行免疫组化染色是验证转入基因成功表达与否的关键（图 12-2）。下面，我们将描述使用抗原检测固定细胞和非固定细胞以及活细胞的免疫磷酸酶单层分析（immune peroxidase monolayer assays，IPMA）。

3.9.1　IPMA 噬斑分析

该分析可将新的外源基因表达的重组 ORFV 噬斑或转基因阴性母源 ORFV 病毒噬斑点区分开。

（1）按照标题 3.1~3.3 所述的方法制备 Vero 细胞。

（2）冰上制备病毒裂解溶液。

（3）对于 24 孔板，每个孔加入 0.1 mL 病毒稀释液与含有 1×10^5 个细胞的 0.5 mL 5% FCS 的 MEM 培养基混合。

（4）用 1 个既不感染病毒也不感染母源病毒的细胞孔作为阴性对照。

（5）将培养板放置在 37℃、5% CO_2 培养箱中孵育 2~4 d，直到形成明显的 CPE 和病毒噬斑。

（6）注意吸出培养基时，不要破坏完整的细胞单层。

（7）将培养板放在通风橱中 10 min，让细胞干燥，这样可让细胞保持完整的细胞单层。

（8）慢慢加入 0.5 mL 冰的 100% 甲醇（预冷至 -20 ℃）。

（9）-20℃固定细胞 15 min。

（10）吸出甲醇，用含有 1%（*W/V*）BSA 或 1%（*V/V*）FCS 的预冷 PBS 洗涤 2 次。

（11）用 5 mL 含有 10% FCS 的 PBS 封闭非特异性抗体结合位点。

（12）移出封闭液，然后直接向每个孔加入 0.2 mL 用 TBST-BSA/FCS 稀释的特异性一抗进行孵育。

（13）室温孵育 1 h，持续缓慢摇晃。

（14）用 0.5 mL TBST-BSA/FCS 室温洗涤细胞 3 次，每次 5 min，中间偶尔摇晃孵育盒。

（15）室温条件下，用 0.2 mL 合适的碱性磷酸酶标记的二抗孵育 30~60 min，抗体用 TBST 进行稀释，稀释比例为 1 : 2 000。

（16）用 0.5 mL TBST 洗涤细胞 3 次，每次 5 min，然后室温下用 PBS 洗涤细胞 1 次。

（17）加入底物（比如 DAB 或者 DAB-Black），按照生产商提供的方法制备底物。直到观察到明显的棕色或者黑色条带即可。

（18）在计数感染的噬斑或者病毒病灶前，吸出液体终止反应，吸出液体可增强棕色染色效果。

（19）紧合板盖，可将板子放置在 4℃储存，也可用于进一步进行免疫组化染色分析。

3.9.2 X-Gal 染色

用 X-Gal 琼脂覆盖层（标题 3.2）一样，下面的 β 半乳糖苷酶也可用于检测被固定的感染细胞。与 BetaBlue 染色试剂盒（Novagen-Merck 公司产品）一样，其他相似的试剂盒同样也可以用于快速直接可视化检测 β 半乳糖苷酶的表达。

（1）在 24 孔板中孵育 Vero，然后孵育直到 CPE 和 / 或形成如上所述的噬斑（标题 3.9.1）。

（2）从细胞培养板孔中吸出培养基。

（3）用含有 NP-40 的 PBS 洗涤细胞 2 次（见注释㉗）。

（4）加入 0.5 mL 无 FALD 的甲醇，固定细胞 15 min，室温。

（5）吸出固定液，然后用 PBS 洗涤细胞 4 次。

（6）轻轻加入 0.5 mL BetaBlue 染液，37℃孵育（见注释㉘）。

（7）1~3 h 之后可完成染色，用 PBS 洗涤，终止染色。

（8）对于需要长期存放的细胞，可用含有 15%（*V/V*）甘油的 PBS 覆盖染色后的细胞单层。

3.9.3 β 半乳糖苷酶和 ORFV 抗原的共检测

可通过同时染色 β 半乳糖苷酶和外源性抗原，从新的转基因重组病毒中区别检测 D1701-VrV 表达的 β 半乳糖苷酶和外源基因。

（1）按照标题 3.9.1 所述的方法，从感染细胞 24 孔板中吸出上清液。

（2）用 0.5 mL PBS 洗涤细胞 3 次，每次 5 min。

（3）打开细胞板盖，在通风橱中干燥单层细胞。

（4）加入 0.5 mL 预冷的无 FALD 甲醇，放置冰箱中 4℃固定细胞。

（5）轻轻加入 0.5 mL BetaBlue 染色液，37℃孵育 1 h（见注释㉘）。

（6）用 0.5 mL 含 1% FCS 的 TBST 洗涤细胞 3 次，每次 5 min。

（7）按照标题 3.9.1 所述的方法中的步骤（12）~ 步骤（19），用一抗和碱性磷酸酶标记的二抗孵育细胞。

3.9.4　未固定细胞的噬斑染色

下述技术流程可用于检测未固定活细胞形成的病毒噬斑中外源基因的表达，然后可用进行病毒噬斑的分离。该方法对于感染细胞表面的重组单边的表达检测非常有效，但是我们尚未用来检测过内源性表达的蛋白。

（1）Vero 细胞，在 3 mL 含 5% FCS 的 MEM 中加入（3~5）× 10^5 个细胞，然后加入 0.1 mL 系列稀释（10^{-6}~10^{-2}）的病毒裂解液，混匀。

（2）同时将细胞和病毒接种到 6 孔细胞培养板中，直到可见清洗的噬斑形成。

（3）移出培养基，小心地用无菌 PBS 洗涤细胞 2 次。

（4）用 1 mL 含 2% FCS 的 MEM 稀释的特异性外源基因一抗孵育细胞 2 h，轻轻摇晃孵育。

（5）移出抗体溶液后，用 2 mL PBS 洗涤细胞 2 次。

（6）用 1 mL 用 MEM 稀释的碱性磷酸酶标记的二抗孵育 1 h。

（7）用 2 mL PBS 洗涤细胞 2 次。

（8）用碱性磷酸化酶底物 VECTOR VIP 底物试剂盒（载体）孵育，在接下来的 1~ 3 h 中直到紫色噬斑染色变的可见。

（9）用 2 mL PBS 洗涤细胞 2 次。

（10）用低熔点琼脂糖凝胶覆盖细胞孔，按照标题 3.2 中步骤（6）~ 步骤（9）所述的方法制备琼脂糖凝胶上层。

（11）将琼脂糖凝胶上层放冷到 37℃，然后每个孔中慢慢加入 1.5 mL。

（12）在冰箱中让上层凝胶变硬。

（13）此时，可用无菌巴氏吸管挑取抗原阳性的紫色噬斑，挑取的噬斑可进一步按照标题 3.2 中步骤（15）~ 步骤（22）方法进行病毒分离。

4　注　释

① Vero 细胞不应过度生长或完全融合，因为这可能会导致细胞聚集。

② 细胞在 37℃的 VT（EDTA - 胰蛋白酶溶液）中孵育时间不要太久。消化约 3 min 后开始检查；胰蛋白酶消化时间过长或胰蛋白酶浓度浓度过高都会导致细胞受损、结块或粘连。在 37℃预热 VT，可使细胞更容易消化。用力过猛地敲击或用管子将细胞分离，都可能会造成永久性的细胞损伤。在计数或接种前，应仔细检查细胞是否均匀悬浮。

③ 低熔点的琼脂糖在 65℃时会完全熔融，即使在 30~37℃也能保持液态。称取所需数量的琼脂糖（如 2 g），加入水（100 mL）中，煮沸腾后加水补充蒸发的水。

④ 琼脂糖 -BluoGal 覆盖层：我们发现 BluoGal 具有快速且很强的蓝色染色效果；不过，其他 X-Gal 底物也有相同的效果。琼脂糖覆盖层 pH 值应为 7.0~7.4。

将琼脂糖覆盖液冷却至约 30℃，从孔壁边缘缓慢倒入，以防止细胞损伤（可错误地认为是噬斑或 CPE）；注意去除培养基后细胞层不会变干。浇注后，让琼脂糖在室温下短暂放置使其变硬，然后在 37℃下孵育。

⑤ 对于细胞计数，制备更多的稀释液可以提高细胞密度的计算。计算方法取决于所用的计数室的类型。

德国 Marienfeld 改良牛鲍氏型计数板：细胞数 /4 方格 ×2× 稀释 ×10⁴ = 细胞数 /mL。

美国豪斯 Fuchs-Rosenthal 细胞计数板：细胞数 /4 方格 ×2× 稀释 ×5×10³ = 细胞数 /mL。

⑥ 可以预先测定最佳多重感染复数（MOI），在我们的实验中，0.01~0.2 的 MOI 效果良好。如果不能在培养箱中放置旋转器，病毒 - 细胞悬浮液在培养过程中可以用手缓慢摇晃几次。选择孵育 2 h 使 ORFV DNA 复制开始，可增加感染细胞与转染质粒 DNA 重组的可能性。

⑦ 注意，细胞颗粒非常不稳定。

⑧ 我们发现转染 2 μg 质粒 DNA 效果最佳。可在核感染后 24 h 和 48 h，通过监测荧光细胞或 X-Gal 染色细胞的数量来分析最佳量。

我们建议同时进行不超过 2 次的核转染，因为细胞和 DNA 在转染缓冲液中的孵化时间不应超过 15 min，以避免细胞死亡。预先准备好所需数量的试管、EP 管、移液管和切割过滤枪头。

⑨ 细胞核转染溶解稀释度：必须找到最佳稀释度，以产生合理数量的分离病毒噬斑，从而允许单个病毒噬斑的分离。因为不同 NL 中的病毒滴度不同，所以可能需要更多的稀释。

⑩ 如果没有看见 CPE 或明显的噬斑形成，可通过胰蛋白酶化、冻融和超声提取细胞，并在 24 或 48 孔板中使用 1：5 或 1：10 稀释液同时感染 Vero 细胞。由于噬斑洗脱液中病毒含量极低，这种盲传可提高病毒滴度。

⑪ 在这之后，至少需要再进行 3~5 轮的病毒噬斑纯化，才能获得基因相同的重组病毒。

⑫ 绿色荧光蛋白（GFP）的遗传变异具有优良的光稳定性、荧光强度或光谱特性。AcGFP 基因编码 1 个由人类密码子组成的 GFP，以增强哺乳动物细胞的翻译和表达（Clontech，BD 公司）。

⑬ 可以改变或调整所述的系列稀释。制备 32 孔相同稀释的孔是为了识别足够数量的孔，从而增加获得新绿斑块的机会。当然，类似的终点稀释系列也可以在 96 孔板中进行。

⑭ 建议使用 20 倍显微镜放大，以便清晰地显示明场中开始形成的斑块，并通过紫外荧光识别绿色荧光细胞和 / 或噬斑。

⑮ 为了合理处理，建议最多收 24 个孔。

⑯ 在每次提取后，并不是将每个上清液转移到新的离心管中，而是用移液器从离心管底部抽出更低的酚 CIA 和 CIA 相，然后将其用于下一个提取步骤，这是一个很好的选择。最后 1 次 CIA 提取的上清液被转移到 1 个新的离心管中。可以添加糖原蓝以促进少量 DNA 的恢复。也可以使用酵母 tRNA（10 µg）。

⑰ 为了防止微小 DNA 沉淀的损失，例如在乙醇去除过程中的损失，我们建议采用以下步骤：离心后立即缓慢地将封闭的离心管倒置，将 DNA 颗粒从乙醇溶液中分离出来。将其放在干净的滤纸上后，慢慢打开盖子，将打开的盖子倒置的离心管放在滤纸上，让乙醇排出。根据残留乙醇的量，干燥需要数分钟到 10 min。注意乙醇完全蒸发，可以通过观察到 DNA 颗粒变得半透明即可。

⑱ 在大约 80% 的 CPE 下收集感染细胞，可以获得最佳的 ORFV DNA 产量。

⑲ 完全悬浮细胞颗粒是很重要的，因为未溶解的细胞团会大大降低 DNA 的回收率。

⑳ 切取用于 DNA 溶解的滤芯枪头可避免机械剪切高分子量的痘病毒的 DNA。

㉑ 其他可用 2 倍浓度的 *Taq* 聚合酶为基础 PCR 混合物同样可以工作。

㉒ 只能获得相对粗糙的部分纯化病毒制剂。但是，与蔗糖梯度纯化制剂相比，我们发现保护性免疫反应的强度和质量并没有明显差异（未公布数据）。不过，对于更常规疫苗的使用，我们建议制备更多的纯化病毒制剂。

㉓ 我们发现，以 MOI 0.5 感染，然后在约 80% CPE 的情况下收毒，最终病毒滴度最高。

㉔ 1 个 T75 培养瓶中 80%~90% 融合度的 Vero 细胞，足以制备 3 个 48 孔板。

㉕ 使用病毒稀释液，每孔应该最多可产生 10~20 个噬斑。当然，该程序可以适用于 12 孔或 6 孔板块。

㉖ 必须确定一抗和二抗的最佳稀释度；过氧化物酶标记的二抗必须针对用于产生一抗的物种。

㉗ 为了提高灵敏度，我们使用含 0.02%（*V/V*）NP-40 的 PBS；但是，不含去污剂的 PBS 也能正常工作。

㉘ 使用组织培养箱时要小心，因为 CO_2 可能会改变 pH 值，从而导致不可接受的背

景染色。

致　谢

尽管不可能单独列出每个成员的姓名，但是我们还是非常感谢 Rziha 实验室从 1999 年至今的所有成员作出的杰出贡献。我们要特别感谢 Mathias Büttner 发起并运用专业知识帮助 ORFV 项目，感谢 Timo Fischer 和 Marco Henkel，他们的开创性工作最终促成了新型 ORFV 载体系统的开发，感谢 Bertilde Bauer 和 Karin Kegreiß 持续出色的技术援助。最后，我们还要感谢 Lothar Stitz 对动物实验的一贯支持和帮助。多年来，我们得到了欧盟、拜耳公司动物卫生部、里默斯公司、辉瑞公司动物卫生部不同的资助，在此一并感谢。

参考文献

[1]　Mackett M, Smith GL, Moss B. 1982. Vaccinia virus: a selectable eukaryotic cloning and expression vector. Proc Natl Acad Sci U S A, 79：7415–7419.

[2]　Panicali D, Paoletti E. 1982. Construction of poxviruses as cloning vectors：insertion of the thymidine kinase gene from herpes simplex virus into the DNA of infectious vaccinia virus. Proc Natl Acad Sci U S A, 79：4927–4931.

[3]　Moss B. 2013. Reflections on the early development of poxvirus vectors. Vaccine, 31：4220–4222.

[4]　Draper SJ, Cottingham MG, Gilbert SC. 2013. Utilizing poxviral vectored vaccines for antibody induction-progress and prospects. Vaccine, 31：4223–4230.

[5]　Gomez CE, Najera JL, Krupa M et al. 2011. MVA and NYVAC as vaccines against emergent infectious diseases and cancer. Curr Gene, Ther, 11：189–217.

[6]　Walsh SR, Dolin R. 2011. Vaccinia viruses：vaccines against smallpox and vectors against infectious diseases and tumors. Expert Rev Vaccines, 10：1221–1240.

[7]　Kim JW, Gulley JL. 2012. Poxviral vectors for cancer immunotherapy. Expert Opin Biol Ther, 12：463–478.

[8]　Gomez CE, Najera JL, Krupa M et al. 2008. The poxvirus vectors MVA and NYVAC as gene delivery systems for vaccination against infectious diseases and cancer. Curr Gene Ther, 8：97–120.

[9]　Drexler I, Staib C, Sutter G. 2004. Modified vaccinia virus Ankara as antigen delivery system：how can we best use its potential? Curr Opin Biotechnol, 15：506–512.

[10]　Chavan R, Marfatia KA, An IC et al. 2006. Expression of CCL 20 and granulocyte-macrophage colony-stimulating factor, but not Flt3-L, from modified vaccinia virus ankara

enhances antiviral cellular and humoral immune responses. J Virol, 80 : 7676–7687.

[11] Russell TA, Tscharke DC. 2014. Strikingly poor CD8（+）T-cell immunogenicity of vaccinia virus strain MVA in BALB/c mice. Immunol Cell Biol, 92 : 466–469.

[12] Gomez CE, Perdiguero B, Najera JL et al. 2012. Removal of vaccinia virus genes that block interferon type I and II pathways improves adaptive and memory responses of the HIV/AIDS vaccine candidate NYVAC-C in mice. J Virol, 86 : 5026–5038.

[13] Quakkelaar ED, Redeker A, Haddad EK et al. 2011. Improved innate and adaptive immuno-stimulation by genetically modified HIV-1 protein expressing NYVAC vectors. PLoS One, 6, e16819.

[14] Kibler KV, Gomez CE, Perdiguero B et al. 2013. Improved NYVAC-based vaccine vectors. PLoS One, 6, e25674.

[15] Büttner M, Rziha H-J. 2002. Parapoxviruses : from the lesion to the viral genome. J Vet Med B Infect Dis Vet Public Health, 49 : 7–16.

[16] Haig D, Mercer AA. 2008. Parapoxvirus. Encyclopedia Virol 5 : 57–63, Mahy BWJ, Van Regenmortel MHV（Eds）Elsevier, Oxford.

[17] Rziha H-J, Henkel M, Cottone R et al. 2000. Generation of recombinant parapoxviruses : non-essential genes suitable for insertion and expression of foreign genes. J Biotechnol, 83 : 137–145.

[18] Fischer T, Planz O, Stitz L et al. 2003. Novel recombinant parapoxvirus vectors induce protective humoral and cellular immunity against lethal herpesvirus challenge infection in mice. J Virol, 77 : 9312–9323.

[19] Henkel M, Planz O, Fischer T et al. 2005. Prevention of virus persistence and protection against immunopathology after Borna disease virus infection of the brain by a novel Orf virus recombinant. J Virol, 79 : 314–325.

[20] Dory D, Fischer T, Beven V et al. 2006. Prime-boost immunization using DNA vaccine and recombinant Orf virus protects pigs against Pseudorabies virus（Herpes suid 1）. Vaccine, 24 : 37–39.

[21] van Rooij EM, Rijsewijk FA, Moonen-Leusen HW et al. 2010. Comparison of different prime-boost regimes with DNA and recombinant Orf virus based vaccines expressing glyco-protein D of pseudorabies virus in pigs. Vaccine, 28 : 1808–1813.

[22] Voigt H, Merant C, Wienhold D et al. 2007. Efficient priming against classical swine fever with a safe glycoprotein E2 expressing Orf virus recombinant（ORFV VrV-E2）. Vaccine, 25 : 5915–5926.

[23] Rohde J, Schirrmeier H, Granzow H et al. 2011. A new recombinant Orf virus（ORFV,

Parapoxvirus）protects rabbits against lethal infection with rabbit hemorrhagic disease virus
（RHDV）. Vaccine, 29：9256–9264.

[24] Amann R, Rohde J, Wulle U et al. 2013. A new rabies vaccine based on a recombinant ORF virus（parapoxvirus）expressing the rabies virus glycoprotein. J Virol, 87：1618–1630.

[25] Rohde J, Amann R, Rziha HJ. 2013. New Orf virus（Parapoxvirus）recombinant expressing H5 hemagglutinin protects mice against H5N1 and H1N1 influenza A virus. PLoS One, 8, e83802.

[26] Zeitelhofer M, Vessey JP, Xie Y et al. 2007. High-efficiency transfection of mammalian neurons via nucleofection. Nat Protoc 2：1692–1704.

[27] Rziha HJ, Henkel M, Cottone R et al. 1999. J Biotechnol, 73：235–242.

[28] Pasamontes L, Gubser J, Wittek R et al. 1991. Direct identification of recombinant vaccinia virus plaques by PCR. J Virol Methods, 35：137–141.

第十三章 用于兽医疫苗研制的多顺反子疱疹病毒扩增子载体

Anita Felicitas Meier, Andrea Sara Laimbacher, Mathias Ackermann

摘 要：异源病毒载体疫苗，特别是基于金丝雀痘病毒载体的疫苗，已在预防兽医学中建立了稳固的地位。然而，以疱疹病毒为基础的疫苗为 DIVA（区分受感染动物与疫苗接种动物）疫苗铺平了道路，这种疫苗尤其适合高度传染性的牲畜疾病，这些疾病的控制策略主要是扑杀受感染动物。

在本章中，我们描述了一种针对轮状病毒的多顺反子疱疹病毒扩增子疫苗的设计、制备和测试，特别强调产生异源病毒样颗粒用于免疫。设计完成后，程序包括三个步骤：第一步，在培养细胞中的瞬时表达载体的构建；第二步，小鼠模型中的表达和抗体反应；第三步，将系统应用于所需宿主物种。总的来说，目前的信息将有助于设计出让兽医感兴趣的新疫苗。

关键词：多顺反子疱疹病毒扩增子；病毒样颗粒；疫苗

1 前　言

动物用疱疹病毒疫苗在过去发挥了开创性作用，特别是在开发 DIVA 疫苗（区分受感染动物与疫苗接种动物）方面，彻底改变了从活体动物根除某些病毒传播的可能性[1-4]。因此，疱疹病毒可用于开发不同类型的疫苗，即灭活疫苗[5]、修饰活疫苗[6, 7]和基于扩增子载体的单顺反子体[8]或多顺反子体疫苗[9]。选择何种疫苗在很大程度上取决于目标动物的免疫类型。近年来，兽用新疫苗的开发在技术上变得更容易，但在质量管理包括安全性、效力、功效和批量到批量的重复性方面的要求也更高[10]。因此，在疫苗开发早期就将未来质量管理问题的原则纳入其中考虑是值得的。

无疱疹病毒的疱疹病毒载体多顺反子扩增子疫苗具有以下 3 个主要优点：

- 安全性高，因为排除了复制能力强的病毒，加上可能在细胞免疫和体液免疫之间产生预想的平衡。
- 在载体空间中几乎没有限制（高达 150 kb），允许选择理想的抗原组合，以及可处理疫苗输送的结构问题，即颗粒形成 [11, 12]。

- 应用合成的 DNA，以密码子优化方式编码目标抗原，达到最符合目标动物物种的目的 [13, 14]。这种方法还增加了靶病毒在适应细胞培养中高滴度生长的能力。

本章描述了如何在轮状病毒疫苗的背景下解决这些问题，考虑到所需的免疫类型，轮状病毒疫苗为一组病毒，其野生型在细胞培养中可能生长不良，因此，原位颗粒形成对疫苗的构建很重要。

2　材　料

2.1　扩增子载体在培养细胞中的瞬时表达

2.1.1　细胞培养

（1）Vero 2-2 细胞是 Vero 细胞的衍生物，稳定表达 HSV-1 ICP27[15]。

（2）磷酸盐缓冲盐溶液（PBS）。

（3）DMEM 培养基，添加 10% 胎牛血清（FBS）和 1% 的青霉素 / 链霉素（P/S）。

（4）DMEM 添加 10%FBS、1%P/S 和 500 μg/mL G418（遗传霉素）。

（5）0.05% 胰蛋白酶 EDTA（1×）。

（6）血球计数板。

2.1.2　Western 分析

（1）DMEM 补充 2%、10%FBS 和 1%P/S。

（2）24 孔组织培养板。

（3）PBS。

（4）蛋白质上样缓冲液（1×PLB）：将 0.6 g 三羟甲基氨基甲烷和 1.6 g SDS 溶解于 20 mL dH$_2$O 中，添加 4 mL β - 巯基乙醇、8 mL 甘油和 0.4 mL 溴酚蓝。

2.1.3　免疫荧光

（1）DMEM 补充 2%、10% FBS 和 1% P/S。

（2）24 孔组织培养板。

（3）直径 12 mm 的玻璃盖玻片。

2.1.4　抗原产生动力学

（1）DMEM 补充 2%、10% FBS 和 1% P/S。

（2）白色或黑色 96 孔组织微孔板（见注释①）。

2.1.5　荧光素酶分析

（1）NanoGlo 荧光素酶分析成分（NanoGlo 荧光素酶分析缓冲液和 NanoGlo 荧光素酶分析底物）。

（2）微板化学发光检测仪。

2.1.6　病毒样颗粒的采集

（1）含 2% FBS 和 1%P/S 的 DMEM 以及含 10% FBS 和 1%P/S 的 DMEM。

（2）直径为 6 cm 的组织培养皿。

（3）细胞刮刀。

（4）PBS。

（5）液氮。

（6）37℃水浴。

（7）0.22 μm 注射器过滤器。

（8）20 mL 一次性注射器。

（9）含 10% 蔗糖的 PBS。

（10）PBS-PI：含蛋白酶抑制剂（完全的蛋白酶抑制剂混合片剂，无 EDTA）的 PBS，无菌过滤。

（11）14 × 95 mm Beckman 超速离心管。

（12）带 SW40 转子（或相等效果）的超速离心机。

2.2　用透射电镜分析 RVLPS

2.2.1　细胞的感染

（1）含 2% FBS 和 1%P/S 的 DMEM 以及含 10% FBS 和 1%P/S 的 DMEM。

（2）6 孔细胞培养板。

2.2.2　总细胞颗粒的制备

（1）细胞刮刀。

（2）长 50mm 的 0.5 mL 微型离心管。

（3）20 mL 玻璃瓶。

（4）剃刀刀片。

（5）2.5% 戊二醛（GA）（见注释②），用 25% 储备溶液（购买，储存在 -20℃下）在 0.1 mol/L 磷酸盐缓冲液（PBS）中稀释，储存在 4℃下。

（6）2% 四氧化二锇（OsO₄）水溶液（购买，4℃保存）。工作溶液：1% 于 0.1 mol/L 磷酸盐缓冲液（PBS）中，等份分装于密封玻璃瓶中，4℃保存。

（7）磷酸盐缓冲液：0.1 mol/L Na/K- 磷酸盐缓冲液（pH 值 =7.4）。溶液 A：将 13.6 g KH₂PO₄（分子量为 163.09）溶解于 1 000 mL dH₂O 中。溶液 B：将 14.2 g Na₂HPO₄（分子量为 141.96）溶解于 1 000 mL dH₂O 中。由于 pH 值 =7.4，可将 19.7 mL 溶液 A 与 80.3 mL 溶液 B 混合，得到 100 mL 最终体积。其他酸碱度见表 13-1。

表 13-1　0.1 mol/L 钠钾磷酸盐缓冲液的制备　　　　　　　　单位：mL

处理	pH 值															
	5.0	5.2	5.4	5.6	5.8	6.0	6.2	6.4	6.6	6.8	7.0	7.2	7.4	7.6	7.8	8.0
溶液 A	99.2	98.4	97.3	95.5	92.8	88.9	83.0	75.4	65.3	53.4	41.3	29.6	19.7	12.8	7.4	3.7

根据表中的 pH 值，得出溶液 A 的体积，从而将溶液 B 添加到 100 mL 的最终体积中。

（8）分析用乙醇：70%、80%、96% 和 100%（绝对）乙醇。

（9）分析用丙酮。

（10）按 1∶1 混合丙酮和环氧树脂（EPON），使其新鲜，避免任何气泡或污点。使用前 30 min 清除冷冻的 EPON。

（11）环氧树脂（EPON）的制备：将 122 g EPON812（环氧树脂包埋剂，Fluka 45345）、80 g DDSA（固化剂，Fluka 45346）和 54 g MnA（固化剂，Fluka 45347）加入铝箔包裹的玻璃缸中，避光，室温下用磁力搅拌器搅拌 60 min。注意不要产生气泡。加入 3.84 mL DMP30（加速剂，Fluka 45348），在磁力搅拌器上搅拌 60 min，防止光线照射。不应出现气泡和污迹！将制备好的 EPON 注入 20 mL 注射器中，用封口膜封闭，并用铝箔包裹，在 -20℃ 下储存。

（12）易成型聚乙烯。

（13）印有编号的小型纸标签。

（14）木棍。

（15）干燥器。

（16）聚合炉，设定为 60 ℃。

2.2.3　超薄切片染色

（1）异丁醇饱和水 [16]，水中 9% 异丁醇（*V/V*）。

（2）6% 乙酸铀酰（UA）异丁醇饱和水，将 1.5 g Mg-UA 溶解在 25 mL 异丁醇饱和水中。通过 0.22 μm 一次性过滤器过滤。分装到小管中，在 4℃ 避光储存。

（3）铅染色液 [17]，将 0.67 g 柠檬酸铅溶于 7 mL 的 dH₂O 中，1.0 g 柠檬酸钠溶于 7 mL

的 ddH$_2$O 中，并将两种溶液混合。让混合物静置 20 min，同时轻轻摇动 2~3 次。添加 4 mL 新制备的 1 mol/L NaOH 溶液，并充分混合。溶液应澄清，然后加入 25 mL H$_2$O$_2$。柠檬酸铅与异丁醇饱和水按 3∶2 混合。使用前，通过 Miniart RC4 一次性注射器过滤器对溶液进行无菌过滤。在 4℃下储存。

（4）75/300 目 / 英寸铜网。

（5）300 mL 烧杯，装满 Millipore 过滤器（0.22 μm）过滤的 dH$_2$O。

（6）装有照相机的透射电子显微镜。

2.3 实验动物的免疫反应

2.3.1 血清标本的采集和制备

（1）小鼠保定装置。

（2）23~25 G 注射针。

（3）带球泡的微胶囊毛细管分配器。

2.3.2 收集和制备粪便样品

（1）TNC 缓冲液：10 mmol/L 三羟甲基氨基甲烷（使用 pH 值 =7.4 的储备溶液）、100 mmol/L NaCl 和 5 mmol/L CaCl$_2$。

（2）TNC-T：含有 0.05% Tween 20 和蛋白酶抑制剂（完全的蛋白酶抑制剂混合片，不含 EDTA）的 TNC 缓冲液。

2.3.3 收集和制备牛奶样品

（1）加热垫。

（2）异氟烷和异氟烷汽化器（带氧气瓶）。

（3）维生素 A 眼膏。

（4）催产素（10 IU/mL）。

（5）带适当注射针的注射器，用于皮下注射。

（6）带球泡的微胶囊毛细管分配器。

2.3.4 抗原酶联免疫吸附试验

（1）酶联免疫吸附试验 96 孔板。

（2）包被缓冲液（碳酸氢缓冲液）：0.015mol/L Na$_2$CO$_3$，0.035mol/L NaHCO$_3$，pH 值 =9.6。

（3）针对抗原的捕获抗体。

（4）加湿室。

（5）PBS-T：含 0.05% Tween 20 的 PBS。

（6）稀释缓冲液：含 0.05% Tween 20% 和 1% 酪蛋白的 PBS。

（7）针对抗原的生物素标记检测抗体。

（8）生物素标记的链霉亲和素。

（9）过氧化物酶（HRP）底物。

（10）终止液：2 mol/L 硫酸。

（11）酶联免疫吸附试验酶标仪。

2.3.5 IgG ELISA

（1）酶联免疫吸附试验 96 孔板。

（2）包被缓冲液（碳酸氢缓冲液）：0.015 mol/L Na$_2$CO$_3$，0.035 mol/L NaHCO$_3$，pH 值 =9.6。

（3）针对抗原的捕获抗体。

（4）加湿室。

（5）PBS-T：含 0.05% Tween 20 的 PBS。

（6）稀释缓冲液：含 0.05% Tween 20 和 1% 酪蛋白的 PBS。

（7）针对抗原的生物素标记检测抗体。

（8）过氧化物酶（HRP）标记的抗 IgG 的抗体。

（9）过氧化物酶（HRP）底物。

（10）终止液：2 mol/L 硫酸。

（11）酶联免疫吸附试验酶标仪。

2.3.6 IgA ELISA

（1）酶联免疫吸附试验 96 孔板。

（2）包被缓冲液（碳酸氢缓冲液）：0.015 mol/L Na$_2$CO$_3$，0.035 mol/L NaHCO$_3$，pH 值 =9.6。

（3）针对抗原的捕获抗体。

（4）加湿室。

（5）PBS-T：含 0.05% Tween 20 的 PBS。

（6）稀释缓冲液：含 0.05% Tween 20 和 1% 酪蛋白的 PBS。

（7）浓缩或纯化的抗原。

（8）针对抗原的生物素标记检测抗体。

（9）辣根过氧化物酶（HRP）- 链霉亲和素。

（10）辣根过氧化物酶（HRP）底物。

（11）终止液：2 mol/L 硫酸。

（12）酶联免疫吸附试验酶标仪。

3　方　法

3.1　多顺时针扩增子载体的设计与优化

有趣的是，病毒密码子的使用并不一定反映病毒主要宿主密码子的使用情况[18, 19]。因此，由于原始病毒核苷酸序列的表达而引起的翻译水平可能不仅会随着用于瞬时表达的特定宿主细胞而发生显著变化，还会随着表达的背景而发生显著变化，即，在存在或不存在其他病毒产物的情况下可能会显著不同。我们和其他人都经历过，通过调整密码子在其遗传模板中的使用，可以显著提高翻译蛋白的水平。因此，必须考虑的第一个问题应该是合成免疫蛋白的动物种类和环境，即哪些病毒蛋白需要同时表达？需要多少蛋白？例如，考虑到颗粒的形成，能否产生稳定的蛋白？还是很快被蛋白酶体降解的蛋白？哪种更可取？等等。这些因素将影响所使用启动子的选择、合成基因中密码子的使用、单个开放阅读框的序列顺序，以及促进蛋白酶体降解的信号序列、核易位信号或序列的添加或删除。

3.1.1　密码子优化

至少应考虑以下问题。

（1）哺乳动物中蛋白质翻译最优或最差密码子的频率（相对于其原生病毒、昆虫细胞或原核生物中的翻译）。

（2）平均 G + C 百分比含量（最优值通常在 50% 左右；最好在 40%~60%；从 60 个 bp 窗口移除 G + C 峰值）。

（3）去除不需要的顺式作用元件，即隐性剪接供体位点或内部转录终止位点；重复部件；聚合酶打滑。

（4）影响 mRNA 稳定性和翻译的因素影响 mRNA 稳定和翻译的因素，如：茎环结构、内部核糖体进入位点、RNA 不稳定基序等。

（5）可能干扰克隆步骤的限制性酶切位点。例如，免费提供密码分析是由 GenScript OptimumGene™ 软件（www.genscript.com/codon_opt.html）。

3.1.2　启动子的选择

最近，已有关于不同细胞类型的启动子相对强度的综述发表[20]。根据经验，在免疫过程中合成的蛋白质越多，免疫反应越好。因此，通常首选活跃于多种细胞类型的强启动子，例如类人猿病毒 40 早期启动子（SV40）。巨细胞病毒直接早期启动子（CMV）也可能提供强大的基因表达，但该启动子非常依赖细胞类型。另外，如果需要较低的基因表达，则可以选择人泛素 C 启动子（UBC）。内部核糖体进入位点（IRES）提供多顺反子 mRNA 的翻译，但更多的开放阅读框 3′ 定位的翻译效率通常会降低。

3.1.3 亚细胞定位

用于免疫目的的颗粒形成可能会出现复杂的问题，因为不同的病毒正在使用不同的策略，为了颗粒形成的目的，必须记住这一相关策略。例如，流感病毒 A 蛋白 M1 的核输入首先需要促进核输出蛋白（NS2、NEP）与核糖核蛋白（N）的结合，然后核糖核蛋白（N）允许将这种复合物连同病毒 RNA 一起输出到细胞质，从而在外部细胞膜上开始形成颗粒[21]。轮状病毒系统中的粒子组装机制缺乏深入的理解，我们自己尝试生成三层轮状病毒粒子也体现了这一事实，而双层粒子是由于 2 个相关组分的共同表达而形成的。将新合成的蛋白质靶向蛋白酶体可能有助于产生强烈地细胞免疫反应，而同样的策略可能会损害所需抗体的产生，这些抗体可能只在粒子组装后形成。因此，我们可以考虑通过两种形式表达来自同一多顺反子载体的同一蛋白质，其中一种形式具有蛋白质不稳定结构域（DD）[22]，而另一种形式不具有蛋白质不稳定结构域。通常，添加 DD 会导致相关蛋白质的蛋白酶体快速降解。

3.2 HSV-1 BAC DNA 和 HSV-1 扩增载体的制备

HSV-1 BAC DNA 是一种细菌人工染色体（BAC），编码整个 HSV-1 基因组，但带有缺失的包装信号（*pac*）和缺失的 ICP27，ICP27 是 HSV-1 复制的必需基因[23, 24]。包装信号的缺失抑制了 BAC DNA 被包装，ICP27 的进一步缺失基本上消除了复制辅助病毒污染的风险。为了使 BAC DNA 编码的基因提供其辅助功能，在 1 个单独的质粒上提供反式的 ICP27[24]。

HSV-1 BAC DNA 的制备以及 HSV-1 扩增载体的产生在《单纯疱疹病毒实验方法与操作指南分子生物学方法》（*Herpes Simplex Virus: Methods and Protocols*，*Methods in Molecular Biology*）第七章中有详细的描述[9]。

3.3 扩增载体在细胞培养中的瞬时表达

3.3.1 选择合适的细胞株

用相同 HSV-1 扩增子载体转导不同的细胞类型可能导致不同的实验结果。因此，最好比较不同细胞系间合成蛋白的数量和 / 或细胞内定位。我们建议根据最终的实验目标（目标物种）选择细胞系。此外，当然也可以测试已知能够很好地与 HSV-1 扩增子载体（如 Vero 2-2、HepG2、HEK-293）进行转导的细胞系。

3.3.2　细胞的维护和转导细胞的制备

这里，详细地说明 Vero 2-2 细胞的培养及它们的转导制备。Vero 2-2 细胞来源于 Vero 细胞，因此该细胞也属于非洲绿猴肾上皮细胞，不过 Vero2-2 细胞可稳定表达 ICP27[15]。对于其他一些细胞系的必要调整（见注释③）。Vero 2-2 细胞用含 10% FBS 和 G418 的 DMEM 维持培养，每周按照 1∶5 传代 2 次（如星期一和星期四各传代 1 次）或每周按 1∶10 传代 1 次。

（1）对于细胞传代，用 5 mL PBS 在 T75 组织培养瓶中冲洗融合的 Vero 2-2 单层。

（2）加入 2 mL 胰蛋白酶 EDTA，37℃孵育约 10 min，孵育后用显微镜检查所有细胞是否分离（见注释④）。

（3）加入 8 mL 含 10% FBS 的 DMEM，用移液管上下多次将细胞吹打悬浮，然后冲洗细胞瓶底部。

（4）对于 1∶5 比例传代，将 2 mL 细胞悬浮液转移到 T75 细胞培养瓶中。对于 1∶10 的分离，则加入 1 mL 细胞悬浮液。剩余的细胞悬浮液可用于其他实验。

（5）加入 10 mL 含 10%FBS 和 G418 的 DMEM，让细胞在 37℃、5% CO_2 的潮湿培养箱中生长。

（6）在转导前 24 h，细胞必须经胰蛋白酶消化并转移到合适的培养皿中。为此，使用血细胞计数仪计算细胞悬浮液中的细胞浓度。

（7）用含 10% FBS 的 DMEM 将细胞悬浮液稀释至每 0.75 mL 含 1×10^5 个细胞的浓度。

（8）24 孔组织培养板的每个孔中加入 0.75 mL 稀释的细胞悬液，在 37℃、5% CO_2 的潮湿培养箱中培养 24 h。

3.3.3　经 Western 分析的转基因蛋白质合成特征

如果要评估目标细胞系中合成所需的蛋白质量，一种简单的评估方法是用 Western 分析全细胞溶解物，然后粗略比较不同细胞系之间的蛋白质合成量即可。为了更精确地分析蛋白质表达水平，可以使用定量基因表达分析（如 qRT-PCR）更精确的方法。

浓缩的病毒样颗粒（VLP）（见标题 3.3.6）也可使用 Western 进行分析。由于在 VLP 纯化过程中，某些瞬时表达的蛋白质可能不会整合到 VLP 颗粒中而是留在细胞颗粒中，因此可将获得的结果与整个细胞溶解物的结果进行比较。

（1）在 24 孔组织培养板中培养细胞，每孔加入总体积为 0.5 mL 含 10% FBS 的 DMEM，每孔加入 1×10^5 个细胞，并在 37℃、5% CO_2 的潮湿培养箱中培养 24 h。

（2）用含 2% FBS 的 0.25 mL DMEM 总体积稀释 HSV-1 扩增子载体储液，使感染倍数为 2（MOI=2）（见注释⑤）。

（3）从培养细胞中吸取培养基，并添加 0.25 mL 稀释的 HSV-1 扩增子溶液。孵育 1 h。取出扩增子溶液，加入 0.5 mL 含 2%FBS 的 DMEM，在 37℃、5% CO_2 的潮湿培养箱中孵育 24 h。孵育的时间可以适当进行调整。

（4）使用移液管尖端将细胞刮入培养基中（必要时切割尖端）。将每个孔的细胞悬液转移到单独的 1.5 mL 试管中。用 0.2 mL PBS 冲洗每个孔，并将 PBS 冲洗液转移到相应的 1.5 mL 离心管中。

用光学显微镜检查所有细胞是否都被收集。如果没有，再次加入 0.2 mL PBS，再次刮除并将剩余细胞转移到 1.5 mL 离心管中，在台式离心机中以最大速度离心 5 min。丢弃上清液，将细胞沉淀溶解在 25 μL 1×PLB 中。将样品煮沸 10 min。

（5）这些样本现在即可按照标准 Western 方案进行分析。

3.3.4　免疫荧光分析转基因蛋白合成的特性

（1）总体积为 750 μL 含 10% FBS DMEM 按每孔（0.8~1）×10^5 个细胞将细胞加入 24 孔细胞培养板中，在 37℃、5% CO_2 的潮湿培养箱中培养 24 h。

（2）将 HSV-1 扩增子载体储液在总体积 0.25 mL 含 2% FBS 的 DMEM 中稀释至感染复数 1（MOI=1）（见注释⑤）。根据实验设置，可以调整 MOI。

（3）从培养细胞中吸取培养基，然后向每个孔中添加 0.25 mL 稀释的 HSV-1 扩增子溶液。孵育 1 h。吸出扩增子溶液，加入 0.5 mL 含 2%FBS 的 DMEM，在 37℃、5% CO_2 的潮湿培养箱中孵育 24 h。

（4）这些样本现在即可使用标准方案进行免疫荧光染色。

3.3.5　抗原产生动力学

蛋白质合成的时间过程分析可以通过荧光素酶标记靶标蛋白质来实现，并测量荧光素酶信号的强度，荧光素酶信号强度与你目的蛋白质的数量相关。在给目的蛋白质添加标签之前，必须考虑到标签可能会干扰蛋白质的功能。我们选择 NanoLuciferase（NLUC）（见注释⑥）作为 C 末端蛋白标签，因为其 19 ku 比其他荧光素酶标签小得多，并且与其他荧光素酶反应[25] 相比，发光信号持续时间更长，强度更强。本文详细介绍了细胞培养时间过程分析。

3.3.5.1　用 HSV-1 扩增载体转导细胞

（1）用总体积 50 μL 含 10%FBS 的 DMEM，在白色或黑色 96 孔组织培养板中培养 25 000 个 Vero 2-2 细胞，然后在 37%、5% CO_2 的潮湿培养箱中培养 24 h（见注释①）。

（2）去除培养基，在总体积为 40 μL 培养基中加入所需 MOI 转导细胞。在 37℃、5% CO_2 的潮湿培养箱中培养 1 h，用 40 μL 含 2% FBS 的 DMEM 替换扩增子。将转导细胞在 37℃、5% CO_2 的潮湿培养箱中培养一段时间。对于 1 个时间过程实验，可能在不同的组织培养板上，在转导后孵育转导细胞 8 h、12 h、24 h、48 h 和 72 h。

3.3.5.2　荧光素酶测定

使用分光光度计定量测定信号。或者，作为体内实验的预实验，可以将平板放入 IVIS 阅读器中（图 13–1）。

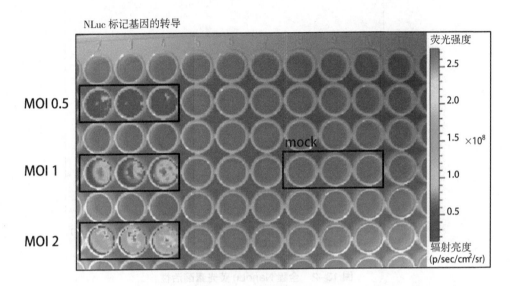

图 13–1　使用 IVIS 阅读器显示转导细胞中的 NanoLuc 荧光素酶活性

用编码轮状病毒蛋白 VP2、VP6 和 NLUC 标记的 VP7 的 HSV-1 扩增子载体在所示的 MOI 处转化 Vero 2-2 细胞，3 个重复。使用活体成像系统（IVIS Xenogen Imaging System 100，Living Image Software）在添加底物 30 min 后，24 h 后添加底物并记录光激发。作为对照，底物也添加到非转导的 Vero 2-2 细胞（MOCK）中。颜色表示测量的发光信号，从低（蓝色）到高（红色）辐射值。

（1）让样本组织培养板、NLUC 基质和 NLUC 缓冲液平衡到室温。

（2）同时启动光度计并设置参数（总测量时间、每次测量之间的时间、底物注入时间和底物体积）。将注入底物的体积设置为 40 μL（见注释⑦）。

（3）预混 1 份 NLUC 基质和 50 份 NLUC 缓冲液。将光度计注入管连接到混合基板上，在开始测量之前，不要忘记清洗管道和灌注（见注释⑦）。

（4）将组织培养板放入生物化学发光仪，开始测量。

3.3.5.3　数据分析

对于数据评估，可在 http://www.r-project. org/ 上免费下载开源统计计算程序"R"。用于生成所示图（图 13–2）的 R 脚本可在 http://www.vetviruzh.ch/aboutus/publikationen/supplements/rscript.html 上找到。

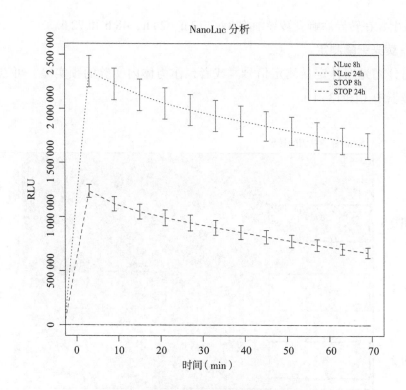

图 13-2　全程 NanoLu 荧光素酶活性

用编码轮状病毒蛋白 VP2、VP6 和未标记的 VP7（"STOP"）或 NLUC 标记的 VP7（"NLuc"）的 HSV-1 扩增载体（MOI=1）转导 Vero 2-2 细胞。在 8 或 24 hpi 后加入底物。用相对光单位（RLU）测量光发射，从加入底物前 9 min 开始到加入底物后 70 min，使用 MicroLumat Plus 生物化学发光仪测量。每项测量分 3 次进行。使用开源统计计算程序 R 对数据进行分析和绘制。注意，所用阴性对照（"STOP"）的测量值接近于零，并且在图中显示为 RLU=0 处的两条重叠直线。

3.3.6 *HSV-*1 载体编码病毒样颗粒（*VLP*）的采集

添加的注释应该有助于理解图生成的各个步骤。图 13-2 中使用的数据可以下载到同一主页上。

为了检验病毒样颗粒（VLP）的最终形成，细胞被转化为 HSV-1 扩增子载体，然后采集和浓缩总细胞溶解液的步骤。

NanoLuc 荧光素酶活性分析的步骤如下。

（1）用总体积为 3 mL 含 10%FBS 的 DMEM，在每个 6 cm 直径的组织培养皿中加入 1.2×10^6 Vero 2-2 细胞。细胞在转导前培养 24 h。建议每个 HSV-1 扩增子结构至少使用 2 个直径 6 cm 的组织培养皿。否则，可能只能收集到少数粒子，导致无法通过 Western 分析或无法被电子显微镜检测到。

（2）将 HSV-1 扩增子载体在 1.5 mL 含 2% FBS 的 DMEM 中稀释至 MOI 为 2 TU/cell

（MOI = 2）（见注释⑤）。

（3）从细胞中吸取生长培养基，并将稀释后的载体加入细胞培养皿中。37℃、5% CO_2 湿培养箱孵育 1~2 h，用 2 mL 含 2% FBS 的 DMEM 代替接种物，37℃、5% CO_2 湿培养箱孵育 2 d。

（4）使用细胞刮刀将细胞刮到培养基中。将悬浮液转移到锥形离心管中。在每个步骤中，含有细胞裂解物的试管被保存在冰上。

（5）用 1 mL PBS 冲洗每个平皿，并将所得溶液转移到含有从步骤（4）中细胞裂解液的相应试管中。

（6）使用液氮和 37℃ 水浴进行 3 次反复循环冻融。

（7）在 4℃ 下 2 600 × g 离心 10 min，取出细胞碎片（见注释⑧）。

（8）将上清液通过 0.22 μm 注射器过滤器到新的锥形离心管中。如果病毒直径超过 0.22 μm，过滤器孔径的大小可调整。

（9）准备贝克曼超净 14 mm × 95 mm 超速离心管，每管加入 5 mL 10% 蔗糖（PBS）。用 1 mL PBS-PI 覆盖蔗糖垫层。

（10）小心地将步骤（8）中的滤液转移到预处理垫层步骤（9）的顶部。用 PBS 将试管平衡至 0.001 g。

（11）使用 Beckman SW40 转子，在 16 ℃ 下以 100 000 × g 离心 2 h。

（12）用巴氏吸管小心地吸取上清液，并以小体积（例如，每皿 20 μL）PBS-PI 重新悬浮颗粒。用封口膜密封管子，让沉淀在 4 ℃ 下再溶解过夜。

（13）将悬浮的 VLP 转移到适当的收集管中，并在 4℃ 下储存。样品现在可以用负染色电子显微镜和免疫电子显微镜进行分析。为了检查收集的 VLP 的蛋白质成分，可以进行 Western 分析，并将其与步骤（7）中整个细胞溶解物和细胞碎片颗粒的 Western 分析进行比较（见注释⑧）。

3.4 用透射电子显微镜分析 RVLPS

以下描述了 HSV-1 扩增子载体编码的结构蛋白在转导细胞中组装成病毒样颗粒的超微结构检查。整个细胞颗粒在转导 24 h 后固定，嵌入环氧树脂（EPON）中，然后制备用于透射电子显微镜（TEM）的超薄切片（图 13-3）。所述方案基于电子显微镜领域广泛使用的标准方案。细胞颗粒用戊二醛进行化学固定，能很好地保持超结构。后固定采用四氧化锇（OsO_4），其可保留并在一定程度上对细胞膜磷脂进行染色。在嵌入 EPON 之前，细胞颗粒通过一系列溶剂脱水。最后，超薄切片用乙酸铀酰和柠檬酸铅染色。

3.4.1 HSV-1 扩增载体对细胞的感染

（1）用 2 mL 含 10% 胎牛血清的 DMEM 接种密度为 4×10^5 个细胞（融合细胞单层，

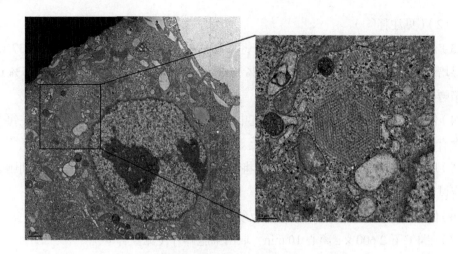

图 13-3　扩增子载体转导细胞超薄切片电子显微图

用 HSV-1 扩增载体转导 HepG2 细胞（MOI=5），该扩增子载体递送了 1 个 DNA 盒，该 DNA 盒编码 1 个多顺反子 mRNA，其中包含 3 个轮状病毒衣壳蛋白 VP2、VP6 和 VP7 的编码序列。24 hpt 从沉淀并采用戊二醛和四氧化锇双固定法固定的单层细胞中获得细胞，并将其嵌入 Epon 中。用乙酸铀酰和柠檬酸铅对超薄切片进行染色，并在配备 CCD 摄像机的透射电镜下进行分析。类轮状病毒颗粒（RVLPs）在被转导细胞的细胞质内以类病毒的结构组装。

见注释⑨），于 6 孔组织培养板中。37℃、5% CO_2 孵育过夜。

（2）用 1 mL 含 2% 胎牛血清的 DMEM 稀释培养基，每个细胞的 MOI 为 5。

（3）吸出生长培养基，向细胞中加入载体稀释液。孵育 1~2 h，取出接种物。加入 2 mL 含 2% 胎牛血清的 DMEM，37℃、5% CO_2 孵育 24 h。

3.4.2　总细胞颗粒的制备：固定、脱水、包埋

（1）用细胞刮刀将细胞刮到培养基中。将悬浮液转移到 15 mL 锥形离心管中。

（2）以 300 ×g 离心 5 min，使细胞颗粒化，去除上清液。

（3）固定：将细胞颗粒在 2.5% GA 的磷酸盐缓冲液中重新悬浮，转移到 0.5 mL 的微管中，3 400 ×g 离心 20 min，用刀片切割管尖，用磷酸盐缓冲液小心地将细胞颗粒从管中冲洗出来，放入 20 mL 的玻璃瓶中，并将细胞颗粒置于磷酸盐缓冲液中 4 ℃过夜。这些颗粒可以在磷酸盐缓冲液中储存数周。

（4）用 1% OsO_4 的磷酸盐缓冲液在 4 ℃下固定 1 h。

（5）移除 1% 的 OsO_4 溶液（见注释②）。

（6）细胞颗粒的脱水过程是从 70% 乙醇开始，然后是 80% 和 96%，每次 10 min，然后是 3 次 100% 乙醇，每次 10 min。之后，用乙醇与丙酮（EPON 溶剂）分两步更换，每次持续 15 min。注意，在更换溶剂溶液时，保持颗粒湿润。

（7）EPON 渗透：向颗粒中加入 1∶1 的丙酮和 EPON 混合物，室温下在罩中培养过

夜，保持试管打开，以允许残留丙酮蒸发。

（8）嵌入 EPON：用木棍小心地将颗粒转移到容易成型的模具中。在每个模具中包含描述其内容的标签。用 EPON 填充每个模具，并在室温下将模具放置于干燥器中 6 h。

（9）聚合：在 60℃的烘箱中孵育 2.5 d。一旦聚合，让模具冷却，用胶囊压机提取 EPON 块，并在室温下保存。

（10）切片（参见例如：电子显微镜的原理和技术，Hayat[26]）：使用超显微切片机进行超薄切片（60~80 nm 切片），将切片收集在网格（见注释⑩）上进行检查。

3.4.3　用乙酸铀酰和柠檬酸铅保存超薄切片

下述步骤应从标题 3.4.2 中步骤（10）包含超薄切片的网格执行。

（1）将乙酸铀酰（UA）溶液滴（10~20 μL）置于光滑表面的封口膜条上。将各部分朝下的网格转移到 UA 下降点上。盖上深色盖子，孵育 15 min。

（2）将网格浸入 3 个含有 300 mL dH₂O 的烧杯中 10 次，清洗网格。非常重要的是，一定要将网格垂直浸入水面。然后让它们放在 Whatman 滤纸上晾干，片子朝上。

（3）将经 0.22 μm 过滤后的柠檬酸铅溶液滴在封口膜上，并将网格转移到滴上（截面朝下）。孵育 15 min。

（4）如步骤（2）所示，将网格浸入 3 个含有 dH₂O 的烧杯中，然后用 Whatman 滤纸将网格干燥。

（5）将网格存放在适当的储物箱中，让其完全干燥。

（6）使用碳涂层器对片子进行碳涂层（4 nm）（见注释⑪）。

（7）现在可以用电子显微镜检查标本。

3.5　实验动物的免疫反应

3.5.1　致病菌感染

为了证实针对特定病毒新开发的疫苗是否有效，通常会进行体内实验来模拟病毒感染或疾病症状的保护。因此，必须进行攻毒保护实验。为了模拟自然感染，应谨慎选择实验感染途径。例如，为了模拟轮状病毒感染，由于自然感染是通过口服途径发生的，因此可通过口服管饲进行病毒攻毒。

3.5.2　样品的收集和制备

3.5.2.1　血清样本

在本实验中，很有必要每日观测抗体效价，而可以使用的血液样本只有非常少的量（5~20 μL）。因此，为了避免血容量减少，可通过尾静脉标点进行多次采血。请记住，采血量必须根据动物的体重以及采集血液样本的时间来调整。

（1）可以将小鼠固定在保定器中，也可以不固定地放置在铁丝笼中。尾静脉是用靠近尾端的注射针（如23~25 G）刺穿尾部。

（2）血液收集使用5 μL、10 μL 或20 μL 毛细管，通过毛细管力进入。使用微盖量分配器将血液转移到收集管。可用无盖的收集管收集血清。

（3）将血液样本放置在室温下静置1 h，避免多次解冻和冻结。为了延长抗体等血清化合物的稳定性，将其与甘油按1:1的比例混合。

3.5.2.2 粪便样本

收集和分析（如抗原ELISA）粪便样本。由于轮状病毒在小肠细胞中复制，通过粪便排泄。因此，可以在受感染动物的粪便中检测到轮状病毒。

（1）从单个动物身上收集新鲜的粪便。样品可立即冷冻保存在 −20℃。

（2）将粪便样品溶解在TNC-T 中，按10%（W/V）稀释。将溶解后的样品以2 500 × g 离心10 min，上清液可以进行进一步分析（如抗原ELISA），也可以在 −20℃保存。

3.5.2.3 乳汁样品

在我们的疫苗接种方法中，接种的小鼠有可能会产生免疫反应，包括产生IgA 型抗体，这些抗体可能通过乳汁，尤其是初乳传播给幼鼠。为了评估这些抗体在乳汁中是否可检测和量化，从接种疫苗的母鼠身上采集乳汁样本，通过酶联免疫吸附试验（ELISA）评估其特定抗体浓度，包括对IgG 和IgA 类型的鉴别。本部分介绍了一种从哺乳期小鼠身上采集乳汁样品的简单方法。

（1）将母鼠与幼崽分开至少2 h。在这段时间内，幼崽应放在1个加热垫（38℃）上，或留在养母身边。

（2）使用诱导箱，用5% 异氟烷和600~800 mL/min 的 O₂ 流量诱导麻醉，直到达到40~50 次/min 的稳定呼吸速率。将异氟烷气体供应从感应箱切换到气体管路。在母鼠每只眼睛上抹少许维生素A 眼药膏，防止眼睛干燥。将母鼠置于加热板上（38℃）。用2%~3% 异氟烷和600~800 mL/min O₂ 维持麻醉。将气体通过气体管道直接进入母鼠的鼻子。一直监测母鼠的呼吸，并注意保持母鼠呼吸速度稳定在50~60 次/min。

（3）皮下注入1 IU 催产素（100 μL，10 IU/ mL）。

（4）刺激乳头可以促进乳汁的分泌。用拇指和食指轻轻抓住乳头周围的皮肤，将乳头和周围的皮肤轻轻拉离母鼠身体。重复这个动作几次，直到乳汁开始溢出。如果乳汁流不能启动，可能必须要再一次皮下注射催产素（100 μL，10 IU/ mL）。用毛细管收集乳汁滴，并将乳汁转移到合适的管中。继续挤，直到不再挤出乳汁为止。同理继续进行另一个乳头的乳汁采集。每个乳头都要挤几次奶。乳汁可在 −20℃保存，用于IgA ELISA 检测（见注释⑫）。

（5）挤完奶后，将母鼠从异氟烷中移开，让其完全苏醒后再放回笼子。

3.5.3　用酶联免疫吸附测定法进行样品分析

免疫球蛋白和抗原（如病毒蛋白）可通过酶联免疫吸附测定法测定。根据采样的位置和时间点，会有不同的抗体。

在原发抗体应答过程中，抗体产生遵循一个典型的过程：首先，IgM 产生，然后是 IgA 或 IgG[27]。IgA 通常是分泌的，因此在黏膜表面和乳汁中都能发现。与 IgG 相比，IgA 在血液中的浓度较低，时间较短[27]。所述的酶联免疫吸附测定方案（摘自 Laura E. Esteban，阿根廷奎尔姆斯大学 Inmunología y Virología 实验室）由参考文献[28]修改后所制定。

3.5.3.1　抗原 ELISA

以下详细介绍了一种用于抗原检测的捕获酶联免疫吸附测定法。本酶联免疫吸附测定法用于测定小鼠粪便中的病毒。按照标题 3.5.2 的详细描述制备粪便样品。

（1）用包被缓冲液适当稀释捕获抗体，并用移液管将 0.1 mL 移入 ELISA 96 微孔板的每个孔中。捕获抗体通常以 0.2~10 μg/mL 包被。抗轮状病毒抗体按 1 : 1 000 稀释。在室温下的温盒中培养板子 1 h。去除溶液，用 PBS-T 洗孔 3 次。

（2）用稀释缓冲液适当稀释样品和对照品。溶解的小鼠粪便样品（标题 3.5.2）通常以 1 : 80 的稀释度进行试验。作为对照样品，将抗原（例如浓缩病毒）稀释 [1 : (10~10^4)]。每孔加入 0.1 mL，在 37℃的湿盒内培孵育 1 h，取出溶液，用 PBS-T 洗涤 3 次。

（3）用稀释缓冲液稀释生物素结合检测抗体。最佳稀释度应使用滴定法测定。生物素标记的抗 RV 抗体（甘油，50%）稀释 1 : 1 000。每孔加入 0.1 mL，在 37℃的湿盒内培养 1 h。取出溶液，用 PBS-T 洗涤 3 次。

（4）在稀释缓冲液中稀释链霉亲和素 -HRP。最佳稀释度应使用滴定法测定。在我们的实验中，链霉亲和素 -HRP 稀释度为 1 : 2 000。每孔加入 0.1 mL，在 37℃的湿盒内孵育 30 min。取出溶液，用 PBS-T 洗涤 3 次。

（5）向每个孔中添加 0.1 mL 新制备的底物。使颜色显影 15~30 min，在终止反应前，在微板阅读器中测量 λ=650 nm 处的吸收情况。不要让信号超过 0.6 的光学密度（O.D.）。否则，添加终止溶液后，底物会形成沉淀。每孔加入 0.1 mL 终止溶液，终止反应。使反应进行 10 min，并在 λ=450 nm 处测量（见注释⑬）。

3.5.3.2　IgG ELISA

用间接 ELISA 法检测小鼠血清中抗原（如病毒）特异性免疫球蛋白 G（IgG）。

（1）用包被缓冲液适当稀释抗原溶液。经蔗糖垫浓缩的病毒储液按 1 : 100 稀释，经 CSCL 梯度纯化的病毒按照 1 : 10 稀释。将 0.1 mL 稀释液加到 ELISA 96 微孔板的每个孔中。在室温下或在 4℃下在湿盒中培养皿 1 h。去除溶液，用 PBS-T 洗板 3 次。

（2）在稀释缓冲液中适当稀释样品和对照。小鼠血清样品按 1 : 100 稀释或系列稀释制备。将 0.1 mL 稀释样品加入每个孔中，在 37℃的湿盒内培养 1 h。去除溶液，用

PBS-T 洗板 3 次。

（3）用稀释缓冲液将 HRP 结合的检测抗体稀释至适当浓度。最佳稀释度应使用滴定法测定。将过氧化物酶结合的山羊抗鼠 IgG（甘油 50%）按照 1：4 000 稀释。用 0.1 mL 稀释检测抗体，在 37℃ 的湿盒内培养 1 h。去除溶液，用 PBS-T 洗板 3 次。

（4）向每个孔中添加 0.1 mL 新制备的底物。使颜色显影 15~30 min，在终止反应前在微板阅读器中测量 λ=650 nm 处的吸收情况。不要让信号超过 0.6 的光学密度（O.D.）。否则，添加终止溶液后，底物会形成沉淀。加入 0.1 mL 终止溶液终止反应。使反应进行 10 min，并在 λ=450 nm 处测量（见注释⑬）。

3.5.3.3　IgA ELISA

通过前文所述捕获 ELISA 法测定小鼠乳汁以及小鼠血清中的抗原（例如，病毒）特异性 IgA。小鼠乳汁收集见标题 3.5.2.3。

（1）适当稀释包被缓冲液中的捕获抗体，并将 0.1 mL 移液管移入 ELISA 96 微孔板的每个孔中。捕获抗体通常以 0.2~10 µg/mL 浓度。山羊抗小鼠 IgA，α 链特异性使用 1：50。在室温下的湿盒中培养 1 h。去除溶液，用 PBS-T 洗涤 3 次。

（2）添加 0.1 mL 适当稀释的样品和对照品。溶解的小鼠粪便样品（见标题 3.5.2）通常在稀释缓冲液中以 1：5 的比例进行试验，或进行连续稀释。小鼠血清样品通常在稀释缓冲液中以 1：20 的比例进行试验，或进行连续稀释。对小鼠乳样品进行系列稀释。在室温下的湿盒中孵育 1 h。去除溶液，用 PBS-T 洗涤 3 次。

（3）在稀释缓冲液中制备抗原溶液。浓缩病毒储液以 1：100 稀释，纯化病毒以 1：10 稀释。向每个孔中添加 0.1 mL 稀释液。在室温下或 4℃ 下的湿盒中培养 1 h 或过夜。去除溶液，用 PBS-T 洗涤 3 次。

（4）将稀释缓冲液中的生物素结合抗体稀释至适当浓度。最佳稀释度应使用滴定法测定。生物素标记的山羊抗 RV（甘油 50%）使用 1：1 000。涂上 0.1 mL 稀释检测抗体，在 37℃ 的湿盒内培养 1 h。去除溶液，用 PBS-T 洗涤 3 次。

（5）在稀释缓冲液中稀释链霉亲和素 -HRP。应使用滴定分析法确定最佳稀释度。在我们的设置中，链霉亲和素 -HRP 被稀释 1：2 000。每孔加入 0.1 mL，在 37℃ 的湿盒内培养 30 min。取出溶液，用 PBS-T 洗涤 3 次。

（6）向每个孔中添加 0.1 mL 新制备的底物。在终止反应前，让蓝色显影 15~30 min，并在微板阅读器中测量 λ=650 nm 处的吸收情况。不要让信号超过 0.6 的光学密度（O.D.）。否则，添加终止溶液后，底物将形成沉淀。加入 0.1 mL 终止溶液终止反应。使反应进行 10 min，并在 λ=450 nm 处测量（见注释⑬）。

3.6　目标物种抗体反应特征

一般来说，建议使用与模型系统相同的方法。但在保护性感染的情况下，可能有必要使用对目标动物具有毒性的不同病毒株。因此，保护水平以及抗体反应可能与模型系统中提出的期望不同。在间接 ELISA 系统中，需要对物种特异性结合物进行调整，而在竞争 ELISA 中很少需要调整。鉴于未来疫苗的许可和批量特性，进行类似的检测具有很大的意义。另外，挑战性感染还能提供一个很好的机会来测试新开发候选疫苗的 DIVA 特性。

4　注　释

① 使用白色组织培养板可大大减少测量串扰现象。但是，白板中的光反射导致最大的信噪比，所以当预期有高的发光值时，使用黑板会更好。使用黑板时，串扰非常低，但与使用白板相比，信噪比较低。不建议使用透明组织培养板，因为会发生高串扰现象[29]。

② 注意：许多试剂都有剧毒！必须穿戴防护装备（实验室外套、手套）并在通风橱内进行，正确丢弃废物。戊二醛（GA）和四氧化锇（OsO_4）等固定剂通过胺基或磷脂交联蛋白质来固定细胞。这些物质对活细胞有害，应该避免接触它们。

OsO_4：具有高度的活性，易蒸发，毒性极强。它可以修复它接触到的任何组织，必须抑制在通风橱中进行！所有与之接触的物体必须正确丢弃，不得使用金属工具，只能使用塑料或木质的工具。

乙酸铀酰（UA）：UA 具有放射性，只能在专用实验室内使用。

EPON：聚合前避免皮肤接触，因为它具有致癌性！用来嵌入组织的树脂比固定剂更危险，而且许多成分已经被证明在大鼠或小鼠身上会致癌。在包埋过程中，树脂被溶解在溶剂中，溶剂可以很容易地将树脂带到人体组织并穿透任塑料手套。与固色剂相比，固色剂的作用直接且明显，经过暴露数年的树脂则并不明显。在聚合成硬块之前，请小心使用树脂。

③ 一般来说，所有细胞工作都是在层流中进行的，如果没有特别说明，细胞生长培养都放置在 37℃、含 5% CO_2 的潮湿培养箱中。

HEK-293：这种人胚胎肾细胞可以很容易在 DMEM（含 10% 胎牛血清和 1%P/S）中培养，每周按 1：5 比例传代 1~2 次。为了在直径 6 cm 的组织培养皿中获得融合细胞单层，在使用前 24 h 培养 2×10^6 个细胞。HEK-293 细胞很容易被转染。它们在转染过程中也会合成大量的蛋白质。

Hela：这种人宫颈上皮癌细胞株很容易在 DMEM（含 10% 胎牛血清和 1%P/S）中培养，每周按 1：5 比例传代 2 次。为了在直径 6 cm 的组织培养皿获得的融合单层，使用前 24 h 培养 1.2×10^6 个细胞。已知 HSV-1 扩增子载体很难转染 Hela 细胞，这与我们的观察结果一致。

MDBK：Madin-Darby 牛肾细胞可在 DMEM（含 10% 胎牛血清和 1%P/S）中培养，每周按 1：5 比例传代 1~2 次，不建议以 1：10 比例传代。作为 DMEM 的替代品，可以用含 7%FBS 的 EMEM，并将细胞维持在 37℃、5% CO_2 潮湿培养箱中。对于 24 孔组织培养孔板的融合单层，在使用前 24 h 每孔培养 1.25×10^5 个细胞。经 HSV-1 扩增子载体转染，证实 MDBK 是一种蛋白质合成量较低的细胞系。

HepG2：这种人肝细胞系是一种很好的表达细胞系，并且可以很好地转染。HepG2 的生长速度不如其他几种细胞系。它们用 DMEM（含 10% 胎牛血清和 1%P/S）维持，并通过 1/3 分裂每周传代 2 次。由于这些细胞似乎不如其他细胞株强壮，所以在传代过程中，应该将胰蛋白酶从培养基中去除。为了去除胰蛋白酶，应在 $300 \times g$ 的条件下离心细胞悬浮液 5 min，丢弃上清液，并在后续的传代和进一步使用之前用新鲜培养基替换。

MA-104：这些非洲绿猴肾细胞在 DMEM（含 10% 胎牛血清和 1%P/S）中易于培养，每周按 1∶5 传代 1 次或每周按 1∶10 传代 2 次进行繁殖。对于 24 孔组织培养板中的融合单层，在使用前 24 h 每孔接种 2.5×10^4 个细胞。

④ 如果培养 10 min 后没有分离出一些细胞，用手掌轻拍细胞瓶壁使细胞脱落。如果仍有一些细胞附着，在 37℃ 下再孵育 2 min，再次检查是否所有细胞都已分离。也许经过数次传代后，一些细胞几乎无法分离。在这种情况下，继续分细胞，并将它们放入 1 个新的细胞瓶中。拍击细胞瓶可能导致细胞成团，可用移液管上下吹打将细胞悬浮液分散。

⑤ 如果 HSV-1 扩增子储液的滴度过低，在总转染量中无法达到所需的 MOI，则可以重复转染。因此，向细胞中加入一定体积的载体原液，孵育 1 h。吸出 HSV-1 扩增子溶液，重复转染步骤，直到达到所需的 MOI。

⑥ NanoLuc 荧光素酶质粒 DNA 和底物均由 Promega 提供。

⑦ 注意，有些生物化学发光仪没有自动注入器。需要用底物预先填充发光计管。否则，剩余的洗涤液（如水或乙醇）将被注入到孔中。

⑧ 步骤（4）（标题 3.3.6）获得的细胞碎片颗粒可用于 Western 分析。如果预期的蛋白质未被整合到所观察的 VLPs 中，缺失的蛋白可能留在细胞碎片颗粒中，因为一些病毒蛋白可以作为跨膜蛋白，因此可能与相应的细胞器一起形成团。

⑨ 根据使用的细胞系不同，细胞颗粒不能太大（1~2 mm 大小），且不完全脱水，因此要将树脂不完全浸润。起始点使用 1×10^6 个细胞。

⑩ 网格是由各种金属制成的，如铜、镍或金，并有不同的形状，包括方形网格、六角形网格和双杠。铜是网格最常见的选择，可以使用有支持或没有支持膜的铜网格。我们使用 75/300 目铜网格，没有支持膜（见注释⑪）。

⑪ 一旦这些切片被染色，就会被蒸发仪覆盖一层薄薄的碳。碳涂层可以稳定电子束中超薄的电子管截面。

⑫ 挤母鼠乳会影响幼崽的正常生长。

⑬ 由于酶联免疫吸附法 HRP 底物的不同，测定的波长和终止溶液可能也不同。我们使用的是来自 Thermo Scientific 的 TMB 底物试剂盒。

参考文献

[1] Ackermann M, Engels M. 2006. Pro and contra IBR-eradication. Vet Microbiol, 113：293–302.

[2] Álvarez M, Bielsa JM, Santos L, et al. 2007. Compatibility of a live infectious bovine rhinotraheitis (IBR) marker vaccine and an inactivated bovine viral diarrhoea virus (BVDV) vaccine. Vaccine, 25：6613–6617.

[3] Rijsewijk FAM, Verschuren SBE, Madić J, et al. 1999. Spontaneous BHV1 recombinants in which the gI/gE/US9 region is replaced by a duplication/inversion of the US1.5/US2 region. Arch Virol, 144：1527–1537.

[4] Van Oirschot JT. 1999. Diva vaccines that reduce virus transmission. J Biotechnol, 73：195–205.

[5] Morzaria SP, Lass S, Pulliam JR, et al. 1979. A field trial with a multicomponent inactivated respiratory viral vaccine. Vet Rec, 105：410–414.

[6] Ma G, Eschbaumer M, Said A, et al. 2012. An Equine Herpesvirus Type 1 (EHV-1) expressing VP2 and VP5 of Serotype 8 Bluetongue Virus (BTV-8) induces protection in a murine infection model. PLoS One, 7, e34425.

[7] Rosas CT, Konig P, Beer M, et al. 2007. Evaluation of the vaccine potential of an equine herpesvirus type 1 vector expressing bovine viral diarrhea virus structural proteins. J Gen Virol, 88：748–757.

[8] Zibert A, Thomassen A, MŸller L, et al. 2005. Herpes simplex virus type-1 amplicon vectors for vaccine generation in acute lymphoblastic leukemia. Gene Ther, 12：1707–1717.

[9] Diefenbach RJ, Fraefel C (eds). 2014. Herpes simplex virus. Springer, New York, NY.

[10] Barkema HW, Bartels CJ, van Wuijckhuise L, et al. 2001. Outbreak of bovine virus diarrhea on Dutch dairy farms induced by a bovine herpesvirus 1 marker vaccine contaminated with bovine virus diarrhea virus type 2. Tijdschr Diergeneeskd, 126：158–165.

[11] D'Antuono A, Laimbacher AS, La Torre J, et al. 2010. HSV-1 amplicon vectors that direct the in situ production of foot-and-mouth disease virus antigens in mammalian cells can be used for genetic immunization. Vaccine, 28：7363–7372.

[12] Laimbacher AS, Esteban LE, Castello AA, et al. 2012. HSV-1 amplicon vectors launch the production of heterologous rotavirus-like particles and induce rotavirus-specific immune responses in mice. Mol Ther, 20：1810–1820.

[13] Hohle C. 2005. High-level expression of biologically active bovine alpha interferon by bovine herpesvirus 1 interferes only marginally with recombinant virus replication in vitro. J Gen Virol, 86：2685–2695.

[14] Schmitt J, Becher P, Thiel HJ, et al. 1999. Expression of bovine viral diarrhoea virus glycoprotein E2 by bovine herpesvirus-1 from a synthetic ORF and incorporation of E2 into recombinant virions. J Gen Virol, 80：2839–2848.

[15] Smith IL, Hardwicke MA, Sandri-Goldin RM. 1992. Evidence that the herpes simplex virus immediate early protein ICP27 acts post-transcriptionally during infection to regulate gene expression. Virology, 186：74–86.

[16] Roberts IM. 2002. Isobutanol saturated water：a simple procedure for increasing staining intensity of resin sections for light and electron microscopy. J Microsc, 207：97–107.

[17] Reynolds ES. 1963. The use of lead citrate at high pH as an electron-opaque stain in electron microscopy. J Cell Biol, 17：208–212.

[18] Bahir I, Fromer M, Prat Y, et al. 2009. Viral adaptation to host：a proteome-based analysis of codon usage and amino acid preferences. Mol Syst Biol, 5.

[19] Pepin KM, Lass S, Pulliam JRC, et al. 2010. Identifying genetic markers of adaptation for surveillance of viral host jumps. Nat Rev Microbiol, 8：802–813.

[20] Qin JY, Zhang L, Clift KL, et al. 2010. Systematic comparison of constitutive promoters and the doxycycline-inducible promoter. PLoS One, 5, e10611.

[21] Boulo S, Akarsu H, Ruigrok RWH, et al. 2007. Nuclear traffic of influenza virus proteins and ribonucleoprotein complexes. Virus Res, 124：12–21.

[22] Banaszynski LA, Chen L, Maynard-Smith LA, et al. 2006. A rapid, reversible, and tunable method to regulate protein function in living cells using synthetic small molecules. Cell, 126：995–1004.

[23] Saeki Y, Ichikawa T, Saeki A, et al. 1998. Herpes simplex virus type 1 DNA amplified as bacterial artificial chromosome in Escherichia coli：rescue of replication-competent virus progeny and packaging of amplicon vectors. Hum Gene Ther, 9：2787–2794.

[24] Saeki Y. 2001. Improved helper virus–free packaging system for HSV amplicon vectors using an ICP27-deleted, oversized HSV-1 DNA in a bacterial artificial chromosome. Mol Ther, 3：591–601.

[25] Hall MP, Unch J, Binkowski BF, et al. 2012. Engineered luciferase reporter from a deep sea shrimp utilizing a novel imidazopyrazinone substrate. ACS Chem Biol, 7：1848–1857.

[26] Hayat MA. 2000. Principles and techniques of electron microscopy, biological applications. Cambridge University Press, Cambridge.

[27] Flint SJ, Enquist LW, Racaniello VR, et al. 2009. Principles of virology. ASM Press, New York, NY.

[28] Argüelles MH, Villegas GA, Castello A, et al. 2000. VP7 and VP4 genotyping of human

group A rotavirus in Buenos Aires, Argentina. J Clin Microbiol, 38：252–259.

[29] MicroLumat Plus, LB 96 V, https：//n-mail 1. hvdgmbh.com/dnn/ DesktopModules/ Bring 2 mind/DMX/Download.aspx?TabId=137&DMXModule=618&Command=Core_ Download&EntryId=13912&PortalId=0.

第十四章 新城疫病毒载体疫苗的构建与应用

Paul J. Wichgers Schreur

摘 要：副黏病毒能够稳定地在不同物种中以较高水平表达多种异源抗原，因此被认为是有效的基因传递载体。该疫苗 1 次接种往往足以诱导强大的体液和细胞免疫反应。本章为新城疫病毒（NVD）载体疫苗的构建和应用提供了详细的方法。本章介绍了 NDV 载体的硅内设计、体外拯救以及体内评价。

关键词：新城疫病毒；载体；LaSota；弱毒型；副黏病毒；反向遗传；疫苗

1 前 言

副黏病毒是一种包膜病毒，含有一个负单链 RNA 基因组，编码 6~10 个基因。由于一个被称为转录极性的特征，基因最接近基因组 3′ 端的转录比 5′ 端的更丰富。值得注意的是，副黏病毒基因组的总长度几乎总是 6 的倍数。这一特性被称为"六法则"*，由每个核衣壳单体（NP）与确切的 6 个核苷酸的结合来解释[1]。聚合酶（L）蛋白与磷蛋白（P）共同负责宿主细胞细胞质中基因组 RNA 的转录和复制。随后，基质蛋白（M）在包膜和核壳核心之间聚集，促进病毒颗粒的形成。病毒进入新细胞是由融合蛋白（F）和受体结合蛋白 G（糖蛋白）、H（血凝素）或 HN（血凝素神经氨酸酶）组成的表面峰值介导的。

副黏病毒能感染多种物种和细胞类型，表达外源基因，稳定性显著。众所周知的副黏病毒载体包括水泡性口炎病毒（VSV）、麻疹病毒（MV）和新城疫病毒（NDV）。对于每一种病毒，都可以利用强大的反向遗传学系统轻易地操纵致病性疫苗菌株。本章我们详细描述使用 NDV 载体的方法，特别是弱毒型 LaSota 疫苗株的 cDNA 克隆的构建、拯救、鉴定和应用[2]。

所述方法可分为 5 个部分。在第一部分描述了一种构建基于 LaSota 的全长 cDNA 克隆体的通用方法，可编码任何目的基因（GOI），包括病毒起源的糖蛋白。该方法将标准

---

* 译者注："六法则"是某些副黏病毒基因组的 1 个特征。这些是由 RNA 而非 DNA 构成的 RNA 病毒，它们的整个基因组，即核苷酸的数量总是 6 的倍数。这是因为在复制过程中，这些病毒依赖于核蛋白分子，每个分子结合 6 个核苷酸。

的 PCR 和克隆程序与最先进的基因合成相结合。在第二部分中，描述了 cDNA 克隆的拯救程序。简单地说，鹌鹑细胞系（QM5）感染了表达禽毒素病毒（FP-T7）的 T7 RNA 聚合酶，并用编码 NDV 基因组的全长 DNA 拷贝的转录质粒和编码 NDV 辅助蛋白 NP、P 和 L 的表达质粒进行转染。第三部分和第四部分重点介绍了在胚胎期细胞中被挽救病毒的扩增。并对虫卵和目的蛋白的表达进行评价。最后，在第五部分中，给出了一些关于在哺乳动物中使用基于 NDV 的载体疫苗的指导建议。

2　材　料

除非另有说明，否则所有试剂均在室温下制备和储存。病毒拯救应在生物安全二级实验室进行，废弃物应按照一般（当地）法规处理。动物实验也应符合国家的指导方针和规定。

2.1　构建编码目的基因的全长 cDNA 克隆材料

（1）DNA 克隆和序列分析软件（例如，Clone Manage、DNAStar）。

（2）亲本 NDV（弱毒型病毒分离株，如 LaSota 株）感染性克隆（PNDV）cDNA 序列。

（3）目的基因 DNA 序列或 cDNA 序列。

（4）不含 DNAe 和 RNAse 的 ddH$_2$O。

（5）将 PNDV 置于 ddH$_2$O 中。在 –20℃下储存（见注释①）。

（6）在 ddH$_2$O 中编码目的基因的质粒（pGOI）。在 –20℃下保存。

（7）质粒小提和中提纯化试剂盒。

（8）限制酶和缓冲液。在 –20℃下储存。

（9）含有具备校对活性的 DNA 聚合酶的 PCR 反应混合物。在 –20℃储存。

（10）琼脂糖凝胶色谱试剂及设备。

（11）LB 琼脂和培养基。4~12℃保存。

（12）1 000 × 卡那霉素储液（15 mg/mL）。在 –20℃下储存。

（13）Sanger 或下一代测序（NGS）试剂和设备。

（14）DNA 质量和数量分析设备（如 NanoDrop）。

2.2　从 cDNA 中拯救 NDV 材料

（1）QM5 细胞系 [3, 4]（见注释②）。

（2）完全 QT35 培养基：QT35 培养基（Invitrogen 公司产品）与 5% 胎牛血清、1% 青霉素和链霉素混匀，或用 M199 培养基与 10% 胰蛋白酶磷酸肉汤、10% 胎牛血清（FCS）、1% 青霉素和链霉素混合。4℃保存。

（3）胰蛋白酶 -EDTA。4℃保存。

（4）CO_2 培养箱：CO_2 浓度 5%，温度 37℃。

（5）层流柜。

（6）细胞培养瓶：75 cm² 或 150 cm²。

（7）细胞培养板：6 孔，96 孔。

（8）细胞计数器：Bürker-Türk 细胞计数仪或自动细胞计数仪。

（9）鸡痘 -T7（Fowlpox-T7，FP-T7）病毒储液[5]（英国康普顿 508 动物健康研究所 Geoff Oldham 博士提供）。

（10）Opti-MEM 转染培养基。

（11）转染试剂（jetPEI，Polyplus）。

（12）NDV 表达质粒：pCIneo-NP、pCIneo-P、pCIneo-L。最初从荷兰拉莱利斯塔德瓦赫宁根乌尔中央兽医研究所 Olav de Leeuw 获得（见注释③）。

（13）在 ddH₂O 中构建全长目的基因的 cDNA 克隆（pNDV-GOI），见标题 3.1。

（14）尿囊液。

2.3　病毒扩增材料

（1）37℃、35%~40% 湿度孵卵器。

（2）8~10 日龄的鸡胚。

（3）照蛋器。

（4）1 mL 带针注射器，最好是长 16 mm 的 25G 注射器。

（5）抹刀、剪刀和镊子。

（6）胶带。

（7）无菌收集管。

2.4　目的蛋白表达评价材料

（1）细胞培养板：96 孔。

（2）多聚甲醛：4% 多聚甲醛溶于 PBS 中。储存于 4℃。

（3）甲醇：100% 甲醇。在 −20℃下储存。

（4）封闭缓冲液：PBS 中含 5% 马血清或 PBS 中含 5% 牛血清白蛋白（BSA）。

（5）识别目的蛋白的单克隆或多克隆抗体。

（6）PBS-T：PBS，加入 0.05%（*V/V*）吐温 −20。

（7）识别一抗体的 HRP 标记二抗。

（8）过氧化物酶底物：0.05% 3- 氨基 -9- 乙基咔唑（AEC）（储液；1 mg/mL 溶于二甲基亚砜），0.015% H_2O_2，0.05 mol/L 醋酸盐缓冲液，pH 值 =5.5。对于 20 mL 底物的制备

（始终保持新鲜）；向 19 mL 醋酸缓冲液中添加 1 mL AEC 储液，混合后添加 100 μL 3% H_2O_2 储液。

（9）标准光学显微镜。

2.5　哺乳动物对目的蛋白的免疫反应评价

（1）动物：最好是目标动物。

（2）接种：尿囊液，在完全培养基中稀释（见注释④）。

（3）适用于目标动物肌内注射的注射器。

（4）EDTA 抗凝管和血清收集管。

（5）病毒 RNA/DNA 分离试剂盒。

（6）实时定量 RT-PCR 试剂和设备。

（7）病毒中和试验试剂。

3　方　法

3.1　含 GOI 的全长 cDNA 克隆的构建

（1）从起始到终止密码子确定目的基因的完整核苷酸序列（见注释⑤）。

（2）方案 1：密码子优化并合成目的基因，使其在疫苗目标物种中得到最佳表达（见注释⑥）。

（3）方案 2：用标准高保真 PCR 方法扩增基因，Sanger 测序确认正确序列。

（4）在目的基因的起始密码子（R=a/g）之前添加真核 Kozak 保守性序列（gccRccATG）（见注释⑦）。

（5）将 P 和 M 基因的基因间区（IGR）的完整序列（终止密码子 P 和开始密码子 M 之间的序列）添加到 Kozak 保守序列的上游。该序列包含 P 基因转录终止信号和目的基因转录起始信号。

（6）在硅内设计中，根据图 14–1（见注释⑧），在计算机模拟设计在全长 cDNA 时，在生成 pNDV-GOI 的 P 基因终止密码子之后，直接插入优化过的目的基因（包括 Kozak 保守序列和上游 IGR），得到弱毒性 NDV 的全长 cDNA 拷贝。

（7）确保 pNDV-GOI 编码的病毒核苷酸总数符合"六法则"（见注释⑨），直接向目的基因的终止密码子下游添加 0~5 个随机核苷酸。

（8）在 pNDV-GOI 中，在目的基因侧翼区域识别特有的限制性内切酶位点（见注释⑩）。

（9）从基因合成公司（如金斯瑞生物科技公司）购买包括含有特有限制性内切酶位点的侧区在内的目的基因（见注释⑪）。基因合成公司可提供 1 个编码目的基因的质粒（以下简称 pGOI）。

（10）在大肠杆菌中扩增 pGOI，并使用质粒小提或中提试剂盒纯化质粒。

（11）根据限制性内切酶制造商的说明，用特有的限制性内切酶消化 pNDV 和 pGOI，确定在硅分析点 3.7。

（12）凝胶纯化消化后的 pNDV 和 GOI，然后将 2 个片段连接在一起生成 pNDV-GOI（见注释⑫）。

（13）采用方便的转化工艺，将连接混合物导入高度敏感的大肠杆菌中。将所有的细菌涂到含 15 μg/mL 卡那霉素的 LB 琼脂板上，随后在 37℃孵育 24 h。

（14）用 10~50 mL 含有 15 μg/mL 卡那霉素的 LB 培养基扩增 10 个以上的克隆，在 37℃摇床上培养大约 16 h。

（15）根据制造商的说明，使用质粒小提或中提试剂盒分离 pNDV-GOI 质粒。用 NanoDrop 检测质粒的浓度和纯度。

（16）用限制性内切酶分析所有潜在的 pNDV-GOI 质粒（见注释⑬）。

（17）通过 Sanger 或下一代测序分析 1~4 个含有正确限制性内切酶完整序列的克隆。

（18）纯化更多的含正确核苷酸序列的质粒（> 50 μg）（见注释⑭）。

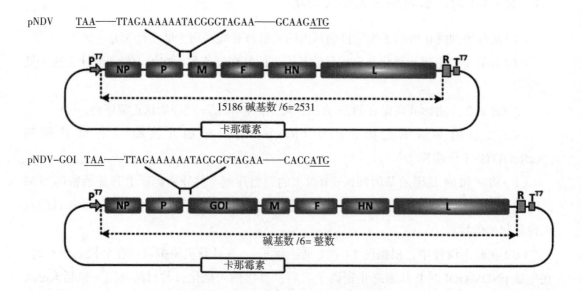

图 14-1　pNDV 和 pNDV-GOI 的示意图

用识别 T7 启动子（PT7）和 T7 终止子（TT7）的 T7 聚合酶转录 NDV 和 NDV-GOI 互补基因组序列。编码的核酶（R）确保产生的转录产物在病毒特异性序列的末端被切碎。基因间区分别包含 1 个转录终止序列和 1 个转录起始序列（用粗体表示）。在目的基因的起始密码子（带下划线）之前添加 Kozak 保守序列（CACC）。P 基因的终止密码子也用下划线标记。编码病毒的核苷酸总量（nt）除以 6 应得到一个整数。

3.2　NDV-GOI 的拯救

感染和转染均在 37℃条件下进行。

（1）感染前 3 d：将 QM5 细胞置于 75 cm² 的细胞瓶中，在完全 QT-35 培养基中培养，3 d 后达到融合。

（2）第 0 d：用 PBS 冲洗 75 cm² 融合的 QM5 细胞单层，用胰蛋白酶 -EDTA 分离细胞。随后，6 孔板的每个孔中用 2.5 mL 完全 QT-35 培养基接种（5~70）× 10⁵ 个细胞（见注释⑮和⑯）。强烈建议使用 6 孔板。

（3）第 1 d：除去培养基，用 FP-T7（多重感染复数为 1~5）在 1 mL 添加 1% 胎牛血清的 Opti-MEM（见注释⑰）感染。

（4）孵育 1 h 后，除去含有 FP-T7 的培养基，加入 1 mL 含有 1% 胎牛血清的 Opti-MEM。

（5）30 min 后，根据转染试剂盒说明书，用含有 pCIneo-NP、pCIneo-P 和 pCIneo-L 表达质粒以及 pNDV-GOI 转录质粒转染细胞（见注释⑱）（图 14-2a）。最好每孔用总量为 3 μg DNA，pCIneo-NP、pCI-neo-P pCIneo-L 和 pNDV-GOI 比率为 1.5：1：1：2 的 DNA 进行转染。包括基于野生型 NDV 的阳性对照和不用 FP-T7 感染的阴性对照。

（6）4 h 后取出转染液，每个孔中加入 2.5 mL 含 5% 尿囊液的完全 QT-35 培养基。

（7）培养细胞 3~5 d 或直到观察到广泛的细胞病变效应（CPE）。

（8）用 0.2 μm 过滤器过滤 NDV-GOI 感染细胞的培养上清液，去除残余 FP-T7 病毒和细胞碎片。直接使用上清液进行病毒扩增或者 –80℃保存。

3.3　病毒的扩增

（1）用照蛋器在 8~10 日龄鸡胚蛋的气囊和尿囊腔的交界面上做标记。将鸡蛋接种点朝上放在鸡蛋架子上。使用 70% 乙醇消毒蛋壳，使其蒸发，并在标记位置轻轻刺入一个大约为 2 mm² 的小孔。用注射器和垂直放置的针头接种 0.1 mL 含有拯救病毒的培养液到鸡蛋尿囊腔中（图 14-2b）。

（2）用胶带封住鸡蛋上的小孔。

（3）将鸡蛋放入孵卵器中孵育 2~4 d。每天一定要检查保温箱的温湿度。此外，每天用照蛋器检查胚胎的存活率。

（4）在 4℃下孵育至少 4 h，杀死胚胎。

（5）用 70% 的乙醇消毒蛋壳，用抹刀敲破蛋壳，露出气囊下方的尿囊膜（见注释⑲）。

（6）用镊子和剪刀在尿囊膜上做 1 个切口。

（7）用 10 mL 无菌移液枪吸取尿囊液，低速离心使其澄清（1 500 r/min，约 5 min）。

（8）–80℃冷冻尿囊液。

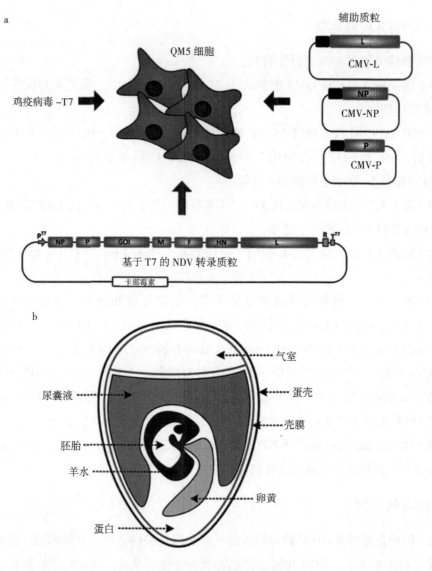

图 14-2 NDV-GOI 拯救程序示意

（a）用 3 个 CMV 启动子表达质粒和 1 个 T7 启动子转录质粒转染感染了表达 T7 聚合酶（鸡痘病毒 -T7）的 QM-5 细胞。转染后 3~5 d，将细胞上清液注入（b）8~10 日龄胚胎卵的尿囊腔。培养 2~4 d 后即可收集含有 NDV-GOI 的尿囊液。

3.4 通过免疫过氧化物酶单层分析（IPMA）测定病毒滴度并确认目的蛋白的表达（见注释⑳）

感染和转染均在 37℃ 的 CO_2 培养箱中进行。

（1）用完全培养基，每孔接种 100 μL QM5 细胞（约 40 000 个细胞 / 孔）到 96 孔板的各孔中，让细胞附着 3~4 h。在完全培养基中添加 50 μL 的 NDV 或者 NDV-GOI 系列稀释液。以表达 GOI 的表达质粒作为阳性对照再多转染一些孔。

（2）将感染细胞和转染细胞培养 48 h。

（3）用 4% 多聚甲醛固定细胞 10 min（见注释㉑）。

（4）用 PBS 洗涤细胞约 1 min。

（5）用 100% 冰甲醇使细胞渗透 5 min。

（6）用 PBS 洗涤细胞约 1 min。

（7）在 37℃下，用封闭缓冲液封闭细胞至少 30 min。

（8）用封闭缓冲液稀释识别 NDV-F 蛋白或识别目的蛋白的一抗，37℃孵育 1 h。根据经验确定最佳抗体稀释度。

（9）用 PBS-T 洗涤细胞 3 次，每次 5 min。

（10）用 HRP 标记的二抗在 37℃封闭缓冲液中孵育 1 h。根据制造商指定的稀释参数使用抗体。或者根据经验确定最佳的抗体稀释比例。

（11）用 PBS-T 洗涤细胞 3 次，每次 5 min。

（12）用新制备的底物缓冲液孵育细胞 5~20 min，时间长短取决于颜色的变化情况。定期在光学显微镜下观察颜色的变化。

（13）去除底物缓冲液，然后用 PBS 洗涤细胞。

（14）将细胞留在 PBS 中，根据 Spearman-Karber 算法测定 NDV 和 NDV-GOI 的组织半数感染量（$TCID_{50}$）。

3.5　对（目标）动物目的蛋白免疫反应的评价

（1）前 7 天：从养殖场或野外获取目标动物，将其分成数量相等的实验组，让其适应 1 周。最好每组设置 6~10 只动物（见注释㉒）。

（2）前 1 天，取每只动物的 EDTA 血液和血清样本，并将血浆和血清保存在 –20℃。

（3）第 0 天，准备 NDV-GOI 疫苗。在第一次接种尝试中，适宜接种含有 $10^{7} TCID_{50}$/mL 的疫苗。

（4）用冷链将疫苗运送到动物场。

（5）用 1 mL 疫苗对动物进行肌肉内免疫（见注释㉓）。

（6）根据标题 3.4 所述程序，测定从动物场取回的疫苗滴度，以确定实际的疫苗滴度。

（7）在接种疫苗后的第一周，每天监测每只动物的体温和体重。

（8）在整个实验过程中每周采集血清样本，用于体液免疫反应分析。

（9）在接种目的病原体 3 周或 4 周后对所有动物进行攻毒。

（10）从攻毒当天开始，每天收集额外的 EDTA 血液样本，以评估血浆中是否存在病毒。

（11）通常在攻毒后 2~3 周后停止实验，对幸存的动物实施安乐死。收集器官和组织用于免疫组化和病毒分离（见注释㉔）。

（12）从血浆中分离病毒 RNA/DNA，采用实时定量 PCR（qRT）技术检测病毒 RNA/DNA 水平。

（13）制备 10%（*W/V*）组织匀浆，分离 RNA/DNA，用 qRT PCR 法测定病毒水平。

（14）除使用（qRT）PCR 分析外，对选定的样本进行病毒分离（见注释㉕）。简单来说，就是将血浆和 10%（*W/V*）组织匀浆进行连续稀释，并将这些稀释液添加到易受病毒感染的细胞中。根据 CPE 或 IPMA 染色测定滴度。

（15）使用病毒中和试验（VNT）测定免疫应答中和前后是否存在病毒。简单说来，就是将 30~300 个感染颗粒与一系列稀释的血清孵育，孵育 1~3 h 后加入标准量的病毒敏感细胞。2~5 d 后，CPE 可作为读数进行评估。或者，一旦 CPE 不那么明显，就可以进行 IPMA。利用 Spearman-Karber 算法可以计算出中和效价。

4 注 释

① 除使用 NDV-LaSota 外，还可以使用其他基于 T7 聚合酶的弱毒型 NDV 疫苗感染克隆。

② 到目前为止，QM5 细胞系还没有商品化；但许多实验室都在使用这种细胞系。

③ 编码 NP、P 和 L 的辅助质粒不一定来自 pCIneo。任何其他含在聚合酶 -II 启动子下的真核表达质粒可能都可以。

④ 对于病毒的稳定性，重要的是病毒的稀释液中含有蛋白质。建议使用含有 FBS 的完全培养基。不建议用 PBS 稀释。

⑤ 已被证明表达 > 2 kb 的基因会显著降低病毒滴度。因此，建议不要引入 > 2 kb 的基因，最好不要将大基因（>1 kb）与另外的表达盒结合到一起。

⑥ 密码子优化增加了目的基因的表达。基因合成公司可以对目的基因进行密码子优化和合成。

⑦ 加入真核保守的 Kozak 序列可以提高目的基因的翻译效率。

⑧ 优选在 *P* 和 *M* 基因之间插入基因，可确保目的基因有相对较高的表达，而且对 NDV 病毒有效生长所需的特异性蛋白表达的损害最小。

⑨ NDV 基因组的总长度是 6 个核苷酸的倍数。不遵守"六法则"的病毒是无法拯救的。

⑩ 限制性内切酶的消化最好能产生黏性末端，这样有利于下游的连接反应。

⑪ 另一种方法是利用重叠引物序列，通过融合扩增 PCR 扩增具有独特限制性位点的目的基因和侧翼区域。简单地说，通过 PCR 扩增获得 3 个具有 >20 核苷酸重叠不同的 cDNA 片段：1 个包含目的基因的左侧侧翼区域，1 个包含目的基因，1 个包含目的基因的

右侧侧翼区域。将 3 个片段以 1∶1∶1 mol/L 的比例混合，进行 10 个 PCR 循环，得到几个融合的 DNA 分子，利用最外侧左侧翼的正向引物和最外侧右侧翼的反向引物，再进行 35 个 PCR 循环，扩增出正确融合的 DNA 分子。用独特的限制性内切酶消化凝胶纯化片段，然后使用该片段替换相应的全长克隆片段。

⑫ 有效的连接需要高度纯净的 DNA 片段，片段的摩尔比例为 1∶1。一般来说，我们在每个反应中使用 50~100 ng 的总 DNA。为了提高效率，连接反应可以在低温（4℃）下进行更长时间（过夜）。

⑬ 选择限制性内切酶，可以清楚地区分含有目的基因的克隆和不含该插入物的克隆。还包括在克隆过程中使用的双酶切。后一种反应可表明黏性末端是否容易发生内切酶活性。

⑭ 高效转染质粒储液的浓度应该大于 300 ng DNA /μL，并具有较高的纯度。推荐 A260/A280 > 1.8 和 A260/A230 > 2 的质粒。

⑮ 最近我们构建了 QM5 细胞，该细胞表达一种强度性 F 蛋白，命名为 QM5-F^{Herts} 细胞，可以促进细胞培养中弱毒型基因变异的传播。如果有需要的，联系我们，我们可以提供这些细胞。

⑯ 细胞密度在拯救实验中是一个关键的决定因素，对细胞的处理要谨慎。不要让细胞单层过度生长。

⑰ 在 QM5 细胞上可以产生 FP-T7 原液。简单地说，用 MOI 为 0.01 感染 50% 融合度细胞单层。感染后 4 d，细胞进行 2 次冻融循环，然后收集上清液，在 –80℃ 保存。最佳储液应含 >10^7 TCID$_{50}$/mL 病毒。

⑱ 不同转染试剂用于反向遗传系统的效率差异很大。首选的转染试剂是 jetPEI（Polyplus）。

⑲ 有几种商业工具可以帮助去除蛋壳和打开尿囊腔。

⑳ 目的基因的表达也可以用 Western blot 检测。简单地说，在 4%~12% 丙烯酰胺凝胶中，收集上清和 / 或细胞，匀浆或裂解细胞，然后在天然变性条件下分离蛋白质。将这些蛋白质转移到硝基纤维素上，然后使用识别线性表位的一抗将目的蛋白质可视化。

㉑ 将盘子完全浸入 4% 的多聚甲醛中，无须事先清洗。这种快速程序可确保所有细胞内和细胞外病毒失活。

㉒ 始终包括 1 个模拟接种疫苗的对照组。为便于统计分析，应使接种疫苗组和对照组的动物数相等。

㉓ 虽然其他疫苗接种途径也可能有效，但对于哺乳动物的初步实验，我们建议使用肌内注射途径进行免疫。

㉔ 攻毒后的阶段很大程度上取决于所使用的病原体和动物模型。在开始疫苗接种试验之前，应该预先进行 1 次攻毒试验，在该试验中，可将获得的数据用来调整后面攻毒

实验。

㉕ 一般来说，（qRT）PCR 分析比病毒分离更敏感。

致　谢

感谢 Jeroen Kortekaas 博士对本操作指南进行了认真地审阅。

参考文献

[1]　Kolakofsky D, Pelet T, Garcin D, et al. 1998. Paramyxovirus RNA synthesis and the require-ment for hexamer genome length : the rule of six revisited. J Virol, 72 : 891–899.

[2]　Peeters BP, de Leeuw OS, Koch G, et al. 1999. Rescue of Newcastle disease virus from cloned cDNA : evidence that cleavability of the fusion protein is a major determinant for virulence. J Virol, 73 : 5001–5009.

[3]　Antin PB, Ordahl CP. 1991. Isolation and characterization of an avian myogenic cell line. Dev Biol, 143 : 111–121.

[4]　Tran A, Berard A, Coombs KM. 2009. Growth and maintenance of quail fibrosarcoma QM5 cells. Curr Protoc Microbiol Appendix 4 : Appendix 4G.

[5]　Das SC, Baron MD, Skinner MA, , et al. 2000. Improved technique for transient expression and negative strand virus rescue using fowlpox T7 recombinant virus in mammalian cells. J Virol Methods, 89 : 119–127.

第十五章 嵌合瘟病毒实验性疫苗

Ilona Reimann, Sandra Blome, Martin Beer

摘要： 嵌合瘟病毒作为候选标记疫苗用于对抗瘟病毒属感染，已显示出巨大的潜力。本章详细描述了最有前景的经典猪瘟候选疫苗 CP7_E2alf 的构建和测试，主要关注反向遗传学与经典克隆技术的结合使用。

关键词： 嵌合瘟病毒；反向遗传；CP7_E2alf；构建；克隆；候选标记疫苗

1 前　言

猪瘟（Classical swine fever，CSF）是家猪和野猪最重要的病毒性疾病之一，严重影响了动物健康和养猪业的发展。在大多数工业化生猪生产的国家，禁止预防性接种疫苗，而是通过例如扑杀受感染的畜群和限制动物活动等防止措施，当然，这样的努力只为了能够根除这种疾病[1]。然而尽管如此，对家猪和野猪进行紧急疫苗接种仍然是一种减少疫情传播和降低社会经济影响的选择[2]。对于这种应用，需要有效的疫苗来区分感染动物和接种动物。在有希望的下一代标记疫苗中，嵌合瘟病毒疫苗 CP7_E2alf 是目前最成熟和最具特征的候选疫苗。CP7_E2alf 是利用牛病毒性腹泻病毒（BVDV）株 CP7 的全长感染性 cDNA 克隆 pA/BVDV（GenBank 登录号 U63479.1 和 AF220247.1）构建的。亲本病毒最早由 Corapi 等[3] 描述，cDNA 结构的产生最早由 Meyers 等[4] 描述。简而言之，从 CP7 感染的 MDBK 细胞中提取总 RNA，生成相应的 cDNA。第一步，按照制造商提供的说明构建文库到 λZAPII（Stratagene 公司产品）。筛选得到的片段后，按照供应商提供的说明，通过活体切除将其亚克隆到 pBluescript 质粒（Stratagene 公司产品）。随后使用克隆中间体（跨越基因组不同部分的中间体和在 5′- 和 3′- 端合理补充缺失序列的延伸）分几个步骤完成基因组组装。全长感染性 cDNA 克隆的最终版本基于不同的片段和克隆到低拷贝质粒 pACYC177（New England Biolabs 产品，GenBank 登录号 X06402 L08776），该载体含有包括在病毒基因组的 5′ 末端有 1 个 T7 RNA 多聚酶启动子，在 3′ 末端有可用于质粒 DNA 线性化的酶切位点（*Sma*I）。在体外转录方面，利用 T7 RNA 聚合酶（New England

Biolabs 产品）对克隆的全长 cDNA 结构进行线性化、纯化并转录成 RNA。

体外转录的 pa/BVDV 的正链 RNA 可通过电穿孔最终被导入牛源细胞，由此产生重组病毒后代，并经进一步鉴定出与亲本 pa/BVDV 相同的重组病毒后代病毒。

BVDV/CSFV 嵌合瘟病毒 CP7_E2alf 产生在 BVDV CP7 骨架中，用经典猪瘟病毒（Classical swine fever virus，CSFV）Alfort 187 株[5] 各自的编码序列替换病毒结构中免疫原性最强的包膜蛋白 E2 编码区。因此，下面以嵌合瘟病毒为例，对其结构进行概述，详细描述了关键步骤，并辅以方法进行进一步说明。

2 材　料

（1）猪肾细胞（PK15，RIE0005-1，CCLV）。

（2）二倍体牛源食管细胞（KOP-R，RIE244，CCLV）。

（3）DMEM 培养基，添加 10% 的无 BVDV 胎牛血清（FBS）。

（4）磷酸盐缓冲液（PBS）：137 mmol/L NaCl，2.7 mmol/L KCl，10 mmol/L Na_2HPO_4，2 mmol/L KH_2PO_4，pH 值 = 7.4。

（5）胰蛋白酶缓冲液：136 mmol/L NaCl，2.6 mmol/L KCl，8 mmol/L NaH_2PO_4，1.5 mmol/L KH_2PO_4，3.3 mmol/L EDTA，0.125% 胰蛋白酶。

（6）CSFV Alfort 187 株。

（7）大肠杆菌 TOP10F 细胞（Invitrogen 公司产品）。

（8）小提、中提和或者大提质粒纯化试剂盒。

（9）pA/BVDV 全长 cDNA 克隆（G. Meyers 提供，FLI）[4]。

（10）限制性内切酶 *Kpn*I、*Pac*I、*Rsr*II、*Sna*BI 和 *Sma*I。T4 DNA 连接酶，用于末端修复的 Klenow 酶。

（11）产生限制性内切酶的 PCR p7_*Pac*I 引物：5′-CAAGGGTACCCATTAATTAACG GTCCTACG TAGTCCAGTATGGGGCAGGTGA-3′（＋链）和 p7R_*Kpn*I P7R 引物：5′-GCTCTAG-GTACCCCTGGGCA-3′（－链）。

（12）E2Alf_*Pac*I 引物：5′-GCATTAATTAACCAGCTAGCCTGC AAGGAAGATT-3′（＋链）和 E2AlfR_*Sna*BI 引物：5′-GACCTACGTAACCAGCGGCGAGTTGTTCTGTT-3′（－链）。

（13）培养细胞 RNA 提取纯化试剂盒。

（14）用于 cDNA 生成的 RT-PCR 系统和 PCR 扩增的设备。

（15）QIAquick 核苷酸去除试剂盒（Qiagen 公司产品）。

（16）T7 RiboMax RNA 大规模生产系统（Promega 公司产品）。

（17）乙醇，无 RNAas 水，琼脂糖凝胶电泳系统，溴化乙锭。

（18）基因脉冲细胞电穿孔系统和 0.4 cm 间隙宽度的电击杯（Bio-Rad 公司产品）。

（19）3% 多聚甲醛，丙酮，特异性 CSFV 蛋白 E2 和 NS2/NS3 的一抗。Alexa 荧光素 488 偶联抗小鼠 IgG。

（20）荧光显微镜。

3　方　法

3.1　细胞培养

猪肾细胞（PK15）和二倍体牛食管细胞（KOP-R，RIE244，CCLV）在 DMEM 培养基中繁殖，并添加 10% 无 BVDV 的胎牛血清（FBS）。用 PBS 稍微洗涤后，用胰蛋白酶缓冲液分离细胞。细胞按 1：（6~8）的比例传代，按常规每周传代 2 次。

3.2　cDNA 构建的生成

所有质粒都在大肠杆菌 TOP10F' 细胞（Invitrogen 公司产品）中繁殖。按照标准协议进行限制性内切酶的消化和克隆程序。质粒 DNA 由 Qiagen 小提、中提和或者大提质粒纯化试剂盒根据制造商的说明进行纯化。最初作为 CP7_E2alf 疫苗病毒的 E2 缺失感染性 CP7 克隆 pA/CP7_E2*Pac*I 的 cDNA 的构建和 E2 替换嵌合 cDNA 克隆 pA/ CP7_E2alf 的构建，都是基于上述全长 cDNA 克隆 pA/BVDV 构建的。

（1）用限制性内切酶 *Kpn*I 消化质粒 pA/BVDV，将 E2 基因切至 p7 编码区末端。

（2）纯化并重新连接质粒，得到中间产物 cDNA 结构 pA/CP7_E2p7，该结构显示了 pA/BVDV 的 E2 和 p7 的帧内缺失。

（3）随后，必须修复被删除的 p7 编码区域，并插入 1 个小的 polylinker，其中包含 *Pac*I、*Rsr*II 和 *Sna*BI 的限制性裂解位点。以 pA/BVDV 质粒 DNA 为模板，引物 "p7_*Pac*I（CAAGGGTACCCATTAAT TAACGGTCCTACGTAGTCCAGTATGGGGCAGGTG A，＋ 正链）" 扩增 PCR 片段，其中包含限制性内切酶 *Kpn*I、*Pac*I、*Rsr*II、*Sna*BI 的识别位点，以及 "p7R_*Kpn*I P7R（GCTCTAGGTA CCCCTGGGCA，－链）"。用 *Kpn*I 对 PCR 片段进行子定量消化，克隆到质粒 pA/CP7_E2p7 的 *Kpn*I 位点（见上文）。得到的结构命名为 "pA/CP7_E2*Pac*I"（图 15-1）。

（4）为了得到最终的结构 pA/CP7_E2alf（图 15-1），用限制性内切酶 *Pac*I 和 *Sna*BI 酶切消化质粒 pA/ CP7_E2*pac*I。

（5）为了扩增 E2Alf cDNA，使用来自 CSFV Alfort 187 感染 PK15 细胞的 RNA 进行 RT-PCR，使用引物 "E2Alf_*Pac*I（GCATTAATTAACCAGCTA GCCTGCAAGGAAGATT，＋链）" 和 "E2AlfR_*Sna*BI（GACCTACGTAACCAGC GGCGAGTTGTTC TGTT，－链）"，分别包含 *Pac*I 和 *Sna*BI 的限制性酶切位点。

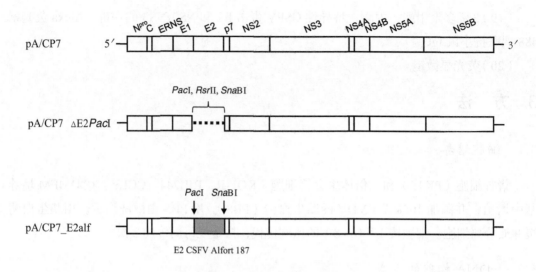

图 15-1　质粒构建结构示意

NTR 非翻译区；结构蛋白编码序列 C、E^RNS、E1、E2；编码非结构蛋白的序列 NS2、NS3、NS4A、NS4B、NS5A 和 NS5B。水平虚线表示删除区域，箭头表示限制性内切酶位点。阴影框表示编码 CSFV 分离株 Alfort 187 的 CSFV E2 蛋白的插入序列。

（6）纯化 PCR 片段，覆盖完整的 CSFV Alfort 187 E2 编码序列，用 *Pac*I 和 *Sna*BI 消化。

（7）将消化后的 PCR 片段连接到质粒 pA/CP7_ E2PacI 中，即可产生了最终的质粒 pA/CP7_E2alf。

3.3　从重组 cDNA 结构 pA/ CP7_E2alf 中拯救嵌合瘟病毒 CP7_E2alf

将线性化的嵌合质粒 pA/CP7_E2alf 中的体外的转录 RNA 通过转染（电穿孔）到猪肾脏和牛食管细胞中，得到最终的疫苗病毒 CP7_E2alf。

3.3.1　体外转录

（1）用 *Sma*I 酶切线性化构建的 pA/CP7_E2alf 全长 cDNA（见注释①）。

（2）用试剂盒 QIAquick Nucleotide Removal Kit（Qiagen 公司产品）纯化酶切消化的 DNA 并用乙醇沉淀 DNA 产物。用无 RNA 酶水悬浮干燥后的 DNA 并使用它作为模板进行体外转录（见注释②）。

（3）根据生产商的说明使用 T7 RNA RiboMax 大规模生产系统（Promega 公司产品）进行体外转录反应。原型 T7 反应混合物：1 μg 线性化 DNA、4 μL T7 5 × 转录缓冲液、6 μL 25 mmol/L dNTPs、2 μL 酶混合物和无核酸酶的水，最终体积为 20 μL。

（4）轻轻混合，在 37℃下孵育 2 h。

（5）琼脂糖凝胶电泳后，用溴化乙锭染色法测定 RNA 量（见注释③）。

3.3.2　电转染

（1）在收获时制备半融合的 KOP-R 或 PK15 细胞（见注释④）。

（2）用胰蛋白酶溶液消化约 1×10^7 细胞，然后用 PBS 洗涤 2 次。

（3）用 1 mL PBS 悬浮细胞，加入 1~5 μg 体外转录的 RNA，轻轻上下吹吸溶液混合。

（4）将 DNA 细胞混合物转移到 0.4 cm 间隙宽度（Bio-Rad）的电击杯中。

（5）用基因脉冲 Xcell 电穿孔系统（Bio-Rad 公司产品），在 850 V、25 μF 和 156 ω 下产生 2 个脉冲电击细胞（见注释⑤）。

（6）按实验要求立即将细胞接种到培养皿中，37 ℃孵育 72 h。

3.3.3　免疫荧光染色

在收集上清液的当天，用荧光显微镜通过标准免疫荧光（IF）染色监测病毒的复制情况。为了检测 BVDV 和 CSFV 的蛋白，单克隆抗体（mab）WB210（BVDV，英国 Weybridge 中央兽医实验室）、01–03（anti-E^{RNS} panpesti，Schelp）、WB215（anti-E2 BVDV，英国 Weybridge 中央兽医实验室）、CA3（anti-E2 BVDV，汉诺威兽医大学病毒学研究所）、HC/ TC50（anti-E2 CSFV，汉诺威兽医大学病毒学研究所）使用了 Ry Medicine、Hannover、HC34（Anti-e2 CSFV，汉诺威兽医大学病毒学研究所）、WB103/105 抗体混合物（Anti-NS3 Panpesti，英国 Weybridge 中央兽医实验室）和 C16（Anti-NS3 Panpesti，汉诺威兽医大学病毒学研究所）。如前所述，使用 Olympus 荧光显微镜进行标准 IF 分析[6, 7]。

（1）对于 NS2/3 的染色，用 PBS 洗涤细胞 2 次，用 3% 多聚甲醛于冰上固定 15 min。

（2）用 PBS 洗涤细胞，在室温下用含 0.0025% 的毛地黄皂苷的 PBS 通透 5 min。

（3）对于 E^{ms} 和 E2 蛋白的染色，用 80% 丙酮冷冻固定细胞并渗透 10 min。

（4）PBS 洗涤细胞：一抗孵育 15 min，PBS 洗涤 2 次后，二抗（anti-mouse-Ig Alexa 488）孵育 15 min，再次用 PBS 洗涤细胞 2 次，用荧光显微镜观察。

（5）使用 PK15 或 KOP-R 细胞进一步传代拯救出的病毒溶液，测定所有病毒滴度 TCID$_{50}$。在所有情况下，整个病毒种群都是传代的，以避免由生物克隆病毒引起的阴性选择。随后对病毒进行体外和体内特性鉴定和稳定性试验（见注释⑥）。

4　注　释

①　根据病毒基因组 3′ 端的产生方式，质粒必须用适当的限制性酶消化。由于病毒最末端的 3′ 端通常由 3 个或 3 个以上的胞嘧啶组成，因此在体外转录前，采用钝末端酶切限制酶 *Sma* I 对 DNA 模板进行线性化，以保证 RNA 的长度正确。避免使用产生突出端

部（突出部分）的限制酶是很重要的。在转录这些模板时，除预期的转录外，还可以出现外来转录。此外，会将额外的碱基添加到转录物中，这样可能会干扰 RNA 复制。

② 使用商用系统（例如，Qiagen 公司的 QIAquick 核苷酸去除试剂盒）可以在体外转录前清除消化的 DNA。洗脱 2 次可以从核酸纯化柱中完全洗脱结合 DNA。为了洗脱 DNA，应使用无 RNase 的水代替洗脱缓冲液。另外，应在 –70℃ 下储存洗脱 DNA，因为在没有缓冲剂的情况下 DNA 可能降解。

③ 在体外 RNA 转录前，应通过琼脂糖凝胶电泳检查纯化的线性 DNA，以验证完全线性化，并确保存在预期大小的干净的、未降解的 DNA 片段。从至少比转录反应所需的多出 30% 的 DNA 开始，可以后效补偿纯化过程中的任何 RNA 损失。

④ 由于细胞的最佳数量取决于一般的电转染条件和细胞的生长速度，因此必须进行优化。细胞应在电转染 24 h 前接种，并且在移植前不应融合。

⑤ 在大多数情况下，细胞转染前不需要清除体外转录的 RNA。不过，也可以通过异丙醇沉淀去除非结合核苷酸。可在转录反应后用 DNA 酶消化去除 DNA 模板。在保持 RNA 完整性的同时，使用一种能降解 DNA 的无 RNase-free 的 DNase 至关重要。在 DNase 消化后，体外转录物必须通过苯酚提取或商业上可买到的基于核酸纯化柱的系统来纯化总 RNA。

⑥ 现在已有新的瘟病毒克隆和操作技术可以使用。已有报道描述了如何将全长序列克隆到细菌人工染色体（BACs）中 [8]，该序列可使用诸如 Red/ET 等细菌重组系统直接操作。此外，亦可以用全长 PCR、突变 PCR 以及融合 PCR 快速直接操纵质粒克隆的瘟病毒基因组 [9]。

参考文献

[1] Blome S, Gabriel C, Schmeiser S, et al. 2014. Efficacy of marker vaccine candidate CP7_E2alf against challenge with classical swine fever virus isolates of different genotypes. Vet Microbiol, 169：8–17.

[2] van Oirschot JT. 2003. Emergency vaccination against classical swine fever. Dev Biol (Basel), 114：259–267.

[3] Corapi WV, Donis RO, Dubovi EJ. 1988. Monoclonal antibody analyses of cytopathic and noncytopathic viruses from fatal bovine viral diarrhea virus infections. J Virol, 62：2823–2827.

[4] Meyers G, Tautz N, Becher P, et al. 1996. Recovery of cytopathogenic and noncytopathogenic bovine viral diarrhea viruses from cDNA constructs. J Virol, 70：8606–8613.

[5] Reimann I, Depner K, Trapp S, et al. 2004. An avirulent chimeric Pestivirus with altered

cell tropism protects pigs against lethal infection with classical swine fever virus. Virology, 322：143–157.

[6] Beer M, Wolf G, Pichler J, et al. 1997. Cytotoxic T-lymphocyte responses in cattle infected with bovine viral diarrhea virus. Vet Microbiol, 58：9–22.

[7] Grummer B, Beer M, Liebler-Tenorio E, et al. 2001. Localization of viral proteins in cells infected with bovine viral diarrhoea virus. J Gen Virol, 82：2597–2605.

[8] Rasmussen TB, Risager PC, Fahnoe U, et al.2013. Efficient generation of recombinant RNA viruses using targeted recombination-mediated mutagenesis of bacterial artificial chromosomes containing full-length cDNA. BMC Genomics, 14：819.

[9] Richter M, König P, Reimann I, et al. 2014. N pro of Bungowannah virus exhibits the same antagonistic function in the IFN induction pathway than that of other classical pestiviruses. Vet Microbiol, 168：340–347.

第十六章　细胞对疫苗免疫反应的分析

Nicholas Svitek, Evans L.N. Taracha, Rosemary Saya, Elias Awino,
Vishvanath Nene, Lucilla Steinaa

摘　要：流式细胞术、酶联免疫斑点（ELISpot）和细胞毒性分析是研究家畜细胞内病原体和疫苗对细胞免疫反应的有力工具。免疫动物的淋巴细胞可以用菲科尔 - 帕克密度梯度离心法纯化，并评估其抗原特异性或对疫苗的反应性。本章我们描述了用肽（p）-MHC I 类四聚体和特异性抗体对牛淋巴细胞进行染色，通过多参数流式细胞术和 γ 干扰素（IFN-γ）ELISpot 来评价，并通过铬（^{51}Cr）释放分析细胞毒性。其中还用一小部分应用免疫信息学分析鉴定最小 CTL 表位的知识。

关键词：ELISpot；细胞毒性测定；流式细胞；NetMHCpan；肽 -MHC I 类四聚体；CTL 表位

1　前　言

流式细胞术和荧光铬偶联单克隆抗体的使用彻底改变了免疫学领域，使淋巴细胞亚群在免疫学中的作用得以详细描述，而且还可用于人类和兽医的诊断分析 [1, 2]。用特定分化簇（CD）分子的抗体标记从接种动物中分离出来的细胞，如标记细胞亚群，细胞毒性 T 淋巴细胞（CTL）标志物 CD8，激活标记物 CD69 或记忆标记物 CD45RO[3-7]。如果可行，T 淋巴细胞可以用肽（P）- 主要组织相容性复合物（MHC）I 类四聚体标记，以监测免疫后一段时间内抗原特异性 CTL 的出现 [8]。淋巴细胞可以用多聚甲醛固定，并通过一种双亲化合物（例如含皂苷的缓冲液）渗透，以便染色和测量细胞内蛋白质 [9, 10]。细胞内染色允许定量免疫介质，如细胞因子或蛋白质，如穿孔素或颗粒酶 B[11]，它们在细胞毒性中起到积极作用。目前市面上可买到的流式细胞仪可根据激光的数量，用 10 种以上不同的荧光染色剂进行染色，使同一细胞群中的几个参数同时量化。在抗原存在的情况下，利用酶联免疫斑点（ELISpot）分析法 [12] 是检测 CTL 反应性的另一种方法，利用夹心酶联免疫吸附试验（ELISA）技术，通过单个细胞释放 IFN-γ。针对所需细胞因子的单克隆或多克隆抗体，可用于以 96 孔板形式覆盖聚偏二氟乙烯（PVDF）膜。然后将淋巴细胞转移到这些培养板上，并在有抗原存在的情况下培养，通常以肽的形式在 37℃、5% 的 CO₂ 的湿环境中培养。在此期间，单个细胞释放的细胞因子与固定抗体紧密结合。在洗涤步骤后，将多克隆抗体或具有不同表位特异性但对所关注的细胞因子有特异性的另一种单克隆抗体添加到所述孔中。在第二次洗涤步骤之后，将碱性磷酸酶（AP）标记的二抗体添加到每个孔中。最后，通过洗涤去除未结合抗体后，通过添加 AP 基质溶液（BCIP/NBT）显示细胞因子的存在。有细胞因子的地方形成深色沉淀斑点（图 16-1）。

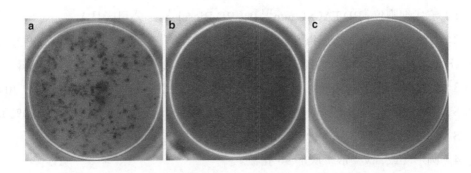

图 16-1 96 孔板单个孔中的 PVDF 膜上观察到的 Elispot 结果

（a）阳性孔。浅蓝色背景上的深蓝色斑点表示存在分泌相关细胞因子的阳性细胞（在本例中，测量的是 IFN-γ）。每 10⁶ 个细胞的斑点可以计数并显示为斑点形成单元（SFU）。（b）饱和孔。当试验中使用了太多的细胞时，会形成 1 个均匀的深蓝色，并覆盖在孔上（在这种情况下，需要滴定细胞数，以找到最佳的细胞数放入孔内）。（c）阴性孔。没有细胞因子分泌细胞的孔将呈现浅蓝色。

可以用 ELISpot 阅读仪对这些斑点进行计数。ELISpot 方法的一个优点是它量化了响应细胞的数量，即可计算加入的每个细胞斑点百分比。由于建立 CTL 试验存在各种困难，因此 IFN-γ Elispot 常被用作检测 CTL 反应的替代试验。不过，IFN-γ 的单独释放可能并不总是与保护相关 [12, 13]。在一些疫苗研究 [14-20] 中，细胞毒性分析表明与保护作用有更好的相关性，可能是因为它采用了直接溶解自体靶细胞的方法，从而清除被感染的细胞。用放射性铬（⁵¹Cr）培养靶细胞，洗涤后用效应细胞孵育。然后收集上清液，通过测量释放的 ⁵¹Cr 来评估溶解的靶细胞。一种方便的方法是使用 Luma Plares 其中包含闪烁体，使其能够在顶部计数器（β 计数器）中读取。

ELISpot 和细胞毒性分析在以前已经被用于识别诱导免疫的最小表位 [15]。然而，使用预测与主要组织相容性复合物（MHC）Ⅰ类分子结合肽的程序表明，最小 CTL 表位可以包含在较长的肽中，这些肽在此类分析中被证明是阳性的 [21, 22]，同时使用免疫信息学有助于微调最小表位鉴定 [23, 24]。

这些方法中的一些早期版本已经在过去的研究中 [25] 进行了描述，并且随着新技术的出现而进行了更新和修改。这使我们能够成功地对一种商品化和实验性的牛抗小泰勒虫疫苗的反应进行分析[14, 15, 21, 22, 26]。这些方法也可以很容易地用于评估其他家畜对疫苗的免疫反应。

2 材 料

2.1 流式细胞

用超纯水配制所有溶液。所有试剂均保持室温，除非另有说明。

（1）流式细胞仪：BD FACSCanto^{TM} II（BD Biosciences 公司产品）。

（2）杜氏磷酸盐缓冲液 D-PBS 配制：$1 \times 8.0g$ NaCl，0.2g KCl，1.44g $Na_2HPO_4 \cdot 2H_2O$，0.2g KH_2PO_4，1L 水。用 NaOH 或 HCl 调节 pH 值 =7.2~7.4。

（3）PBS-1×皂苷：D-PBS、0.1%（*W/V*）皂苷、0.2% 叠氮化钠（NaN_3）、10 mmol/L HEPES、10% 胎牛血清（FBS）。配制 500mL：0.5g 皂苷、10 mL NaN_3（10%）、1.2g HEPES（摩尔质量 238.3 g/mol）、51 mL FBS。缓冲液在 4℃保存。

（4）圆形（或"V"形）底部 96 孔板。

（5）Ficoll Paque（GE Healthcare Life Sciences）。

（6）Tris- 氯化铵缓冲液：配制 500 mL，混合 4.15 g 氯化铵（NH_4Cl），50 mL 0.1 mol/L Tris- 氯化铵；调整 pH 值 =7.2。

（7）抗穿孔素抗体备用，因此不需要稀释（BD Pharmingen 公司产品）。

（8）Anti-Fas-L (sc-957) 抗体（Santa Cruz Biotech 公司产品）。

2.2 ELISpot

（1）ELIspot 板：型号为 Millipore MAIP S45 的 96 孔 Elispot 板（Millipore 公司产品）。

（2）R/MINI 1640 完全培养基：R/MINI-1640 补充 2 mmol/L L- 谷氨酰胺、50 μmol/L 2- 巯基乙醇、100 IU 青霉素 /mL、100 μg 链霉素 /mL、50 μg 庆大霉素 /mL 和 10% FBS。

（3）FBS，热灭活。

（4）包被缓冲液（碳酸盐 / 碳酸氢盐包被缓冲液）：15 mmol/L Na_2CO_3，35mmol/L $NaHCO_3$（1L 蒸馏水中加入 1.6 g Na_2CO_3 和 2.93 g $NaHCO_3$），调节至 pH 值 =9.6，储存前用 0.2 μm 过滤器过滤消毒。在 −20℃下储存。

（5）包被抗体：小鼠抗牛干扰素 −γ 单克隆抗体 CC302（血清）。在 PBS 中稀释至 100 μg/mL，等份分装并在 −20℃下储存。

（6）洗涤培养基：未添加 R/MINI-1640 培养基。

（7）阻断培养基：R/MINI-1640 培养基，辅以 10%FBS（热灭活）。

（8）MACS 山羊抗人 CD14 珠磁珠、LS 柱和磁铁 / 支架（Miltenyi Biotec 公司产品）。

（9）MACS 缓冲液：在 2% FBS/PBS 中配加入 2 mmol/L EDTA。

（10）PBS：见标题 2.1。

（11）PBS-T（PBS/0.05 % Tween 20）：1 L PBS 中添加 0.5 mL 吐温 –20。

（12）PBS-T/BSA（PBS-T/0.1% BSA）：向 100 mL PBS-T 中添加 100 mg BSA，用 0.2 μm 过滤器过滤消毒。

（13）结合物：抗兔 IgG 碱性磷酸酶结合物（克隆 R696，Sigma-Aldrich 公司产品）。

（14）底物：Sigma Fast BCIP/NBT 底物（Sigma Aldrich 公司产品）。在室温下（在滚筒上）将一片底物放入 10 mL dH$_2$O 中溶解 30 min 或在涡流搅拌机上溶解几分钟，然后通过 0.2 μm 过滤器过滤。

（15）单克隆抗兔 IgG 碱性磷酸酶结合物，克隆 R696（Sigma-Aldrich 公司产品），在 PBS-T/BSA 中稀释到 1∶2 000。

2.3　CTL 细胞毒性试验

（1）Ficoll-Paque 密度梯度液（GE Healthcare Life Sciences 公司产品）。

（2）R/MINI 1640 完全培养基：见标题 2.2。

（3）细胞毒性实验培养基：同 R/MINI 1640 完全培养基，但仅含 5%FBS。

（4）PBS：见标题 2.1。

（5）组织培养板，无菌，24 孔和 96 孔（Costar 公司产品）。

（6）5 mL、10 mL 和 25 mL 无菌塑料吸量管（Sarstedt 公司产品）

（7）^{51}Cr（Na$_2$CrO$_4$），无菌水溶液（美国放射性标记化学品公司产品）。

（8）LumaPlates 微孔板（PerkinElmer 公司产品）。

（9）微孔板上部密封膜（PerkinElmer 公司产品）。

（10）TopCount 仪（PerkinElmer 公司产品）。如果使用 LumaPlate 系统，则必须是 TopCount 仪。

2.4　免疫信息学

（1）接入互联网。

（2）NetMHCpan: http://www.cbs.dtu.dk/services/NetMHCpan/。

（3）相关病原体抗原的氨基酸序列。

（4）用于给定抗原的目的 MHC I 类氨基酸序列或在 NetMHCpan 中已知的 MHC 等位基因序列。

3 方 法

3.1 流式细胞分析

以下我们描述了用肽 (p)-MHC I 类四聚体同时染色 CD8 细胞和用细胞因子同时染色。

（1）根据要处理的血液量，用 15 mL 或 50 mL 的聚丙烯离心管（Falcon 公司产品）中，以 Ficoll 梯度离心法收集淋巴细胞。

（2）血液与 Ficoll 的比率分别为 3∶2。在不带制动器的台式离心机上，以 $1\,300 \times g$ 下离心 25 min（见注释①）。

（3）在接口处收集 PBMCs 并转移到 1 个 15 mL 聚丙烯离心管中。

（4）向离心管中加入 PBS 溶液使整个管完全填充。

（5）在 $600 \times g$ 下离心 10 min，同时以最大减速度停止（见注释②）。

（6）溶解红细胞：在 5 mL 三氯化铵缓冲液中重新悬浮颗粒。在室温下培孵育 3 min。

（7）用 PBS 溶液将管子注入顶部。

（8）通过以较低的速度 $300 \times g$ 离心 10 min 去除血小板。

（9）在 $300 \times g$ 下进行第二次冲洗 10 min。

（10）用 $1 \times$ D-PBS 中再悬浮。

（11）计数细胞，每孔加入（2~5）$\times 10^5$ PBMC（见注释③和注释④）。

（12）在 $830 \times g$ 下离心 3 min，取出上清液。

（13）用 200 μL 的含 0.5%BSA 的 PBS 清洗（见注释⑤），并在 $830 \times g$ 下再次离心。

（14）在每个孔中加入 200 μL 2% 甲醛的 PBS（或含 1% 甲醛的 PBS），在室温下孵育 10 min（见注释⑥）。

（15）在 $830 \times g$ 下离心 3 min，取出上清液。

（16）用 200 μL 冰冷含 0.5%BSA 的 PBS 清洗 1 次。

（17）如果进行细胞内染色，添加 200 μL PBS 皂苷，并在室温下孵育 30 min（见注释⑦和注释⑧）。

（18）在 $830 \times g$ 下离心 3 min，取出上清液。

（19）添加稀释在含 0.5%BSA 的 PBS 中的目标—抗（每种抗体稀释 20 μL）（如果进行细胞内染色，则添加含皂苷的 PBS）（见注释⑨和注释⑩）。如果所需 MHC I 类和 CTL 表位特异性的四聚体可用，则与细胞外标记物的抗体一起使用 40 nmol/L 的 p-MHC I 类四聚体（见注释⑪ ~ 注释⑬）。如果探索这些类型的不同反应，可以添加直接靶向活化细胞及记忆细胞标记的抗体。

（20）4℃孵育 30 min。

（21）用含 0.5%BSA 的 PBS 或含皂苷的 PBS（使用抗体细胞内标记物时）洗涤 2 次

（见注释⑭）。

（22）添加二级抗体（如果不使用直接偶联的一级抗体）。为了用主要抗 CD8 抗体（ILA51；IgG1）染色，我们使用大鼠抗小鼠 IgG1 PerCP（BD Pharmingen 公司产品）的每（2~5）×10⁵ 细胞 1 μL（见注释⑮）。对抗 Fas-L 抗体（兔多克隆）染色，我们使用 FITC 标记的山羊抗兔为二抗（Sigma F-0382；用含 0.5% BSAin PBS 或含皂苷的 PBS 进行 1：200 稀释）。

（23）4℃孵育 30 min。

（24）按照流式细胞术步骤（21）中所述清洗 2 次。

（25）在 200 μL 含 0.5%BSA 的 PBS（见注释⑯）中重新悬浮，并转移到含有 200~300 μL PBS 或生理盐水的流式细胞测定管（BD Pharmingen 公司产品）中。

（26）使用适当的补偿控制获取关于 BD Facscanto II 的数据（见注释⑰）。

（27）可使用任何流式细胞术分析软件进行分析。目前我们使用的是 FlowJo。在分析前对样品进行染色以获得活力和单个细胞是一种很好的做法，以排除死细胞和细胞聚集物（见注释⑱）。

3.2　牛 γ 干扰素（IFN-γ）的 ELISpot 检测

ELISpot 实验中使用的细胞可以是 PBMC 或纯化的细胞亚群，如 CD8 细胞或 CD4 细胞。这些细胞亚群的纯化可采用 MACs 系统实现。一般来说，我们都是参考细胞亚群纯化试剂的制造商提供的操作方案。我们执行的此操作方法如下所示。

3.2.1　体外 PBMC 或组织中 CD8、CD4 和单核细胞的 MACS 分类

（1）按照流式细胞术将 PBMC 分离到洁净的 20 mL 无菌试管中。

（2）用含 2% 胎牛血清（PBS/胎牛血清）的 PBS（不含镁和钙）洗涤。

（3）以 300×g 离心，制备细胞沉淀。

（4）每 10⁶ 个细胞中加入 PBS 稀释的 12.5 μL 单克隆抗体和 2%FBS 的 PBS（或完全 R/MINI）（即每 10⁷ 个细胞加入 1/500 稀释的抗体 125 μL）。CD8 使用 IL-A51，CD4 使用 IL-A11（见注释⑲）。

（5）4℃孵育 30 min。

（6）洗涤 2 次（每次用 300×g 离心 6~8 min）。

（7）将细胞以 300×g 的速度离心聚集成团。

（8）每 10⁷ 个细胞中添加 10 μL 抗小鼠 IgG 耦连的 MiniMACS 珠子，用于 CD8 或者 CD4 的纯化。用抗人 CD14 磁珠纯化单核细胞。混合并在 4℃下孵育 30 min。MiniMACS 柱最多可纯化大约 10⁸ 个细胞。

（9）PBS/FBS 洗涤细胞 22 次（每次用 300×g 离心 6~8 min）。

（10）将 MiniMACS 柱放置在磁铁上，用 0.5 mL 含 2% FBS 和 2 mmol/L EDTA（MACS 缓冲液，冰冷）的 PBS 冲洗。

（11）在 0.5~1 mL MACS 缓冲液中复苏细胞，并将其应用于色谱柱。

（12）用 0.5 mL MACS 缓冲液清洗色谱柱，洗涤 3 次。

（13）从磁铁上取下柱，并用 2 mL R/MINI/ 10% FCS。

（14）用活塞快速将细胞滤入含有完全 R/MINI 1640 的试管中。

（15）将细胞向下旋转，在完全 R/MINI 中复苏，然后计数。

（16）N.B Mini 纯化柱可以纯化到大约 10^8 个细胞。

3.2.2 ELISpot 步骤

（1）在细胞培养罩中，用 1 μg/mL 无菌包被缓冲液稀释的抗牛 IFN-γ 捕获单克隆抗体 CC302 包被 Millipore MAIP S45 平板，50 μL/ 孔，在 4℃ 下包被过夜。轻轻敲打平板，去除气泡，并将抗体溶液滴进孔的表面。用铝箔或封口膜包裹板子，放置在 4℃ 过夜。

（2）将包被抗体甩出，用洗涤培养基（无菌罩内）冲洗板 2 次。避免孔干燥。用多根吸管加入 200 μL 无菌洗涤缓冲液。37℃ 下用 200 μL/ 无菌封闭培养基封闭 2 h。

（3）在无菌罩中拍出封闭液。在适当浓度下抗原替换，每孔加入 50 μL，例如，用 1 μmol/L 肽稀释，在完整的 R/MINI 中。包括培养基对照（无抗原）和有丝分裂原（如刀豆球蛋白 A）对照孔。肽浓度可以在 10^{-6}~10^{-12} mol/L 的范围内进行测试。

（4）当肽用作抗原时，使用标题 3.2 开头部分所述的 MACS 分离系统，用抗人 CD14 MACS 磁珠从相应动物中纯化单核细胞。CD14 细胞用于添加 10% 的纯化 CD8 细胞。例如，使用 2.5×10^4 个细胞 / 孔，浓度为 2.5×10^5 个 CD8 细胞 / 孔。

（5）如果用小泰勒虫感染的细胞系作为抗原，由于细胞产生 IFN-γ，细胞首先被辐射（铯源，5 000 rad）灭活或交替使用丝裂霉素（使用制造商建议浓度）并在使用前置于 CO_2 培养箱中过夜。始终将这些静止的感染细胞单独作为对照。

（6）在完全的 R/MINI 中以适当的稀释液制备细胞。如果测试了细胞稀释液（PBMC）：从 96 孔板中的 1×10^7 细胞 /mL 开始进行细胞稀释，并将 50 μL/ 孔转移到 ELISpot 板中。包括没有单元的控制孔。如果使用体外纯化的 CD8 细胞，则使用 2.5×10^5 细胞 / 孔 /50 μL 的起始浓度。如果使用 CTL，则使用（5~50）$\times 10^3$ 个细胞 / 孔的起始浓度。将平板放在摇床上 2 min，摇匀，使细胞均匀分布。

（7）将 ELISpot 平板在 37℃、5% 的 CO_2 加湿培养箱中培养 20 h。确保板被调平，以使细胞均匀分布。

（8）拍出孔内液体，加入 200 μL dH_2O-T/ 孔，摇匀 30 s，重复 3 次（共 4 次）。

（9）重复清洗，加入 200 μL PBS-T，摇匀 30 s，重复 3 次（共 4 次）。

（10）用纸巾吸取平板上拍出的多余 PBS-T，在 PBS-T/BSA 中加入 50 μL/ 孔兔抗牛 IFN-γ 抗血清（内部，ILRI），1/1 500 稀释，并在 RT 孵育 1 h，而不是使用另一种抗牛 IFN-γ 多克隆抗体。也可在市场上买到抗牛干扰素-γ 多克隆抗体。

（11）拍出孔内液体，加入 200 μL/ 孔 PBS-T 冲洗，重复 3 次（共 4 次）。

（12）用纸巾吸取平板上拍出来的 PBS-T，每个孔加入 50 μL 的碱性磷酶标记的单克隆抗兔 IgG，在室温下孵育 1 h。

（13）拍出孔内液体，加入 PBS-T 洗涤，200 μL/ 孔，用 PBS-T 洗板共计 6 次（洗板间不晃动）。

（14）用纸巾吸取平板上拍出来的多余 PBS-T，每孔添加 50 μLBC-NIP 底物溶液，并在室温下将平板在黑暗中孵育 10 min。制备底物时，将一片 Sigma Fast BCIP/NBT 缓冲底物片剂溶于 10 mL 蒸馏水中，搅拌 2~3 min（旋涡或使用滚筒搅拌器）。将溶液通过 0.2 μm 过滤器去除未溶解的底物颗粒。在斑点显影过程中（10 min），板子继续保持避光。

（15）拍出底物，每块板用大量自来水冲洗 2 min，同时拆下塑料管并冲洗孔。

（16）室温下在黑暗中风干板，并使用 ELISpot 阅读器读取。

3.3　细胞毒性分析

CTL 检测由许多独立的方法组成，包括 CTL 的产生（本例来自 PBMC），其需要 2~3 次体外刺激，标记目标细胞（本例中使用的是 ^{51}Cr），然后才是实际的 CTL 检测。

3.3.1　牛体内 PBMC 对小泰勒虫 CTL 细胞系的产生

3.3.1.1　首次体外刺激

（1）根据流式细胞术的描述，用 Ficoll 密度离心法从免疫动物中提取血液，分离外周血单个核细胞（PBMC）。

（2）用完全 R/MINI 1640（不含 HEPES）培养基悬浮 PBMC 细胞，使细胞浓度为 4×10^6 个细胞 /mL。

（3）将细胞接种到 24 孔组织培养板中，每孔加入 1 mL。

（4）使用铯源照射足够数量的自体（或与 MHC 匹配的）小泰勒梨浆虫感染的细胞 30 min（暴露于 5 000 rads）。如果不可能照射，可以按照推荐的剂量和时间将丝裂霉素添加到受感染的细胞中，然后在细胞添加到 PBMC 之前进行清洗。使悬浮细胞浓度达到 2×10^5 个细胞 /mL。

（5）在含有 PBMC 的 24 孔板的每个孔中加入 1 mL 悬浮的细胞。

（6）在潮湿的 5% CO_2 培养箱中培养细胞 7 d。

3.3.1.2　第二次体外刺激

（7）可选：收集细胞，取 Ficoll 密度梯度离心的上层，室温 1 300 ×g 离心 20 min，去除死细胞（如果有很多死细胞）。从界面上取细胞，用等量细胞毒性培养基稀释，600 ×g

离心 10 min 使细胞聚集，重悬 1 次，$300 \times g$ 离心洗涤 10 min。

（8）用完全 R/MINI 培养基悬浮细胞，使其达到 4×10^6 个细胞 /mL 的浓度，用辐照的自体（或 MHC 匹配的）感染细胞第二次刺激，过程同"首次刺激"所述。

（9）在培养箱中培养 7 d。在此阶段，CTL 可用于检测。

3.3.1.3　第三次体外刺激

（10）可选：CD8 细胞的纯化。培养物的再刺激可能会使 CD8 细胞以外的其他细胞亚群得到繁殖。因此，我们通常在 3 次再刺激前纯化 CD8 细胞。使用 ELISpot 程序中描述的 MACS 纯化程序。

（11）从培养皿中收集细胞，在第二次体外刺激（可选）条件下，在 Ficoll 密度梯度上离心，将活细胞从培养物中分离出来。然而，对于第三次刺激，细胞注入如下：以 4×10^5 个自体感染细胞（刺激剂）和 2×10^6 个辐照的自体 PBMC 为填充细胞，刺激每孔 2×10^6 个效应细胞。

（12）如果培养 7 d 后需要继续繁殖培养物，则按照上述方法分离活细胞，或像以前一样从培养物中提取细胞，每周每孔使用 1×10^6 个效应细胞、4×10^5 个刺激细胞和 3×10^6 个填充细胞进行刺激。

3.3.2　以感染细胞或肽脉冲 PBMC 为靶点的 ^{51}Cr 释放试验

细胞毒性分析可用于研究细胞毒性 T 细胞或 NK 细胞对靶细胞的杀伤。其原理是放射性同位素 ^{51}Cr 被纳入目标细胞群。如果目标细胞与识别目标细胞的 CTL 群体混合，这些细胞会将铬释放到上清液中，然后可在闪烁器中进行测量。

目标细胞的分解计算如下：

$$特定释放（\%）= \frac{样品\ ^{51}Cr\ 释放值 - 自发释放值}{最大\ ^{51}Cr\ 释放值 - 自发释放值} \times 100$$

样品释放：这些值是从同时存在 CTL 和目标的样品中获得的，例如各种比率。

自发释放：这个值来自 1 个对照样品，其中只有 ^{51}Cr 标记的靶细胞存在。

最大释放量：该值从目标细胞完全被洗涤剂溶解的对照样品中获得。

效应靶标比：通常，效应细胞（CTL）被滴定，而靶标细胞的数量保持不变，以给出效应器与靶标细胞的不同比率（E∶T 比率）。对于多克隆 CTL 培养，效应靶标比通常在 1~100。效应靶标比用于小于 100 的克隆。

3.3.2.1　靶细胞的标记

感染细胞系。

（1）收集小泰勒虫感染的呈指数增长的淋巴母细胞并进行离心，在细胞毒性培养基中，用 HEPES 悬浮细胞至 2×10^7 细胞 /mL。

（2）50 μL 的靶细胞（10^6 个细胞）与 ^{51}Cr 混合，在无菌的 10 mL 试管中预先稀释至

1 mol/mL。感染细胞系使用 10 μL 预稀释 ^{51}Cr，PBMC 标记使用 20 μL（见注释⑳）。在 37℃的 CO_2 培养箱中培养 1 h。

（3）向细胞中加入 10 mL 细胞毒性培养基，并以 $300 \times g$ 在室温条件下离心 5~10 min。

（4）若采用抽吸法去除上清液，则破碎细胞颗粒并冲洗 2 次，每次 10 mL；若采用上清液，则冲洗 3 次，每次 10 mL。小心地清除尽可能多的上清液。

（5）以 1×10^6 细胞 /mL 的浓度将标记的靶细胞重新悬浮在细胞毒性培养基中。

3.3.2.2　细胞毒性 T 细胞（效应器）的制备

肽脉冲刺激 PBMC（或其他靶细胞）。

（1）计算靶标细胞数并收集细胞，例如 10^6 个细胞，离心然后在 2~4 mL 完全 R/MINI 培养基中重新悬浮。

（2）在 37℃下，选择 1 μmol/L 肽脉冲 1 h。

（3）用培养基清洗 1 次，在 100 μL 的完全 R/MINI 培养基中重新悬浮细胞颗粒。

（4）加入 10 μL 铬，37℃孵育 1 h，孵育过程中摇动小瓶 2~3 次使细胞重新悬浮。

（5）在完全 R/MINI 培养基中清洗 3 次，并调整至 1×10^6 个细胞 /mL。

（6）从 24 孔板（多克隆 CTL 培养或 CTL 克隆）中获得效应细胞。

（7）可选：在 Ficoll 上分离，以便清除前面描述的死细胞和碎片。

（8）用细胞毒性培养基中再悬浮，根据所需的效应器 / 靶标比（E：T 比）调整细胞浓度，例如，1×10^7/mL 将导致 E：T 比为 40：1。克隆通常使用（1~5）$\times 10^6$/mL。

3.3.2.3　细胞毒性分析

（1）在 96 孔培养板（平底）中，在效应器的 2 倍或 3 倍稀释液中以重复或 3 倍（100 μL/ 孔）的形式分布。从第一排开始用 150 μL/ 孔（3 倍稀释）或 200 μL/ 孔（2 倍稀释）在板中进行稀释。

（2）3 倍稀释：将 50 μL 培养基转移到下一行的 100 μL 培养基中，再悬浮，再将 50 μL 从该培养基转移到下一行。不要忘记丢弃最后的 50 μL。2 倍稀释：从上一行的每个孔转移到下一行，混合，如同 3 倍稀释一样丢弃最后 50 μL。这可以用多通道移液管对整个平板进行稀释。

（3）在每个孔中加入 50 μL 标记的靶细胞（5×10^4），使效应细胞与靶细胞的比率从 40：1 开始。

（4）在单独的孔中加入 3 份，50 μL 靶细胞悬浮液至 100 μL 细胞毒性培养基，以测量自发的释放。

（5）在空孔中加入 50 μL 的 3 倍靶细胞，以达到最大释放。

（6）将培养板在 37℃的 CO_2 培养箱中培养 4 h。

（7）培养 4 h 后，用多通道移液管混合细胞，并在室温 $300 \times g$ 下将平板离心 5 min。

（8）将最大 50 μL 的上清液（或更少）转移至 LumaPlate 微孔板中，最大释放孔除外。

小心不要从底部携带上清液中的细胞。这将导致非常高的计数水平（见注释㉑）。然后，在每个最大释放对照孔中加入 100 µL 1% Triton X-100。重新悬浮并转移相同数量的液滴到其他样品。

（9）检查样本是否覆盖 LumaPlate 微孔板底部，并将培养皿置于恒温箱、室温或烤箱（不超过 40℃）中干燥过夜。

（10）将一块 Topseal™ 封板膜贴放在板的上方，在 TopCounter 计数器中计数测量的 ^{51}Cr。

3.4 免疫信息学

（1）访问 NetMHC 盘网站。见标题 2 下的链接。

（2）以 FASTA 格式将氨基酸序列输入第一个空白处。

（3）选择肽长度。通常，8~11 个肽聚体的选择会给出最准确的结果，因为它会从蛋白质或蛋白质组中选择所有可能的肽，这些肽正在研究的 MHC 分子具有结合亲和力。

（4）选择物种和 MHC I 等位基因。

（5）在线或通过电子邮件提交和接收结果。

（6）根据潜在肽表位的列表，在前 2%~3% 中选择肽，并单独或作为较长重叠的肽与从免疫 / 感染动物中分离出的细胞进行测试。

4 注 释

① 用 50 mL 离心管将血液加在 Ficoll-Paque 密度梯度液上层。倾斜管子，缓慢地将血液倒在离心管的内表面，以减慢血液到达 Ficoll-Paque 密度梯度液表面的速度，从而添加血液。

② 使用 600 ×g 是因为 PBMC 的第一次收获通常含有一些 Ficoll-Paque 密度梯度液。悬浮液中存在 Ficoll-Paque 密度梯度液使有必要以更高的力离心以使细胞降速。在此步骤中使用 300 ×g 可能会导致细胞损失。

③ 四聚体阳性细胞的评价有时需要（5~10）× 10^5 个细胞，以定量低频四聚体阳性细胞。

④ 使用的孔数将取决于样品数量和分析中评估的不同标记的数量。

⑤ 或者，可以使用含 2%FBS 的 PBS。

⑥ 此步骤仅在进行细胞内染色时才重要。当使用 p-MHC 四聚体和细胞内染色时，细胞应先与四聚体一起培养，然后在固定和渗透细胞之前进行连续洗涤；否则四聚体制剂中的游离氟铬链亲和素将进入细胞，并且所有细胞群在分析步骤中均呈阳性。如果只进行表面染色，那么在使用流式细胞仪进行分析之前，只需要在分析结束时固定细胞（如果样品与染色当天进行分析，则不需要固定）。

⑦ 或者，该步骤也可在 4℃下进行过夜。

⑧ 如果使用 p-MHC I 类四聚体，则应在与后者一起孵育并洗涤 / 固定细胞后进行此步骤。

⑨ 用于评估细胞对疫苗免疫反应的抗体集取决于研究的性质。为了分析 CTL，相关抗体可包括抗 CTL 标记 CD8 的抗体（我们使用 ILRI 制备的单克隆抗体 ILA51 稀释 1：250），结合例如抗干扰素 -γ（IFN-γ）、α 肿瘤坏死因子（TNF-α）、穿孔素和 / 或 Fas 配体（L）（Santa Cruz，SC-957；稀释 1：10）等抗体。

⑩ 如果不直接处理荧光铬偶联抗体，则应特别注意所使用的抗体同种组合，以避免与用于标记一抗的二抗发生交叉反应。

⑪ 如果进行细胞内染色，用四聚体染色细胞，然后用细胞内标记物抗体染色。

⑫ 如果使用如参考文献[22]所述的"one-pot mix and read"四聚体，则产生最佳染色的四聚体体积为每 10 μL 含有（2~5）×10^5 个细胞。

⑬ 用 1.25 μg/mL 布雷非德菌素 A 或者 2 μmol/L 莫能菌素孵育 16 h。可阻断细胞因子的分泌，并使所关注的细胞内蛋白积累到足以在流式细胞仪中进行检测的量。

⑭ 第一次洗孔时，每个孔用 150 μL 含 0.5%BSA 的 PBS 洗涤，830×g 离心 3 min，弃去上清液并加入 200 μL 含 0.5%BSA 的 PBS，重复洗孔并离心。

⑮ 二抗可与另一种荧光铬偶联，如异藻蓝蛋白（APC）。

⑯ 如果第二天对样品进行评估，则应将样品重新悬浮在 2% 福尔马林的 PBS 或 1% 多聚甲醛 PBS 中，保持在 4℃并避光。分析前，样品在 4℃下的保存时间不应超过 2 d，因为随着时间的推移，细胞的自荧光特性会发生变化，这将导致不太明确的总数。

⑰ 作为补偿控制，我们包括用抗 CD8 抗体或抗 CD3 抗体染色的细胞，然后用与 PE、FITC、PerCP 或任何其他由 BD FACS Diva 软件用于自动补偿的荧光色素偶联的二抗染色。

⑱ 死亡细胞可被各种荧光染色剂染色，如碘化丙啶（PI）、7- 氨基放线菌素 D（7AAD），其放射量分别与 PE 和 PerCP 相同。另外，还有一些市售产品可与紫光激光，如 BD Horizon Fixable Livability Stain450（BD 公司，产品货号 562247）一起使用。通过绘制前向散射高度（Forward Scatter Height，FSC-H）与前向散射面积（Forward Scatter Area，FSC-A）和 / 或侧向散射高度（Side Scatter Height，SSC-H）与侧向散射面积（Side Scatter Area，SSC-A），然后在直线上进行选择，可以识别单个单元。

⑲ ILRI 内部抗体。

⑳ ^{51}Cr 通常不是一种剧毒的放射性同位素，但尽可能减少辐射总是一种不错的做法。例如，在铅保护后保持储备的铅安全，同时取必要的小份，并在培养箱中培养时将细胞保存在旧的铅容器中。不同国家的放射性同位素实验室安全规则可能略有不同，因此有必要提前了解这些规则。

㉑ 如果细胞意外地被吸入吸液管尖端，可将其放回原位，然后再次离心板子。偶尔会发生这种情况，必须再次离心。

致　谢

本方法并非直接在某项专项拨款下所开发，而是在很长一段时间内的数项拨款的共同支持下，这些方法才得以改进。本章的编撰获得了比尔和梅林达盖茨基金会（BMGF）项目（OP10789）的资助。

参考文献

[1] Herzenberg LA, De Rosa SC. 2000. Monoclonal antibodies and the FACS: complementary tools for immunobiology and medicine. Immunol Today, 21(8): 383–390.

[2] Wilkerson MJ. 2012. Principles and applications of flow cytometry and cell sorting in companion animal medicine. Vet Clin North Am Small Anim Pract, 42(1): 53–71.

[3] Schenkel JM, Fraser KA, Masopust D. 2014. Cutting edge: resident memory CD8 T cells occupy front line niches in secondary lymphoid organs. J Immunol, 192(7): 2961–2964.

[4] Schijf MA, et al. 2013. Alterations in regulatory T cells induced by specific oligosaccharides improve vaccine responsiveness in mice. PLoS One, 8(9): e75148.

[5] Valentine M, et al. 2013. Expression of the memory marker CD45RO on helper T cells in macaques. PLoS One, 8(9): e73969.

[6] Goto-Koshino Y, et al. 2014. Differential expression of CD45 isoforms in canine leukocytes. Vet Immunol Immunopathol, 160(1–2): 118–122.

[7] Whelan AO, et al. 2011. Development of an antibody to bovine IL-2 reveals multifunctional CD4 T(EM) cells in cattle naturally infected with bovine tuberculosis. PLoS One, 6(12): e29194.

[8] Sims S, Willberg C, Klenerman P. 2010. MHC-peptide tetramers for the analysis of antigen-specific T cells. Expert Rev Vaccines, 9(7): 765–774.

[9] Clutter MR, et al. 2010. Tyramide signal amplification for analysis of kinase activity by intracellular flow cytometry. Cytometry A, 77(11): 1020–1031.

[10] Rothaeusler K, Baumgarth N. 2006. Evaluation of intranuclear BrdU detection procedures for use in multicolor flow cytometry. Cytometry A, 69(4): 249–259.

[11] Chavez-Galan L, et al. 2009. Cell death mechanisms induced by cytotoxic lymphocytes. Cell Mol Immunol, 6(1): 15–25.

[12] Slota M, et al. 2011. ELISpot for measuring human immune responses to vaccines. Expert

Rev Vaccines, 10(3)：299–306.

[13] Gray CM, et al. 2009. Human immunodeficiency virus-specific gamma interferon enzyme-linked immunospot assay responses targeting specific regions of the proteome during primary subtype C infection are poor predictors of the course of viremia and set point. J Virol, 83(1)：470–478.

[14] Graham SP, et al. 2006. *Theileria parva* candidate vaccine antigens recognized by immune bovine cytotoxic T lymphocytes. Proc Natl Acad Sci U S A, 103(9)：3286–3291.

[15] Graham SP, et al. 2008. Characterization of the fine specificity of bovine CD8 T-cell responses to defined antigens from the protozoan parasite *Theileria parva*. Infect Immun, 76(2)：685–694.

[16] Saade F, Gorski SA, Petrovsky N. 2012. Pushing the frontiers of T-cell vaccines：accurate measurement of human T-cell responses. Expert Rev Vaccines, 11(12)：1459–1470.

[17] Migueles SA, et al. 2011. Trivalent adenovirus type 5 HIV recombinant vaccine primes for modest cytotoxic capacity that is greatest in humans with protective HLA class I alleles. PLoS Pathog, 7(2)：e1002002.

[18] Pulendran B, Ahmed R. 2011. Immunological mechanisms of vaccination. Nat Immunol, 12(6)：509–517.

[19] Kremer M, et al. 2012. Critical role of perforin-dependent CD^{8+} T cell immunity for rapid protective vaccination in a murine model for human smallpox. PLoS Pathog, 8(3)：e1002557.

[20] Taracha EL, et al. 1995. Parasite strain specificity of precursor cytotoxic T cells in individual animals correlates with cross-protection in cattle challenged with *Theileria parva*. Infect Immun, 63(4)：1258–1262.

[21] Nene V, et al. 2012. Designing bovine T cell vaccines via reverse immunology. Ticks Tick Borne Dis, 3(3)：188–192.

[22] Svitek N, et al. 2014. Use of "one-pot, mix-and-read" peptide-MHC class I tetramers and predictive algorithms to improve detection of cytotoxic T lymphocyte responses in cattle. Vet Res, 45(1)：50.

[23] Hoof I, et al. 2009. NetMHCpan, a method for MHC class I binding prediction beyond humans. Immunogenetics, 61(1)：1–13.

[24] Nielsen M, et al. 2007. NetMHCpan, a method for quantitative predictions of peptide binding to any HLA-A and -B locus protein of known sequence. PLoS One, 2(8)：e796.

[25] Goddeeris BM, Morrison WI. 1988. Techniques for generation, cloning, and characterization of bovine cytotoxic T cells specific for the protozoan *Theileria parva*. J Tissue Cult

Methods，11(2)：101-110.

[26] Steinaa L，et al. 2012. Cytotoxic T lymphocytes from cattle immunized against Theileria parva exhibit pronounced cross-reactivity among different strain-specific epitopes of the Tp1 antigen. Vet Immunol Immunopathol，145(3-4)：571-581.

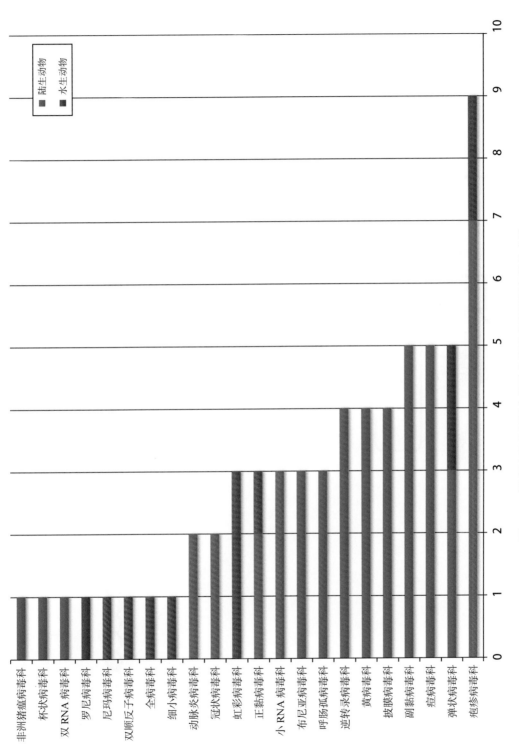

图 1-1 引起法定必须报告的动物疫病病毒科所包括的成员

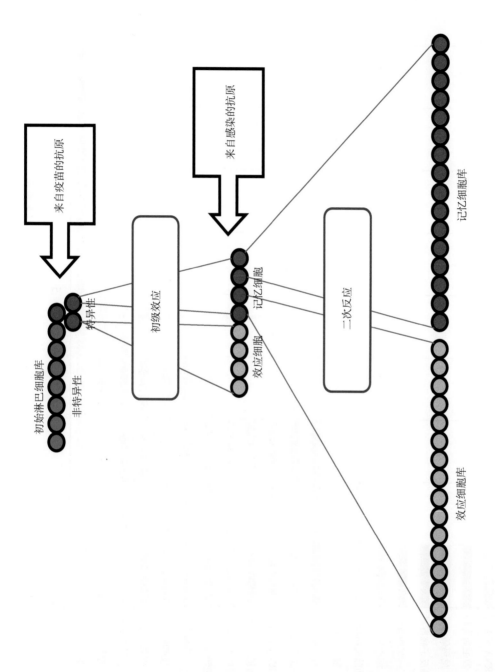

图 1-3 疫苗接种利用特异性和免疫记忆的诱导

在特异性疫苗抗原/刺激的吞噬细胞激活 T 细胞后，可产生淋巴细胞的初级克隆扩增。效应细胞和记忆细胞库在遇到病原体（感染）时都会发生大规模的二次扩增（改编自参考文献[33]）。

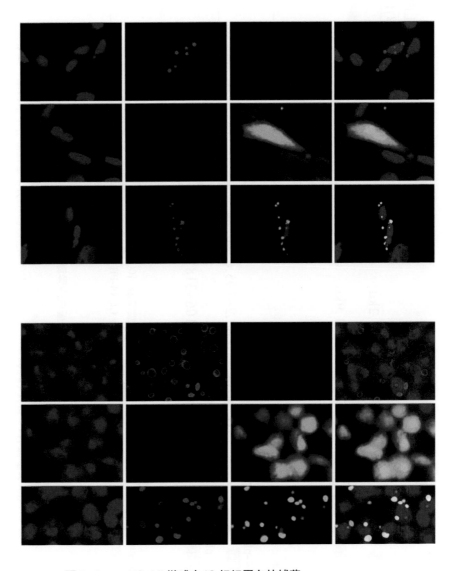

图 2-1　muNS-Mi 微球中 IC 标记蛋白的捕获

（a）图显示转染相应表达质粒后，左侧图为表达蛋白的 CHO-K1 细胞（见上文）。绿色（标 GFP 栏）显示的是 GFP 蛋白的自发荧光。间接免疫荧光法检测 muNS-mi 微球，微球呈红色，其中采用抗 ARV 蛋白 muNS（标 muNS 栏）的一抗和 Alexa Fluor 594 标记的兔二抗进行孵育。细胞核用 DAPI 染为蓝色。（b）与（a）相同，但检测到的蛋白在昆虫 Sf9 细胞中通过重组杆状病毒表达。所有的图像均由安装在奥林巴斯 BX51 荧光显微镜上的奥林巴斯 DP-71 数码相机拍摄。

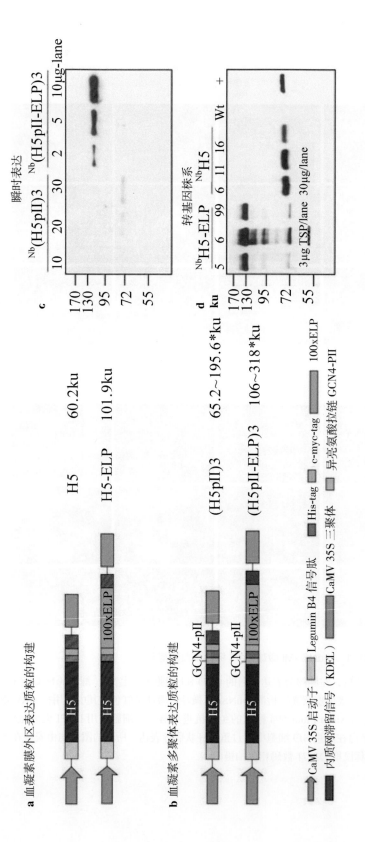

图 3-1 烟草中流感病毒 HA 蛋白的异源表达

表达盒为（a）H5（HA 亚型 5 的膜外区）、（b）多聚体 H5（包含 GCN4-PII 三聚体基序的 H5）。（*）为三聚体的分子量范围。转基因植物表达的叶片提取物的 Western blotting 分析显示：（c）HA 在 N.benthamiana 烟草中瞬时表达，（d）HA 在 N.tabacum 烟草中稳定表达。用抗 His 抗体（c）或抗 C-myc 单克隆抗体（d）检测信号。+：1 ng ^Nt^anti-hTNFα-VHH-ELP，wt：非转基因烟草。数字标示器各自对应的最初的转基因植株。NT，NB 重组蛋白分别在稳定的转基因 N.tabacum 烟草和瞬时转基因 N.benthamiana 烟草中的可溶性蛋白；TSP 为总可溶性蛋白（经 John Wiley 和 Sons 授权，从参考文献[8] 中复制）。

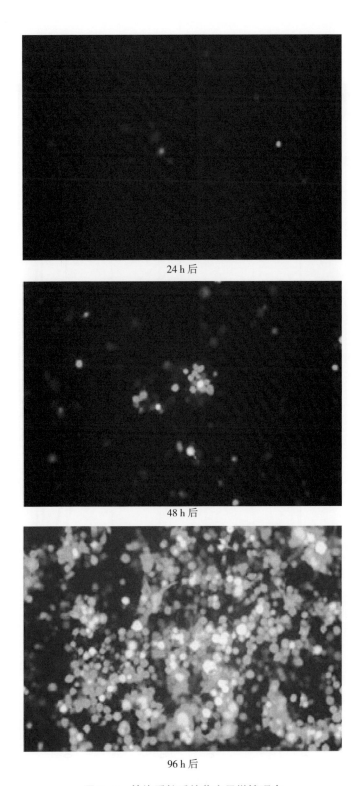

24 h 后

48 h 后

96 h 后

图 7-2　转染质粒后的荧光显微镜观察

在用转移质粒 DNA 转染的 High Five 细胞中，自体荧光细胞的传播表明产生了包含要转移序列的杆状病毒。使用尼康荧光显微镜和 FITC 滤光片装置拍摄细胞。

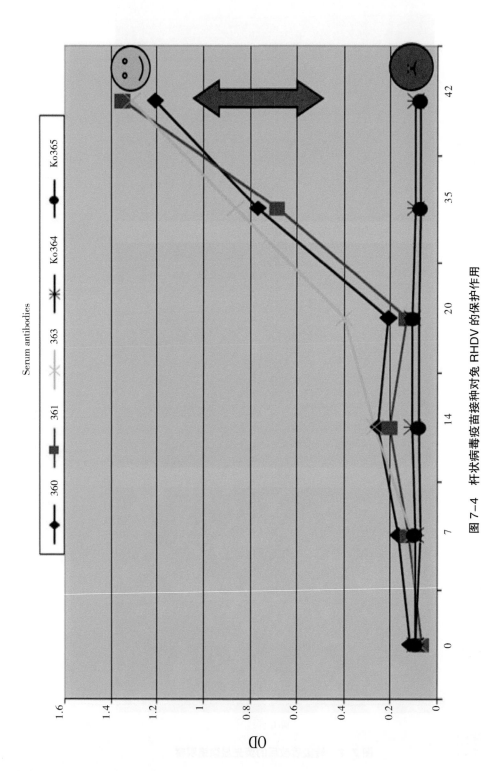

图 7-4 杆状病毒疫苗接种对兔 RHDV 的保护作用

在第 0 天、第 7 天和第 12 天（360、#361 和 #363）接种 5 × 10⁸ pfu BacMam/VP60，或不接种（#364 和 #365），然后在第 42 天用致死剂量 RHDV（红色双箭头）攻毒感染。动物在指定的日期被采血，并使用内部间接 ELISA[18] 对 VP60 特异性抗体进行定量检测。在接受攻毒感染后，所有接种疫苗的兔子都存活了下来（绿色的微笑表情符号），而未接种疫苗的兔子则在 2~3 d 内死亡（红色的表情符号）。

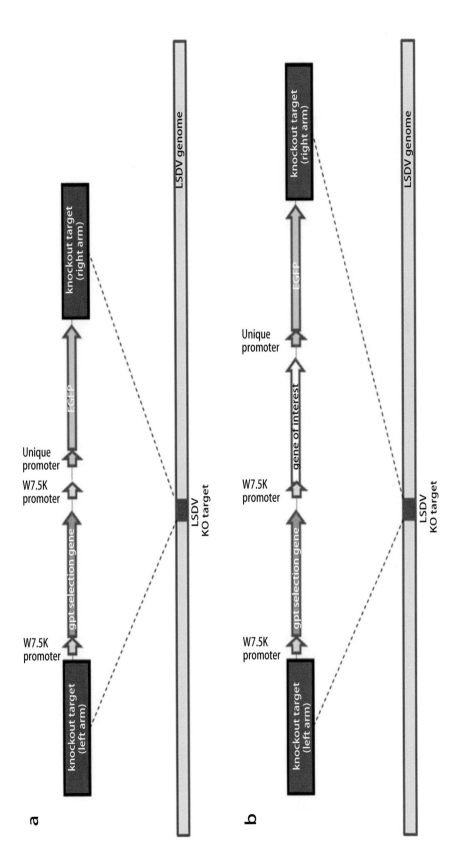

图 10-1 用于产生山羊痘病毒重组病毒的穿梭载体示意图

（a）通过克隆包含以下分子的插入片段，将病毒基因作为基因敲除目标：筛选基因及报告基因（本例中为 gpt 和 EGFP）；痘苗病毒早期／晚期启动子 7.5K，既可表达 gpt 又可表达目的基因，随后还可删除 gpt 基因；编码用于敲除特定病毒基因的 5′ 端和 3′ 端（靶向左／右臂敲除）。编码用于敲除特定病毒基因的 5′ 端和 3′ 端（靶向左／右臂敲除）。

（b）穿梭载体还可能包含 1 个需要表达的目的基因。

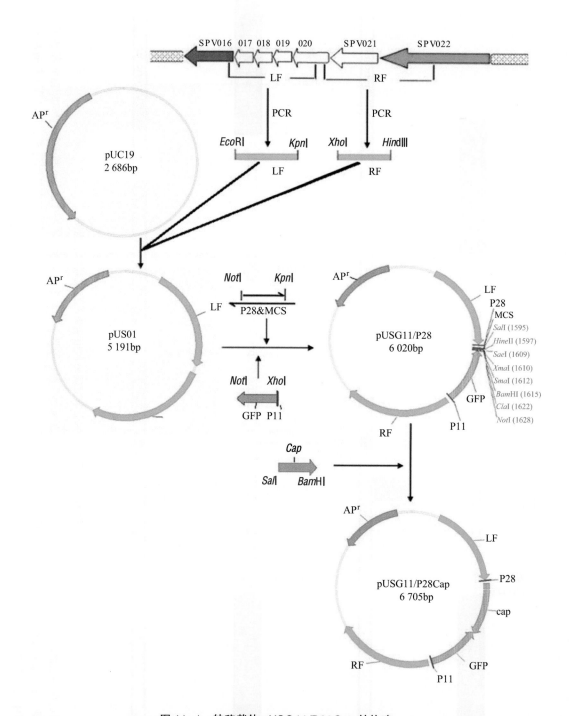

图 11-1　转移载体 pUSG11/P28Cap 的构建

　　LF 和 RF 分别表示 SPV 的左侧翼序列和右侧翼序列。P11 和 P28 为痘苗病毒（*Vaccinia virus*，VV）的启动子。质粒中还含有 GFP 报告基因。*cap* 基因为重组到 SPV 基因组的靶基因。

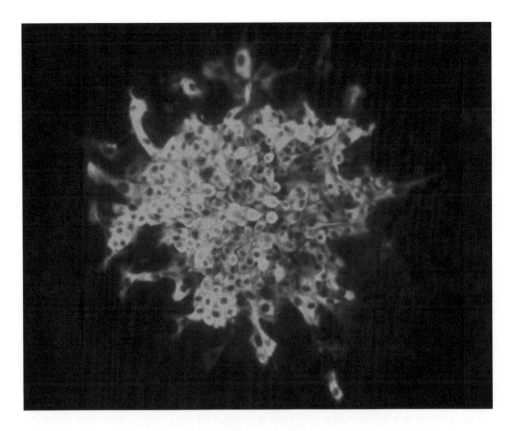

图 11-3　重组病毒在荧光显微镜下的绿色噬斑

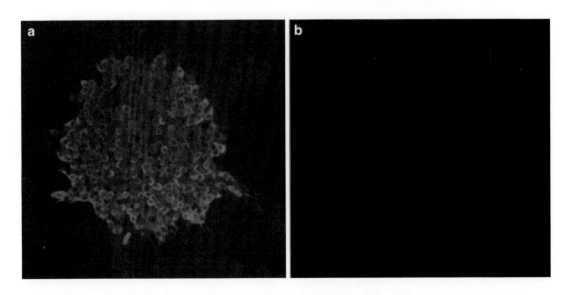

图 11-6　rSPV-Cap 间接免疫荧光分析

（a）rSPV-Cap 感染细胞可见红色荧光，荧光定位于细胞质。（b）wtSPV 感染细胞未见荧光。

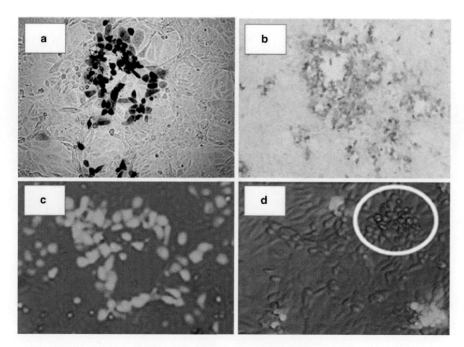

图 12-2　重组 ORFV 噬斑的鉴定

（a）用琼脂糖覆盖 X-Gal 染色法检测 D1701 VRV 的 *LacZ* 基因表达。（b）采用如 Amann 2013[24] 所述的特定 IPMA 方法检测重组病毒噬斑的 *RabG* 基因的表达。（c）如标题 3.3 所述，将 *LacZ* 基因与导致 D1701-V-AcGFP 绿色荧光重组病毒噬斑的 *AcGFP* 基因交换。（d）通过替代 *AcGFP* 基因获得非荧光白色重组病毒（圆形部分，显微镜放大 40 倍）。

NLuc 标记基因的转导

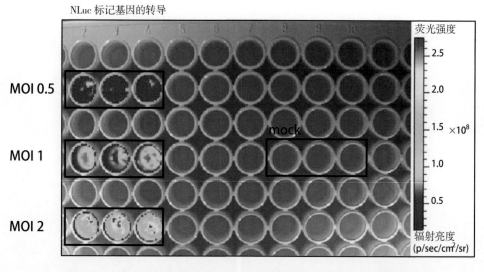

图 13-1　使用 IVIS 阅读器显示转导细胞中的 NanoLuc 荧光素酶活性

用编码轮状病毒蛋白 VP2、VP6 和 NLUC 标记的 VP7 的 HSV-1 扩增子载体在所示的 MOI 处转化 Vero 2-2 细胞，3 个重复。使用活体成像系统（IVIS Xenogen Imaging System 100，Living Image Software）在添加底物 30 min 后，24 h 后添加底物并记录光激发。作为对照，底物也添加到非转导的 Vero 2-2 细胞（MOCK）中。颜色表示测量的发光信号，从低（蓝色）到高（红色）辐射值。